全国高职高专"十二五"规划教材

计算机应用基础

（Windows 7+Office 2010）

主　编　景　凯　杨继鹏

副主编　李秀云　王清政

U0309266

中国水利水电出版社
www.waterpub.com.cn

内　容　提　要

　　本书是根据教育部非计算机专业计算机基础课程教学指导委员会最新制定的教学大纲、2013 年全国计算机等级考试调整后的考试大纲，并紧密结合高等学校非计算机专业培养目标和计算机技术而编写的。本书共分 6 章，主要内容包括：计算机基础知识、Windows 7 操作系统、Word 2010 中文字处理、Excel 2010 电子表格、PowerPoint 2010 演示文稿、计算机网络基础知识。

　　本书内容充实、结构合理、语言通俗易懂；强调知识的实用性、完整性和可操作性，突出能力培养。本书配套有《计算机应用基础实验指导（Windows 7+Office 2010）》，相关的实验内容、综合训练、常用工具软件的使用均在该书中有详细的阐述。

　　本书可作为高等职业院校非计算机专业计算机基础教材，也可以作为全国计算机等级考试及各种培训班的教材，以及广大工程技术人员普及计算机基础的岗位培训教程，也可作为广大计算机爱好者的入门参考书。

图书在版编目（C I P）数据

计算机应用基础 ：Windows 7+Office 2010 / 景凯，杨继鹏主编. -- 北京 ：中国水利水电出版社，2014.7
全国高职高专"十二五"规划教材
ISBN 978-7-5170-2226-8

Ⅰ．①计… Ⅱ．①景… ②杨… Ⅲ．①Windows操作系统－高等职业教育－教材②办公自动化－应用软件－高等职业教育－教材 Ⅳ．①TP316.7②TP317.1

中国版本图书馆CIP数据核字(2014)第147719号

策划编辑：杜　威　　责任编辑：李　炎　　加工编辑：祝智敏　　封面设计：李　佳

书　　名	全国高职高专"十二五"规划教材 **计算机应用基础（Windows 7+Office 2010）**
作　　者	主　编　景　凯　杨继鹏 副主编　李秀云　王清政
出版发行	中国水利水电出版社 （北京市海淀区玉渊潭南路 1 号 D 座　100038） 网址：www.waterpub.com.cn E-mail: mchannel@263.net（万水） 　　　　 sales@waterpub.com.cn 电话：（010）68367658（发行部）、82562819（万水）
经　　售	北京科水图书销售中心（零售） 电话：（010）88383994、63202643、68545874 全国各地新华书店和相关出版物销售网点
排　　版	北京万水电子信息有限公司
印　　刷	北京蓝空印刷厂
规　　格	184mm×260mm　16 开本　19.75 印张　499 千字
版　　次	2014 年 7 月第 1 版　2014 年 7 月第 1 次印刷
印　　数	0001—3000 册
定　　价	42.00 元

前　　言

随着信息技术的飞速发展，计算机技术极大地改变了人类的思考方式和知识获取的途径，深刻地影响着人们日常工作、学习、交往、娱乐等各种活动方式。计算机基础知识和基本操作对学生的知识结构、技能的提高和智力的开发变得越来越重要。

计算机基础是为高等职业学校非计算机专业学生开设的第一层次的计算机基础教育课程，是高等职业学校开设的一门公共基础课。结合"高等学校非计算机专业学生计算机基础知识和应用能力等级考试大纲"的要求，我们编写了这本《计算机应用基础》。旨在为高职学生提供一本既有一定的理论基础，又注重技能操作的实用教程。

本书共分为 6 章：

第 1 章　计算机基础知识，讲述了计算机的发展简史与应用，描述了计算机系统的组成，以及计算机数据表示与编码，介绍了多媒体计算机的基本概念和组成，同时介绍了计算机安全的基础知识等内容。

第 2 章　Windows 7 操作系统，介绍了计算机操作系统的基本概念和基础知识，全面介绍了中文 Windows 7 的基本操作方法。

第 3 章　Word 2010 中文字处理，介绍了 Word 2010 的基本概念和使用 Word 编辑文档、排版、表格制作和图形绘制等基本操作。

第 4 章　Excel 2010 电子表格，介绍了 Excel 2010 的基本概念、基本功能和使用方法。

第 5 章　PowerPoint 2010 演示文稿，介绍了 PowerPoint 2010 的基本概念与操作。

第 6 章　计算机网络基础知识，介绍了计算机网络基础知识及 Internet 的基本应用。

本书可作为高等职业院校计算机基础教材，也可以作为全国计算机等级考试及各种培训班的教材，以及广大工程技术人员普及计算机基础的岗位培训教程，也可作为广大计算机爱好者的入门参考书。

本书由景凯、杨继鹏任主编，李秀云、王清政任副主编，其中第 1 章由景凯、张婷婷编写，第 2 章由杨继鹏编写，第 3 章由李秀云、赵玉明编写，第 4 章由王振彦、费立伟编写，第 5 章由庞娟编写，第 6 章由王清政编写。杨继鹏负责全书的总体规划，景凯负责统稿定编工作。共同编写本书是一次愉快的合作。

在本书编写过程中，得到了山东服装职业学院领导的大力支持，也得到了一些专家的具体指导，在此一并表示衷心的感谢。

由于编者水平和经验有限，加之时间仓促，书中难免有错误和疏漏之处，敬请专家和广大读者批评指正。

编　者

2014 年 4 月

目　　录

第 1 章　计算机基础知识

1.1　计算机概述

1.1.1　计算机的概念

人们通常所说的计算机，是指电子数字计算机。

计算机（Computer），又称电脑，是一种利用电子学原理，根据一系列指令来对数据进行处理的工具，是一种用于高速计算的电子计算机器，可以进行数值计算，又可以进行逻辑计算，还具有存储记忆功能，是能够按照程序运行，自动、高速处理海量数据的现代化智能电子设备。

计算机相关的技术研究称为"计算机科学"，将计算机科学的成果应用于工程实践所派生的诸多技术性和经验性成果的总合称为"计算机技术"。"计算机技术"与"计算机科学"是两个相关而又不同的概念，它们的不同在于前者偏重于实践而后者偏重于理论。至于以数据为核心的研究则称为信息技术（Information Technology，IT），通常人们接触最多的是个人计算机（Personal Computer，PC）。

计算机种类繁多，但实际来看，计算机总体上是处理信息的工具。根据图灵机理论，一部具有最基本功能的计算机，应当能够完成任何其他计算机能做的事情。因此，只要不考虑时间和存储因素，从个人数码助理到超级计算机都应该可以完成同样的作业。由于科技的飞速进步，下一代计算机总是在性能上能够显著地超过其前一代，这一现象有时被称作"摩尔定律"。

计算机在组成上形式不一，早期计算机的体积足有一间房屋的大小，而今天某些嵌入式计算机可能比一副扑克牌还小。当然，即使在今天依然有大量体积庞大的巨型计算机为特别的科学计算或面向大型组织的事务处理需求服务。比较小的、为个人应用而设计的称为微型计算机，在我国简称为"微机"。我们今天在日常使用"计算机"一词时通常也是指此，不过现在计算机最为普遍的应用形式却是嵌入式，嵌入式计算机通常相对简单、体积小，并被用来控制其他设备——无论是飞机、工业机器人还是数码相机。

上述对于电子计算机的定义包括了许多能计算或是只有有限功能的特定用途的设备，然而当说到现代的电子计算机，其最重要的特征是：只要给予正确的指示，任何一部电子计算机都可以模拟其他任何计算机的行为（只受限于其本身的存储容量和执行速度）。据此，现代电子计算机相对于早期的电子计算机也被称为通用型电子计算机。

在当今世界，几乎所有专业都与计算机息息相关。但是，只有某些特定职业和学科才会深入研究计算机本身的制造、编程和使用技术。用来诠释计算机学科内不同研究领域的各个学术名词的涵义不断发生变化，同时新学科也层出不穷。许多学科都与其他学科相互交织。

全球有三个较大规模的致力于计算机科学的组织：英国计算机学会（British Computer Society，BCS）、美国计算机协会（Association of Computing Machinery，ACM）、美国电气电子工程师协会（Institute of Electrical and Electronics Engineers，IEEE）。

1.1.2　计算机的起源

1．东方的创造：算筹、算盘

人类最初用手指计算。人有两只手，十个手指头，所以人们自然而然地习惯于运用十进制记数法。用手指头计算固然方便，但不能存储计算结果，于是人们用石头、木棒、刻痕或结绳来延长自己的记忆能力。后来国家形成，贸易日盛，人类祖先又发明了算筹、算盘。

算筹，或称算子，是古代一种十进制计算工具，起源于商代的占卜，商代占卜盛行，用现成的小木棍做计算，这就是最早的算筹。周朝用木制，汉代用竹、骨、象牙、玉石、铁等材料制作，长一般在 12 厘米左右，直径为 2 至 4 毫米。如图 1-1 所示。

算盘是算筹的化身，多为木制，其形长方，周为木框，内贯直柱，俗称"档"。一般从九档至十五档，档中横以梁，梁上两珠，每珠作数五，梁下五珠，每珠作数一，运算时定位后拨珠计算，可以做加减乘除等算法。如图 1-2 所示。

图 1-1　算筹

图 1-2　算盘

2．西方的灵感：机械式计算工具、机电式计算机

随着科学的发展，商业、航海和天文学都提出了许多复杂的计算问题，很多人都关心计算工具的发展。

公元前 87 年，古希腊人为了计算天体在天空中的位置而设计了古代青铜机器——安提基特拉机械，是目前所知最古老的复杂科学计算机，有时被认为是世界上第一个模拟计算机。

1623 年，德国博学家契克卡德（Wilhelm Schickard）率先研制出了欧洲第一部计算设备，这是一个能进行六位以内数加减法，并能通过铃声输出答案的"计算钟"。它使用转动齿轮来进行操作。有时被称为第一台机械计算机。

1642 年，法国数学家和物理学家帕斯卡（Blaise Pascal）在英国数学家 William Oughtred 所制作的"计算尺"的基础上，将其加以改进，发明了第一台机械式加法器，它解决了自动进位这一关键问题，能进行八位计算。还卖出了许多制品，成为当时一种时髦的商品。如图 1-3 所示。

图 1-3　帕斯卡和他发明的机械式加法器

　　1674 年，德国数学家和哲学家莱布尼茨（Gottfried Wilhelm Leibniz）设计完成了乘法自动计算机，如图 1-4 所示。莱布尼茨不仅发明了手动的可进行完整四则运算的通用计算机，还提出了"可以用机械替代人进行繁琐重复的计算工作"这一重要思想。

图 1-4　莱布尼茨和他发明的乘法自动计算机

　　1801 年，法国人约瑟夫·玛丽·雅卡尔对织布机的设计进行改进，使用一系列打孔的纸卡片作为编织复杂图案的程序。尽管这种被称作"雅卡尔织布机"的机器并不被认为是一部真正的计算机，但是其可编程性质使之被视为现代计算机发展过程中重要的一步。

　　1820 年，英国数学家巴贝奇（Charles Babbage）构想和设计了第一部完全可编程计算机。1822 年，巴贝奇设计了一台差分机，它是利用机器代替人来编制数表，经过长达十年的努力将其变成现实，如图 1-5 所示。1834 年他又完成了分析机的设计方案，它是在差分机的基础上做了较大的改进，不仅可以作数字运算，还可以作逻辑运算。分析机的设计思想已具有现代计算机的概念，但因当时的技术水准是不可能制造完成的，由于技术条件、经费限制，以及无法忍耐对设计不停的修补，这部计算机在他有生之年始终未能问世。

　　约到 19 世纪晚期，许多后来被证明对计算机科学有着重大意义的技术相继出现，包括打孔卡片以及真空管。德裔美籍统计学家赫尔曼·何乐礼（Herman Hollerith）设计了一部制表用的机器，其中便应用打孔卡片来进行大规模自动数据处理。1896 年，何乐礼创办了制表机器公司（Tabulating Machine Company），后来成为全球信息产业领导企业 IBM（International Business Machines Corporation，国际商业机器公司或万国商业机器公司）的前身。

差分机　　　　　　分析机　　　　　　C.Babbage

图 1-5　巴贝奇和他设计的差分机、分析机

　　在 20 世纪前半叶，为了迎合科学计算的需要，许多专门用途的、复杂度不断增长的模拟计算机被研制出来。这些计算机都是用它们所针对的特定问题的机械或电子模型作为计算基础。20 世纪三四十年代，计算机的性能逐渐强大并且通用性得到提升，现代计算机的关键特色被不断地加入进来。

1937 年，年仅 21 岁的麻省理工学院研究生香农（Claude Elwood Shannon）发表了他的伟大论文"对继电器和开关电路中的符号分析"，文中首次提及数字电子技术的应用，他向人们展示了如何使用开关来实现逻辑和数学运算。此后，他通过研究万尼瓦尔·布什（Vannevar Bush）的微分模拟器进一步巩固了他的想法。这是一个标志着二进制电子电路设计和逻辑门应用开始的重要时刻，而作为这些关键思想诞生的先驱，应当包括：斯特罗格（Almon Strowger），他为一个含有逻辑门电路的设备申请了专利；特斯拉（Nikola Tesla），他早在 1898 年就曾申请含有逻辑门的电路设备；真空三极管之父福雷斯特（Lee De Forest），于 1907 年他用真空管代替了继电器。

1938 年，德国科学家楚泽（Konrad Zuse）成功制造了第一台二进制 Z-1 型计算机，此后他又研制了 Z 系列计算机。1941 年 5 月 12 日完成了他的图灵完全机电一体计算机（Z-3 型计算机，"Z3"），这是世界第一台通用程序控制机电式计算机，如图 1-6 所示。它不仅全部采用继电器，同时采用了浮点记数法、带数字存储地址的指令形式等，但还不是"电子"计算机。

图 1-6　楚泽和他研制的 Z-3 型计算机

1944 年，美国麻省理工学院科学家艾肯研制成功了一台机电式计算机，它被命名为自动顺序控制计算器 MARK-Ⅰ。1947 年，艾肯又研制出运算速度更快的机电式计算机 MARK-Ⅱ。到 1949 年由于当时电子管技术已取得重大进步，于是艾肯研制出采用电子管的计算机 MARK-Ⅲ，如图 1-7 所示。

MARK-Ⅰ　　　　　　　　　　MARK-Ⅲ

图 1-7　自动顺序控制计算器 MARK-I 和机电式计算机 MARK-III

3. 第一台电子计算机的诞生

ENIAC（Electronic Numerical Integrator And Computer，电子数值积分计算机，也称埃尼阿克）是世界上第一台通用电子计算机，如图 1-8 所示。它是图灵完全的电子计算机，能够重新编程，解决各种计算问题。

图 1-8　第一台通用电子计算机 ENIAC

在二战期间，美国陆军资助了 ENIAC 的设计和建造。建造合同在 1943 年 6 月 5 日签订，实际的建造在 7 月以"PX 项目"为代号秘密开始，由宾夕法尼亚大学莫尔电机工程学院进行。建造完成的机器于 1946 年 2 月 15 日在宾夕法尼亚大学正式投入使用。建造这台机器花费了将近五十万美元。1946 年 7 月，它被美国陆军军械兵团正式接受。为了翻新和升级存储器，ENIAC 在 1946 年 11 月 9 日关闭，并在 1947 年转移到了马里兰州的阿伯丁试验场。1947 年 7 月，它在那里重新启动，继续工作到 1955 年 10 月 2 日晚上 11 点 45 分。

ENIAC 是宾夕法尼亚大学的物理学家莫齐利（J.Mauchly）和工程师埃克特（J.P.Eckert）构思和设计的。协助开发的设计工程师团队包括罗伯特·肖（函数表）、朱传矩（除法器/平方-平方根器）、托马斯·凯特·夏普勒斯（主程序器）、阿瑟·伯克斯（乘法器）、哈利·哈士奇（读取器/打印器），还有杰克·戴维斯（累加器）。ENIAC 在 1987 年被评为 IEEE 里程碑之一。

ENIAC 包含了 17468 个真空管、7200 个晶体二极管、1500 个继电器、10000 个电容器，还有大约五百万个手工焊接头。它的重量达 27 吨（30 英吨），体积大约是 2.4×0.9×30 立方米（8×3×100 立方英尺），占地 167 平方米（1800 平方英尺），耗电 150 千瓦（导致有传言说，每当这台计算机启动的时候，费城的灯都变暗了）。IBM 的卡片阅读器用于输入，打卡器用于输出。使用 IBM 会计机（比如 IBM 405）可将这些卡片用于离线产生输出。

ENIAC 使用十位环形计数器存储数字，有 20 个带符号的十位累加器，它们使用 10 的补码表示方法，每秒可进行 5000 次简单加减操作。因为几个累加器可以同时运行，所以潜在的速度峰值由于这种并发操作而比上述数字高得多。通过将两个累加器用线连接起来，可以实现双精度计算，四个累加器被一个特殊的"乘法器"单元所控制，每秒可进行 385 次乘法操作。还有五个累加器被一个特殊的"除法器/平方-平方根器"单元，每秒可进行四十次除法运算或三次求平方根运算。

莫齐利曾经拥有 ENIAC 的专利。1973 年，经过法院宣判，因莫齐利对于 ENIAC 的设计思想部分来源于约翰·阿塔纳索夫（John Vincent Atanasoff）和克利福德·贝里（Clifford Berry）设计的 ABC 计算机，所以专利被认定为无效，ENIAC 的发明被放入公有领域。

然而，公众领域内普遍将 ENIAC 认定为世界上第一台电子计算机，将莫齐利认定为电子计算机之父。为此，20 世纪 90 年代初，时年 87 岁的 ABC 计算机发明者阿塔纳索夫写信给当时的美国总统老布什，希望公众能承认他自己才是电子计算机之父。于是，老布什向他颁发了一个美国国家工艺技术金质奖章，以表彰他发明了世界上第一台电子数字计算机。

阿塔纳索夫-贝瑞计算机（Atanasoff－Berry Computer，简称 ABC 计算机）是世界上第一台电子数字计算设备。这台计算机在 1937 年设计，不可编程，仅仅设计用于求解线性方程组，并在 1942 年成功进行了测试。然而，这台计算机用纸卡片读写器实现的中间结果存储机制是不可靠的，在发明者阿塔纳索夫因为二战任务而离开艾奥瓦州立大学（Iowa State University）之后，这台计算机就没有继续工作下去。ABC 计算机开创了现代计算机的重要元素，包括二进制算术和电子开关。但是因为缺乏通用性、可变性与存储程序的机制，将其与现代计算机区分开来。这台计算机在 1990 年被认定为 IEEE 里程碑之一。

ABC 计算机直到 1960 年才被发现和广为人知，并且陷入了谁才是第一台电子计算机的冲突中。那时候，ENIAC 普遍被认为是第一台现代意义上的计算机，但是在 1973 年，美国联邦地方法院注销了 ENIAC 的专利，并得出结论：ENIAC 的发明者从阿塔纳索夫那里继承了电子数字计算机的主要构件思想。因此，ABC 计算机被认定为世界上第一台电子计算机。然而，我国公众领域内仍普遍将 ENIAC 认定为世界上第一台电子计算机。

1.1.3 计算机的发展

1. 计算机发展的四个阶段

世界上第一台电子计算机是在 1946 年研制成功的，在这之前人们对研制计算机进行了不懈的探索，那时的计算机被称为近代计算机，而 1946 年后的计算机被称为现代计算机。现在，计算机已经进入了微机和网络时代。

ENIAC 虽是第一台正式投入运行的电子计算机，但它不具备现代计算机"存储程序"的思想。1946 年 6 月，冯·诺依曼博士发表了"电子计算机装置逻辑结构初探"论文，并设计出第一台"存储程序"的离散变量自动电子计算机（The Electronic Discrete Variable Automatic Computer，EDVAC），1952 年正式投入运行，其运算速度是 ENIAC 的 240 倍。冯·诺依曼提出的 EDVAC 计算机结构为人们普遍接受，此计算机结构又称冯·诺依曼型计算机。

现代计算机经历了半个多世纪的发展，这一时期做出杰出贡献的人物是英国科学家图灵和美籍匈牙利科学家冯·诺依曼。图灵对现代计算机的贡献主要是：建立了图灵的理论模型，发展了可计算性理论，提出了定义机器智能的图灵测试。冯·诺依曼的贡献主要是：确立了现代计算机的基本结构，即冯·诺依曼结构。

依据现代计算机所采用的电子器件不同，可以将其分为电子管、晶体管、集成电路、超大规模集成电路四代。每一代计算机在技术上都是一次新的飞跃。

表 1-1 计算机发展的四个阶段

阶段	起止年份	主要元件	速度（次/秒）	软件	应用
第一代	1946 年-1958 年	电子管	几千	机器语言 汇编语言	科学计算
第二代	1958 年-1964 年	晶体管	几万-几十万	高级语言	数据处理 工业控制
第三代	1964 年-1970 年	中小规模 集成电路	几十万-几百万	操作系统	文字处理 图形处理
第四代	1971 年至今	大规模/超大规模 集成电路	几千万-千百亿	数据库、网络等	社会生活的 各个领域

2. 我国计算机的发展

（1）第一代电子管计算机（1958-1964 年）

我国从 1957 年开始研制通用数字电子计算机，1958 年 8 月 1 日该机可以演示短程序运行，标志着我国第一台电子计算机诞生。为纪念这个日子，该机定名为八一型数字电子计算机。该机在 738 厂开始小量生产，改名为 103 型计算机（即 DJS-1 型），共生产 38 台。103 机如图 1-8 所示。

图 1-8　103 机

图 1-9　104 机

1958 年 5 月我国开始了第一台大型通用电子计算机（104 机）的研制，以前苏联当时正在研制的 БЭСМ-II 计算机为蓝本，在前苏联专家的指导帮助下，中科院计算所、四机部、七机部和部队的科研人员与 738 厂密切配合，于 1959 年国庆节前完成了研制任务。104 机如图 1-9 所示。

图 1-10　107 机

图 1-11　119 机

在研制 104 机同时，夏培肃院士领导的科研小组首次自行设计，于 1960 年 4 月研制成功一台小型通用电子计算机—107 机，如图 1-10 所示。

1964 年我国第一台自行设计的大型通用数字电子管计算机 119 机研制成功（图 1-11），平均浮点运算速度每秒 5 万次，参加 119 机研制的科研人员约有 250 人，有十几个单位参与协作。

（2）第二代晶体管计算机（1965-1972 年）

我国在研制第一代电子管计算机的同时，已开始研制晶体管计算机，1965 年研制成功的我国第一台大型晶体管计算机（109 乙机）实际上从 1958 年起计算所就开始酝酿启动。在国外禁运条件下要造晶体管计算机，必须先建立一个生产晶体管的半导体厂（109 厂）。经过两年努力，109 厂就提供了机器所需的全部晶体管（共 2 万多支晶体管，3 万多支二极管）。两年后又对 109 乙机加以改进推出 109 丙机，为用户运行了 15 年，有效算题时间 10 万小时以上，在我国两弹试验中发挥了重要作用，被用户誉为"功勋机"。109 机如图 1-12 所示。

我国工业部门在第二代晶体管计算机研制与生产中已发挥重要作用。华北计算所先后研制成功 108 机、108 乙机（DJS-6）、121 机（DJS-21）和 320 机（DJS-6），并在 738 厂等五家工厂生产。哈军工（国防科大前身）于 1965 年 2 月成功推出了 441B 晶体管计算机并小批量生产了 40 多台。

图 1-12　109 机

（3）第三代基于中小规模集成电路的计算机（1973-80 年代初）

我国第三代计算机的研制受到文化大革命的冲击。IBM 公司 1964 年推出 360 系列大型机是美国进入第三代计算机时代的标志，我国到 1970 年初期才陆续推出大、中、小型采用集成电路的计算机。1973 年，北京大学与北京有线电厂等单位合作研制成功运算速度每秒 100 万次的大型通用计算机。进入 80 年代，我国高速计算机，特别是向量计算机有新的发展。1983 年中国科学院计算所完成我国第一台大型向量机－757 机（图 1-13），计算速度达到每秒 1000 万次。

但这一记录当年即被国防科大研制的银河-I 亿次巨型计算机打破。银河-I 巨型机是我国高速计算机研制的一个重要里程碑，它标志着我国文革动乱时期与国外拉大的距离又缩小到 7 年左右（银河-I 的参考机克雷-1 于 1976 年推出）。银河-I 如图 1-14 所示。

图 1-13　757 机

图 1-14　银河-I

（4）第四代基于超大规模集成电路的计算机（80 年代中期至今）

和国外一样，我国第四代计算机研制也是从微机开始的。1980 年初我国不少单位也开始采用 Z80，X86 和 M6800 芯片研制微机。1983 年 12 月电子部六所研制成功与 IBM PC 机兼容的 DJS-0520 微机。10 多年来我国微机产业走过了一段不平凡道路，现在以联想微机为代表的国产微机已占领一大半国内市场。

1992 年国防科大研究成功银河-II 通用并行巨型机，峰值速度达每秒 4 亿次浮点运算（相当于每秒 10 亿次基本运算操作），总体上达到 80 年代中后期国际先进水平。

从 90 年代初开始，国际上采用主流的微处理机芯片研制高性能并行计算机已成为一种发展趋势。国家智能计算机研究开发中心于 1993 年研制成功曙光一号全对称共享存储多处理机。1995 年，国家智能机中心又推出了国内第一台具有大规模并行处理机（MPP）结构的并行机曙光 1000（含 36 个处理机），峰值速度每秒 25 亿次浮点运算，实际运算速度上了每秒 10 亿次浮点运算这一高性能台阶。

1997 年国防科大研制成功银河-III 百亿次并行巨型计算机系统,采用可扩展分布共享存储并行处理体系结构,由 130 多个处理结点组成,峰值性能为每秒 130 亿次浮点运算,系统综合技术达到 90 年代中期国际先进水平。

国家智能机中心与曙光公司于 1997 至 1999 年先后在市场上推出具有机群结构的曙光 1000A,曙光 2000-I,曙光 2000-II 超级服务器,峰值计算速度已突破每秒 1000 亿次浮点运算,机器规模已超过 160 个处理机,2000 年推出每秒浮点运算速度 3000 亿次的曙光 3000 超级服务器。2004 年上半年推出每秒浮点运算速度 1 万亿次的曙光 4000 超级服务器(图 1-15)。

图 1-15　曙光 4000L

综观 40 多年来我国高性能通用计算机的研制历程,从 103 机到曙光机,走过了一段不平凡的历程。总的来讲,国内外标志性计算机推出的时间还是有很大的差异,其中国外的代表性机器 ENIAC、IBM 7090、IBM 360、CRAY-1、Intel Paragon、IBM SP-2,比国内的代表性计算机 103、109 乙、150、银河-I、曙光 1000、曙光 2000 推出时间早 4-12 年。

1.1.4　计算机的发展趋势

计算机技术是当今世界发展速度最快的科学技术之一,从第一台计算机诞生至今的半个多世纪里,计算机的应用得到不断拓展,计算机类型不断分化,这就决定计算机的发展也朝不同的方向延伸。未来计算机技术正朝着巨型化、微型化、网络化和智能化的方向发展。

1. 巨型化

巨型化是指计算机具有极高的运算速度、大容量的存储空间、更加强大和完善的功能,主要用于航空航天、军事、气象、人工智能、生物工程等学科领域。

2. 微型化

微型化是大规模和超大规模集成电路发展的必然。从第一块微处理器芯片问世以来,发展速度与日俱增。微处理器芯片连续更新换代,微型计算机连年降价,加上丰富的软件和外部设备,操作简单,使微型计算机很快普及到社会各个领域并走进了千家万户。

随着微电子技术的进一步发展,微型计算机将发展得更加迅速,其中笔记本型、掌上型等微型计算机必将以更优的性能价格比受到人们的欢迎。

3. 网络化

网络化是指利用通信技术和计算机技术,把分布在不同地点的计算机互联起来,按照网络协议相互通信,以达到所有用户都可共享软件、硬件和数据资源的目的。现在,计算机网络在交通、金融、企业管理、教育、邮电、商业等各行各业中得到广泛的应用。

目前各国都在开发三网合一的系统工程，即将计算机网、电信网、有线电视网合为一体。将来通过网络能更好的传送数据、文本资料、声音、图形和图像，用户可随时随地在全世界范围拨打可视电话或收看任意国家的电视和电影。

4．智能化

智能化是让计算机能够模拟人类的智力活动，如学习、感知、理解、判断、推理等能力，具备理解自然语言、声音、文字和图像的能力，具有说话的能力，使人机能够用自然语言直接对话。它可以利用已有的和不断学习到的知识，进行思维、联想、推理，并得出结论，能解决复杂问题，具有汇集记忆、检索有关知识的能力。

计算机技术的发展都是以电子技术的发展为基础的，集成电路芯片是计算机的核心部件。随着高新技术的研究和发展，计算机技术也将拓展到其他新兴的技术领域，计算机新技术的开发和利用也将成为未来计算机发展的新趋势。未来计算机将有可能在光计算机、纳米计算机、量子计算机和 DNA 计算机等方面的研究领域上取得重大的突破。

1．光计算机

与传统硅芯片计算机不同，光计算机用光束代替电子进行计算和存储：它以不同波长的光代表不同的数据，以大量的透镜、棱镜和反射镜将数据从一个芯片传送到另一个芯片。

研制光计算机的设想早在 20 世纪 50 年代后期就已提出。1986 年，贝尔实验室的戴维·米勒研制成功小型光开关，为同实验室的艾伦·黄研制光处理器提供了必要的元件。1990 年 1 月，黄的实验室开始用光计算机工作。

光计算机有全光学型和光电混合型。上述贝尔实验室的光计算机就采用了混合型结构。相比之下，全光学型计算机可以达到更高的运算速度。研制光计算机，需要开发出可用一条光束控制另一条光束变化的光学"晶体管"。现有的光学"晶体管"庞大而笨拙，若用它们造成台式计算机将有辆汽车那么大。因此，要想短期内使光学计算机实用化还很困难。

2．纳米计算机

在纳米尺度下，由于有量子效应，硅微电子芯片便不能工作。其原因是这种芯片的工作，依据的是固体材料的整体特性，即大量电子参与工作时所呈现的统计平均规律。如果在纳米尺度下，利用有限电子运动所表现出来的量子效应，可能就能克服上述困难。可以用不同的原理实现纳米级计算，目前已提出了四种工作机制：

①电子式纳米计算技术；

②基于生物化学物质与 DNA 的纳米计算机；

③机械式纳米计算机；

④量子波相干计算。它们有可能发展成为未来纳米计算机技术的基础。

3．量子计算机

量子计算机以处于量子状态的原子作为中央处理器和内存，利用原子的量子特性进行信息处理。

由于原子具有在同一时间处于两个不同位置的奇妙特性，即处于量子位的原子既可以代表 0 或 1，也能同时代表 0 和 1 以及 0 和 1 之间的中间值，故无论从数据存储还是处理的角度，量子位的能力都是晶体管电子位的两倍。对此，有人曾经作过这样的比喻：假设一只老鼠准备绕过一只猫，根据经典物理学理论，它要么从左边过，要么从右边过，而根据量子理论，它却可以同时从猫的左边和右边绕过。

量子计算机在外形上有较大差异，它没有盒式外壳；看起来像是一个被其他物质包围的巨大磁场；它不能利用硬盘实现信息的长期存储；但高效的运算能力使量子计算机具有广阔的应用前景。

如何实现量子计算，方案并不少，问题是在实验上实现对微观量子态的操纵确实太困难了。这些计算机机异常敏感，哪怕是最小的干扰（比如一束从旁边经过的宇宙射线）也会改变机器内计算原子的方向，从而导致错误的结果。目前，量子计算机只能利用大约 5 个原子做最简单的计算。要想做任何有意义的工作都必须使用数百万个原子。

4．DNA 计算机

1994 年 11 月，美国南加州大学的阿德勒曼博士用 DNA 碱基对序列作为信息编码的载体，在试管内控制酶的作用下，使 DNA 碱基对序列发生反应，以此实现数据运算。阿德勒曼在《科学》上公布了 DNA 计算机的理论，引起了各国学者的广泛关注。阿德勒曼的计算机与传统的计算机不同，计算不再只是简单的物理性质的加减操作，而又增添了化学性质的切割、复制、粘贴、插入和删除等多种方式。

DNA 计算机的最大优点在于其惊人的存储容量和运算速度，1 立方厘米的 DNA 存储的信息比一万亿张光盘存储的还多；十几个小时的 DNA 计算，就相当于所有计算机问世以来的总运算量。更重要的是，它的能耗非常低，只有电子计算机的一百亿分之一。

与传统的"看得见、摸得着"的计算机不同，目前的 DNA 计算机还是躺在试管里的液体。它离开发、实际应用还有相当的距离，尚有许多现实的技术性问题需要去解决。如生物操作的困难，有时轻微的振荡就会使 DNA 断裂；有些 DNA 会粘在试管壁、抽筒尖上，从而就在计算中丢失了预计，10 到 20 年后，DNA 计算机才可能进入实用阶段。

1.1.5　计算机的特点

1．运算速度快

计算机的运算速度（也称处理速度）是计算机的一个重要性能指标，通常用每秒钟执行定点加法的次数或平均每秒钟执行指令的条数来衡量，其单位是 MIPS（Million Instructions Per Second），即每秒钟执行百万条指令。目前，计算机的运算速度已由早期的几千次/秒发展到现代的计算机运算速度在几十个 MIPS，巨型计算机可达到千万个 MIPS。计算机如此高的运算速度是其他任何计算工具都无法比拟的，这极大地提高了人们的工作效率，使许多复杂的工程计算能在很短的时间内完成。尤其在时间响应速度要求很高的实时控制系统中，计算机运算速度快的特点更能够得到很好的发挥。

2．计算精度高

精度高是计算机又一显著的特点。在计算机内部，数据采用二进制表示，二进制位数越多表示数的精度就越高。目前计算机的计算精度已经能达到几十位有效数字。从理论上说随着计算机技术的不断发展，计算精度可以提高到任意精度。

3．记忆功能强

计算机的记忆功能是由计算机的存储器完成的。存储器能够将输入的原始数据，计算的中间结果及程序保存起来．提供给计算机系统在需要的时候反复调用。记忆功能是计算机区别于传统计算工具最重要的特征。随着计算机技术的发展，计算机的内存容量已经可以达到几百甚至几千兆字节。而计算机的外存储容量更是越来越大，目前一台微型计算机的硬盘容量可以达到几百 GB 甚至 TB。计算机所能存储的信息也由早期的文字、数据、程序发展到如今的图形、图像、声音、影像、动画、视频等数据。

4. 逻辑判断能力强

计算机的运算器除了能够进行算术运算，还能够对数据信息进行比较、判断等逻辑运算。这种逻辑判断能力是计算机处理逻辑推理问题的前提，也是计算机能实现信息处理高度智能化的重要因素。

5. 自动化程度高

计算机的工作原理是"存储程序控制"，就是将程序和数据通过输入设备输入并保存在存储器中，计算机执行程序时按照程序中指令的逻辑顺序自动地、连续地把指令依次取出来并执行，这样执行程序的过程无须人为干预，完全由计算机自动控制执行。

1.1.6　计算机的分类

计算机种类很多，可以从不同的角度对计算机进行分类，下面介绍几种常用的分类方法：

1. 按照计算机原理分类

按照计算机原理，可分为数字式电子计算机、模拟式电子计算机和混合式电子计算机。

（1）数字式电子计算机

又称"电子数字计算机"。以数字形式的量值在机器内部进行运算和存储的电子计算机。数的表示法常采用二进制。

（2）模拟式电子计算机

又称"电子模拟计算机"，简称"模拟计算机"。以连续变化的电流或电压来表示被运算量的电子计算机。因根据相似原理解答各种问题，并包含模拟概念而得名。模拟计算机的特点是由连续量表示，运算过程也是连续的。而数字计算机的主要特点是按位运算，并且不连续地跳动运算。

（3）混合式电子计算机

利用模拟技术和数字技术进行数据处理的电子计算机。兼有模拟电子计算机和电子数字计算机的特点。有两种类型：

①混合式模拟计算机：以模拟技术为主，附加一些数字设备；

②组合式混合计算机：由数字式和模拟式两种计算机加上相应的接口装置组成。

2. 按照计算机用途分类

按照计算机用途，可分为通用计算机和专用计算机。

（1）通用计算机

是指各行业、各种工作环境都能使用的计算机，学校、家庭、工厂、医院、公司等用户都能使用的就是通用计算机；平时我们购买的品牌机、兼容机都是通用计算机。通用计算机功能齐全，具有较高的运算速度、较大的存储容量、配备较齐全的外部设备及软件。但与专用计算机相比，其结构复杂、价格昂贵。通用计算机适应性很强，应用面很广，但其运行效率、速度和经济性依据不同的应用对象会受到不同程度的影响。

（2）专用计算机

专为解决某一特定问题而设计制造的电子计算机。一般拥有固定的存储程序。如控制轧钢过程的轧钢控制计算机，计算导弹弹道的专用计算机等，解决特定问题的速度快、可靠性高，且结构简单、价格便宜。专用计算机完成单一功能，在特定用途下它最有效、最经济、最快速。

3. 按照计算机性能分类

按照计算机性能，可分为巨型机、小巨型机、大型机、小型机、工作站和个人计算机六大类。

（1）巨型机（Super Computer）

巨型机，又称超级计算机，指能够执行一般个人计算机无法处理的大资料量与高速运算的计算机，其基本组成组件与个人计算机的概念无太大差异，但规格与性能则强大许多，是一种超大型电子计算机。具有很强的计算和处理数据的能力，主要特点表现为高速度和大容量，配有多种外围设备及丰富的、高功能的软件系统。现有的超级计算机运算速度大都可以达到每秒一太（Trillion，万亿）次以上。

超级计算机是计算机中功能最强、运算速度最快、存储容量最大的一类计算机，多用于国家高科技领域和尖端技术研究，是一个国家科研实力的体现，它对国家安全，经济和社会发展具有举足轻重的意义，是国家科技发展水平和综合国力的重要标志。

（2）小巨型机（Mini Super Computer）

小巨型机，又称次超级计算机、小型超级计算机，性能一般介于小型机与巨型机之间，其特点是浮点运算速度快，主要用于科学计算与工程应用领域，售价较为便宜，其价格目标是超级计算机的十分之一。

（3）大型机（Mainframe Computer）

大型机，又称大型计算机、大型主机、主机等，是从 IBM System/360 开始的一系列计算机及与其兼容或同等级的计算机，主要用于大量数据和关键项目的计算，例如银行金融交易及数据处理、人口普查、企业资源规划等。

现代大型机并非主要通过每秒运算次数 MIPS 来衡量性能，而是可靠性、安全性、向后兼容性和极其高效的 I/O 性能。大型机通常强调大规模的数据输入输出，着重强调数据的吞吐量。大型机可以同时运行多操作系统，因此不像是一台计算机而更像是多台虚拟机，因此一台大型机可以替代多台普通的服务器，是虚拟化的先驱。同时大型机还拥有强大的容错能力。由于大型机的平台与操作系统并不开放，因而很难被攻破，安全性极强。

（4）小型机（Mini Computer）

小型机，又称迷你计算机，是 70 年代由数字设备公司 DEC（迪吉多）公司首先开发的一种高性能计算产品，曾经风行一时。小型机曾用来表示一种多用户、采用终端/主机模式的计算机，它的规模介于大型计算机和个人计算机之间。有的厂商可能会用其他名称代替。我国常常不准确的以小型机来称呼 UNIX 服务器。

小型机规模小、结构简单、设计试制周期短，便于及时采用先进工艺。这类机器由于可靠性高，对运行环境要求低，易于操作且便于维护，用户使用机器不必经过长期的专门训练。因此小型机对广大用户具有吸引力，加速了计算机的推广普及。小型机应用范围广泛，如用在工业自动控制、大型分析仪器、测量仪器、医疗设备中的数据采集、分析计算等，也用作大型、巨型计算机系统的辅助机，并广泛运用于企业管理以及大学和研究所的科学计算等。

（5）工作站（Workstation）

工作站是一种高端的通用微型计算机。它是为了单用户使用并提供比个人计算机更强大的性能，尤其是在图形处理能力，任务并行方面的能力。工作站既具有大型机的多任务、多用户能力，又兼具微型机的操作便利和良好的人机界面。它可连接多种输入、输出设备，其最突出的特点是图形性能优越，具有很强的图形交互处理能力，因此在工程领域、特别是在计算机辅助设计（CAD）领域得到了广泛运用。

人们通常认为工作站是专为工程师设计的机型。由于工作站出现的较晚，一般都带有网络接口，采用开放式系统结构，即将机器的软、硬件接口公开，并尽量遵守国际工业界流行标准，以鼓励其他厂商、用户围绕工作站开发软、硬件产品。目前，多媒体等各种新技术已普遍集成到工作站中，使其更具特色。它的应用领域也已从最初的计算机辅助设计扩展到商业、金融、办公领域，并频频充当网络服务器的角色。另外，连接到服务器的终端机也可称为工作站。

（6）个人计算机（Personal Computer）

个人计算机，又称微型计算机，简称微机，普遍称为计算机、电脑，是在大小、性能以及价位等多个方面适合于个人使用，并由最终用户直接操控的计算机的统称。它与批处理计算机或分时系统等一般同时由多人操控的大型计算机相对。从台式机（或称台式计算机、桌面计算机）、笔记本电脑到上网本和平板电脑以及超级本等都属于个人计算机的范畴。

一般来说个人计算机分为两大机型与两大系统，在机型上分为常见的台式机与笔记本电脑，在系统上分别是国际商用机器公司（IBM）集成制定的 IBM PC/AT 系统标准，以及苹果计算机所开发的麦金塔（Macintosh）系统。IBM PC/AT 标准由于采用 x86 开放式架构而获得大部分厂商所支持，成为市场上的主流，因此一般所说的个人计算机指 IBM PC 兼容机，此架构中的中央处理器采用英特尔（Intel）或超微（AMD）等厂商所生产的中央处理器。而台式机因采用开放式硬件架构，所以除了品牌外，自行组装的无品牌计算机也极度盛行。

1.1.7 计算机的应用领域

计算机具有高速运算、逻辑判断、大容量存储和快速存取等功能，这决定了它在现代社会的各种领域都成为越来越重要的工具。计算机的应用相当广泛，涉及到科学研究、军事技术、工农业生产、文化教育、娱乐等各个方面。按学科可分为六大类，即：

1. 科学计算（数值计算）

科学计算是计算机最早的应用领域。科学计算是指利用计算机来完成科学研究和工程技术中提出的数学问题的计算。在现代科学技术工作中，科学计算问题是大量的和复杂的。利用计算机的高速计算、大存储容量和连续运算的能力，可以实现人工无法解决的各种科学计算问题。

从尖端科学到基础科学，从大型工程到一般工程，都离不开数值计算。如宇宙探测、气象预报、桥梁设计、飞机制造等都会遇到大量的数值计算问题。这些问题计算量大、计算过程复杂。像著名的"四色定理"的证明，就是利用 IBM370 系列的高端计算机计算了 1200 多个小时才获得证明的，如果人工计算，日夜不停地工作，也要十几万年；气象预报有了计算机，预报准确率大为提高，可以进行中长期的天气预报；利用计算机进行化工模拟计算，加快了化工工艺流程从实验室到工业生产的转换过程。

2. 数据处理（信息处理）

数据处理是目前计算机应用最为广泛的领域。数据处理是指对各种数据进行收集、存储、整理、分类、统计、加工、利用、传播等一系列活动的统称。如人口统计、档案管理、银行业务、情报检索、企业管理、办公自动化、交通调度、市场预测等都有大量的数据处理工作。据统计，80％以上的计算机主要用于数据处理，这类工作量大面宽，决定了计算机应用的主导方向。

数据处理从简单到复杂，已经历了三个发展阶段，它们是：

①电子数据处理（Electronic Data Processing，简称 EDP）。它是以文件系统为手段，实现一个部门内的单项管理。

②管理信息系统（Management Information System，简称 MIS）。是以数据库技术为工具，实现一个部门的全面管理，以提高工作效率。

③决策支持系统（Decision Support System，简称 DSS）。它是以数据库、模型库和方法库为基础，帮助管理决策者提高决策水平，改善运营策略的正确性与有效性。

目前，数据处理已广泛地应用于办公自动化、企事业计算机辅助管理与决策、情报检索、图书管理、电影电视动画设计、会计电算化等等各行各业。信息正在形成独立的产业，多媒体技术使信息展现在人们面前的不仅是数字和文字，也有声情并茂的声音和图像信息。

3．过程控制（实时控制）

过程控制是利用计算机及时采集检测数据，按最优值迅速地对控制对象进行自动调节或自动控制。采用计算机进行过程控制，不仅可以大大提高控制的自动化水平，而且可以提高控制的及时性和准确性，从而改善劳动条件、提高产品质量及合格率。因此，计算机过程控制已在机械、冶金、石油、化工、纺织、水电、航天等部门得到广泛的应用。

计算机是生产自动化的基本技术工具，它对生产自动化的影响有两个方面：一是在自动控制理论上，二是在自动控制系统的组织上。生产自动化程度越高，对信息传递的速度和准确度的要求也就越高，这一任务靠人工操作已无法完成，只有计算机才能胜任。

例如，在汽车工业方面，利用计算机控制机床、控制整个装配流水线，不仅可以实现精度要求高、形状复杂的零件加工自动化，而且可以使整个车间或工厂实现自动化。

4．辅助技术

计算机辅助技术包括 CAD、CAM 和 CAI 等。

（1）计算机辅助设计（Computer Aided Design，CAD）

利用计算机的高速处理、大容量存储和图形处理功能，辅助设计人员进行产品设计。不仅可以进行计算，而且可以在计算的同时绘图，甚至可以进行动画设计，使设计人员从不同的侧面观察了解设计的效果，对设计进行评估，以求取得最佳效果，大大提高了设计效率和质量。

（2）计算机辅助制造（Computer Aided Made，CAM）

在机器制造业中利用计算机控制各种机床和设备，自动完成离散产品的加工、装配、检测和包装等制造过程的技术，称为计算机辅助制造。近年来，各工业发达国家又进一步将计算机集成制造系统（Computer Integrated Manufacturing System，CIMS）作为自动化技术的前沿方向，CIMS 是集工程设计、生产过程控制、生产经营管理为一体的高度计算机化、自动化和智能化的现代化生产大系统。

（3）计算机辅助教学（Computer Aided Instruction，CAI）

通过学生与计算机系统之间的“对话”实现教学的技术称为计算机辅助教学。“对话”是在计算机指导程序和学生之间进行的，它使教学内容生动、形象逼真，能够模拟其他手段难以做到的动作和场景。通过交互方式帮助学生自学、自测，方便灵活，可满足不同层次人员对教学的不同要求。

此外还有其他计算机辅助系统：如利用计算机作为工具辅助产品测试的计算机辅助测试（CAT）；利用计算机对学生的教学、训练和对教学事务进行管理的计算机辅助教育（CAE）；利用计算机对文字、图像等信息进行处理、编辑、排版的计算机辅助出版系统（CAP）；计算机管理教学（CMI）及其他一些辅助应用。

5．人工智能（智能模拟）

人工智能（Artificial Intelligence）是计算机模拟人类的智能活动，诸如感知、判断、理解、学习、问题求解和图像识别等。它是计算机应用的一个崭新领域，是计算机向智能化方向发展的趋势。现在人工智能的研究已取得不少成果，有些已开始走向实用阶段。例如，能模拟高水平医学专家进行疾病诊疗的专家系统，具有一定思维能力的智能机器人等等。

6. 网络应用

计算机技术与现代通信技术的结合构成了计算机网络。计算机网络的建立，不仅解决了一个单位、一个地区、一个国家中计算机与计算机之间的通讯，各种软、硬件资源的共享，也大大促进了国际间的文字、图像、视频和声音等各类数据的传输与处理。

计算机网络在资源共享和信息交换方面所具有的功能，是其他系统所不能替代的。计算机网络所具有的高可靠性、高性能价格比和易扩充性等优点，使得它在工业、农业、交通运输、邮电通信、文化教育、商业、国防以及科学研究等各个领域、各个行业获得了越来越广泛的应用。

1.2　数制与数制转换

1.2.1　进位计数制

数制也称计数制，是指用一组固定的符号和统一的规则来表示数值的方法。进位计数制，是指用进位的方法进行计数的数制，简称进制。日常生活中，人们习惯采用十进位计数制（即十进制）来表示数，即按照逢十进一的原则进行计数的，偶尔也采用其他进制，比如一年有十二个月（十二进制），一小时有六十分钟（六十进制）等。但计算机内部一般采用二进制表示数据，编写计算机程序时，有时使用八进制或十六进制表示数据。

在采用进位计数的数字系统中，如果只用 r 个基本符号（例如 0、1、2……、r-1）表示数值，则称其为基 r 数制，r 称为该数制的基数。如日常生活中常用十进制数，就是 r=10，即基本符号为 0、1、2、……、9。如取 r=2，即基本符号为 0 和 1，则为二进制数。和基数一起，还有数位、位权称为进位计数制的三要素。

数位是指一个数码在一个数中所处的位置；不同数位上数码代表的植等于在这个数位上的数码乘以一个固定的数值，这个固定的数值就是该位上的位权，它恰好是基数的某次幂，处在哪个位上就是几次幂。例如，十进制数的位权，从小数点起向高位依次是 10^0、10^1、10^2、……，从小数点起向低位依次是 10^{-1}、10^{-2}、……。

对任何一种进位计数制表示的数都可以写出其按其权展开的多项式之和，任意一个 r 进制数 N 可表示为：

$$N = \sum_{i=m-1}^{-k} D_i * r^i$$

式中的 D_i 为该数制采用的基本数符，r^i 是权，r 是基数，不同的基数表示不同的进制数。

1.2.2　计算机中常用的数制

1. 十进制（Decimal notation）

（1）十个数码：0、1、2、3、4、5、6、7、8、9

（2）进位基数：10

（3）逢十进一（加法运算），借一当十（减法运算）

（4）约定数值后面没有字母或带字母"D"时，表示该数是十进制数。

对任意一个十进制数都可以表示为"按权展开式"。例如：

（345.67）D=$3\times10^2+4\times10^1+5\times10^0+6\times10^{-1}+7\times10^{-2}$

2．二进制（Binary notation）

（1）两个数码：0 和 1

（2）进位基数：2

（3）逢二进一（加法运算），借一当二（减法运算）

（4）约定在数据后加上字母"B"表示二进制数据。

二进制数也可以表示为"按权展开式"。例如：

（101.01）B=$1\times2^2+0\times2^1+1\times2^0+0\times2^{-1}+1\times2^{-2}$

3．八进制（Octal notation）

（1）八个数码：0、1、2、3、4、5、6、7

（2）进位基数：8

（3）逢八进一（加法运算），借一当八（减法运算）

（4）约定在数据后加上字母"O"表示八进制数据。

八进制数也可以表示为"按权展开式"。例如：

（127.1）O=$1\times8^2+2\times8^1+7\times8^0+1\times8^{-1}$

4．十六进制（Hexadecimal notation）

（1）十六个数码：0、1、2、3、4、5、6、7、8、9、A、B、C、D、E、F

（2）进位基数：16

（3）逢十六进一（加法运算），借一当十六（减法运算）

（4）约定在数据后加上字母"H"表示十六进制数据。

十六进制数也可以表示为"按权展开式"。例如：

（10D.8）H=$1\times16^2+0\times16^1+13\times16^0+8\times16^{-1}$

二进制、八进制、十进制、十六进制的相关计数规则，如表 1-2 所示。

表 1-2　常用的进制数

数制	二进制 B	八进制 O	十进制 D	十六进制 H
规则	逢二进一	逢八进一	逢十进一	逢十六进一
基数	r=2	r=8	r=10	r=16
数符	0、1	0、1、…、7	0、1、…、9	0、1、…、9、A、B、C、D、E、F
权	2^i	8^i	10^i	16^i

1.2.3　不同进位计数制间的转换

1．r 进制转十进制

公式

$$N = \sum_{i=m-1}^{-k} D_i * r^i$$

本身就提供了将 r 进制转换成十进制数的方法。比如，把二进制数转换为相应的十进制数，只要将二进制中出现 1 的数位权相加即可（位权相加法）。

例如：把二进制数 11010 转换成相应的十进制数。

$(11010)B=1\times2^4+1\times2^3+0\times2^2+1\times2_1+0\times2^0=(26)D$

把二进制数 100110.101 转换成相应的十进制数。

$(100110.101)B=1\times2^5+1\times2^2+1\times2^1+1\times2^{-1}+1\times2^{-3}=(38.625)D$

把八进制数 476.5 转换成相应的十进制数。

$(476.5)O=4\times8^2+7\times8^1+6\times8^0+5\times8^{-1}$

把十六进制数 2AB.F 转换成相应的十进制数。

$(2AB.F)H=2\times16^2+10\times16^1+11\times16^0+15\times16^{-1}$

2．十进制转 r 进制

整数部分和小数部分的转换方法是不相同的，分别加以介绍。

（1）整数部分的转换

把一个十进制的整数不断除以所需要的基数 r，取其余数（除 r 取余法），就能够转换成以 r 为基数的数。例如，为了把十进制数转换成相应的二进制数，只要把十进制数不断除以 2，并记下每次所得余数（余数总是 1 或 0），所有余数按倒序排列起来即为相应的二进制数。这种方法称为除 r 取余法（除 r 取余，逆序排列）。

例如：把十进制数 25 转换成二进制数。

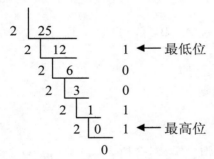

所以（25）D=（11001）B （注意：第一位余数是低位，最后一位余数是高位）

（2）小数部分转换

要将一个十进制小数转换成 r 进制小数，可将十进制小数不断得乘以 r，并顺序取整，这称为乘 r 取整法（乘 r 取整，顺序排列）。

例如：将十进制数 0.3125 转换成相应的二进制数。

```
        0.3125              取整
      ×      2
        0.6250              0  ←——  最高位
      ×      2
        1.2500              1
      ×      2
        0.5000              0（仅小数部分）
      ×      2
        1.0000              1  ←——  最低位
```

所以，（0.3125）D=（0.0101）B

如果十进制数包含整数和小数两部分，则必须将十进制小数点两边的整数和小数部分分开，分别完成相应转换，然后，再把 r 进制整数和小数部分组合在一起。

例如：将十进制数 25.3125 转换成二进制数，只要将上例整数和小数部分组合在一起即可，即（25.3125）D=（11001.0101）B

3．非十进制数间的转换

通常两个非十进制数之间的转换方法是采用上述两种方法的组合，即先将被转换数转换为相应的十进制数，然后再将十进制数转换为其他进制数。

由于二进制、八进制和十六进制之间存在特殊关系，即 $8^1=2^3$，$16^1=2^4$，因此转换方法就比较容易，如表 1-3 所示。

表 1-3　二进制、八进制和十六进制之间的关系

二进制	八进制	二进制	十六进制	二进制	十六进制
000	0	0000	0	1000	8
001	1	0001	1	1001	9
010	2	0010	2	1010	A
011	3	0011	3	1011	B
100	4	0100	4	1100	C
101	5	0101	5	1101	D
110	6	0110	6	1110	E
111	7	0111	7	1111	F

根据这种对应关系，二进制转换成八进制十分简单。只要将二进制数从小数点开始，整数从右向左 3 位一组，小数部分从左向右 3 位一组，最后不足 3 位补零，然后根据表 1-3 即可完成转换。

例如：将二进制数（10100101.01011101）B 转换成八进制数。

010' 100' 101.010' 111' 010

2　　4　　5 .2　　7　　2

所以（10100101.1011101）B=（245.272）O

将八进制转换成二进制的过程正好相反。

2　　4　　5 .2　　7　　2

010　100　101.010　111　010

所以（245.272）O=（10100101.1011101）B

二进制同十六进制之间的转换就如同八进制同二进制之间的转换一样，只是四位一组。

例如：将二进制（1111111000111.100101011）B 转换成十六进制数。

0001' 1111' 1100' 0111.1001' 0101' 1000

1　　F　　C　　7 .9　　5　　8

所以（1111111000111.100101011000）B=（1FC7.958）H

1.2.4　二进制的运算

在计算机中，采用二进制数可以很方便的进行算术运算和逻辑运算。

1．算术运算

加法：0＋0＝0　　　　0＋1＝1　　　　1＋0＝1　　　　1＋1＝0（进位）

减法：0－0＝0　　　　0－1＝1（借位）　1－0＝1　　　　1－1＝0

乘法：0×0＝0　　　　0×1＝0　　　　1×0＝0　　　　1×1＝1

除法：0÷1＝0　　　　1÷1＝1

2．逻辑运算

逻辑与：0 AND 0＝0　　　0 AND 1＝0　　　1 AND 0＝0　　　1 AND 1＝1

逻辑或：0 OR 0＝0　　　　0 OR 1＝1　　　　1 OR 0＝1　　　　1 OR 1＝1

逻辑非：NOT 0＝1　　　　NOT 1＝0

1.3　计算机中的信息表示

1.3.1　计算机数据单位

数据有数值数据和非数值数据之分。在计算机内这些数据均表现为二进制形式。一串二进制序列，既可理解为数值大小，也可理解为字符编码，理解方式不同，含义也不一样。在进行数据处理时，必须了解这些数据是怎样组织存储的。数据单位一般有位、字节和字。

1．位（bit）

位是计算机存储数据的最小单位。一个二进制代码称为一位，记为 bit。一个二进制位只能表示 2 种状态，要表示更多的信息，就得把多个位组合起来作为一个整体，每增加一位，所能表示的信息量就增加一倍。

2．字节（Byte）

字节简记为 B。在对二进制数据进行存储时，以八位二进制代码为一个单元存放在一起，称为一个字节。即：1B=8 bit。字节是数据处理的基本单位，通常一个 ASCⅡ码占一个字节，一个汉字国标码占 2 个字节。

3．字（Word）

计算机处理数据时，一次存取、加工和传送的数据长度称为字，也叫字长。一个字通常有一个或若干个字节组成。由于字长是计算机一次所能处理的实际位数，因此它决定了计算机处理数据的速率，是衡量计算机性能的一个重要标志。字长越长，表明计算机性能越强。

不同计算机的字长是不完全相同的，常见的计算机字长有 8 位、16 位、32 位、64 位不等。

4．存储器容量

计算机存储器容量大小是以字节数来度量的，经常使用如下几种度量单位：B、KB、MB、GB、TB。其中 KB（Kilo Byte）表示"千字节"，MB（Mega Byte）表示"兆字节"，GB（Giga Byte）表示"吉字节"，TB（Tera Byte）表示"太字节"。它们的进率是 2^{10}=1024，即：$1TB=2^{10}GB$，$1 GB=2^{10} MB$，$1 MB=2^{10} KB$，$1 KB=2^{10} B$，1 B=8 bit。

例如：16×16 点阵汉字库中的一个汉字占据空间：16×16×1 bit=256 bit=32 B。一个拥有 7445 个汉字（含符号）的 16×16 点阵汉字库的容量是：7445×35 B=238 240 B，约为 238 KB。

1.3.2　计算机中的数值编码

没有涉及到数据符号的二进制数据称为无符号数，除此以外，还有带符号的数，通常用

"+"、"-"表示，但在计算机中只有"1"和"0"两个数字，一般规定用"0"表示正数，"1"表示负数。

计算机中符号数的表示方法有三种：原码、补码、反码。

1. 原码

一个二进制数同时包含符号和数值两部分，用最高位表示符号，其余位表示数值，这种表示带符号数的方法为原码表示法。

例如：X1= +17　　　其原码为（X1）原＝0　0　0　1　0　0　0　1

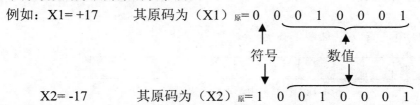

　　　　X2= -17　　　其原码为（X2）原＝1　0　0　1　0　0　0　1

利用原码来表示数据简单易懂，但用原码表示的数进行运算时，首先要判断该数是正数还是负数，再决定所进行的运算是加法还是减法，给计算过程带来了麻烦，所以这种数据在进行运算时，总是采用反码来进行。

2. 反码

反码是另一种表示有符号数的方法。对于正数，其反码与原码相同；对于负数，在求反码的时候，除符号位外其余各位按位取反，即"1"都换成"0"，"0"都换成"1"。

例如：X1=+17　原码为(X1)原=00010001，反码为(X1)反=00010001

　　　　X2= -17　原码为(X2)原=10010001，反码为(X2)反=11101110

3. 补码

补码是表示带符号数的最直接方法。对于正数，其补码与原码相同；对于负数，其补码为反码加1。

例如：X1=+17　　　　　　原码为(X1)原＝0　0　0　1　0　0　0　1

　　　　　　　　　　　　反码为(X1)反＝0　0　0　1　0　0　0　1

　　　　　　　　　　　　补码为(X1)补＝0　0　0　1　0　0　0　1

　　　　X2= -17　　　　　原码为(X2)原＝1　0　0　1　0　0　0　1

　　　　　　　　　　　　反码为(X2)反＝1　1　1　0　1　1　1　0

　　　　　　　　　　　　补码为(X2)补＝1　1　1　0　1　1　1　1

4. 数的小数点表示法

在一般书信中，小数点用记号"."来表示，在计算机中，小数点的表示采用人工约定的方法来实现，具体的两种表示方法为定点表示法和浮点表示法。

（1）数的定点表示

在定点表示法中，小数点的位置是固定的，例如将小数点定位在符号位的后面，用来表示一个纯小数，如图 1-16 所示；也可以将小数点定位在数据的后面，用来表示纯整数，如图 1-17 所示。

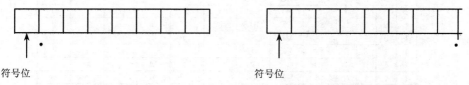

　　　图 1-16　小数点在符号位之后　　　　　　　　图 1-17　小数点在数据之后

用定点法所能表示的数值范围非常有限，在做定点运算时，计算结果很容易超出字的表示范围，所以通常用浮点表示法来表示小数。

（2）数的浮点表示

数的浮点表示与科学计数法相类似，是用较少的数字表示较大的数值的一种方法。浮点表示法包括两个部分：一部分是阶，表示指数，另一部分是尾数，表示有效数字，均用二进制表示。如：X=110.011=1.10011×2^{+10}（指数+10 表示是二进制数，相当于十进制数 2，小数点向左移两位）。

浮点数在计算机中的表示方法如图 1-18 所示。

阶符	阶码	数符	尾数

图 1-18　计算机中浮点数的表示

在浮点数的表示中，数符和阶符都各占一位，用"0"表示正，"1"表示负，尾数的位数由数的精度要求而定。例如：设尾数为 4 位，阶码为 2 位，用浮点数表示 N=1011×2^{+11}

该数在计算机中用浮点数表示如图 1-19 所示。

0	11	0	1011
阶符	阶码	数符	尾数

图 1-19　浮点数表示实例

1.3.3　计算机中的字符编码

1.　ASCII

美国信息交换标准代码（American Standard Code for Information Interchange，ASCII）是基于拉丁字母的一套电脑编码系统。它主要用于显示现代英语，而其扩展版本 EASCII 则可以部分支持其他西欧语言，并等同于国际标准 ISO/IEC 646。由于万维网使得 ASCII 广为通用，直到 2007 年 12 月，逐渐被 Unicode 取代。

表 1-4　1968 年版 ASCII 编码速见表

Bits (b4 b3 b2 b1)	Column/Row	0 (000)	1 (001)	2 (010)	3 (011)	4 (100)	5 (101)	6 (110)	7 (111)
0 0 0 0	0	NUL	DLE	SP	0	@	P	`	p
0 0 0 1	1	SOH	DC1	!	1	A	Q	a	q
0 0 1 0	2	STX	DC2	"	2	B	R	b	r
0 0 1 1	3	ETX	DC3	#	3	C	S	c	s
0 1 0 0	4	EOT	DC4	$	4	D	T	d	t
0 1 0 1	5	ENQ	NAK	%	5	E	U	e	u
0 1 1 0	6	ACK	SYN	&	6	F	V	f	v
0 1 1 1	7	BEL	ETB	'	7	G	W	g	w
1 0 0 0	8	BS	CAN	(	8	H	X	h	x
1 0 0 1	9	HT	EM	)	9	I	Y	i	y
1 0 1 0	10	LF	SUB	*	:	J	Z	j	z
1 0 1 1	11	VT	ESC	+	;	K	[	k	{
1 1 0 0	12	FF	FC	,	<	L	\	l		
1 1 0 1	13	CR	GS	-	=	M	]	m	}
1 1 1 0	14	SO	RS	.	>	N	^	n	~
1 1 1 1	15	SI	US	/	?	O	_	o	DEL

　　ASCII 第一次以规范标准发表是在 1967 年，最后一次更新则是在 1986 年，至今为止共定义了 128 个字符；其中 33 个字符无法显示（这是以现今操作系统为依据，但在 DOS 模式下可显示出一些诸如笑脸、扑克牌花式等 8-bit 符号），且这 33 个字符多数都已陈废。控制字符的用途主要是用来操控已经处理过的文字。在 33 个字符之外的是 95 个可显示的字符，包含空白键产生的空白字符。1968 年版 ASCII 编码如表 1-4 所示。

　　ASCII 的局限在于只能显示 26 个基本拉丁字母、阿拉伯数目字和英式标点符号，因此只能用于显示现代美国英语。而 EASCII 虽然解决了部分西欧语言的显示问题，但对更多其他语言依然无能为力。因此现在的软件系统大多采用 Unicode。

　　2. Unicode

　　Unicode（万国码、国际码、统一码）是计算机科学领域里的一项业界标准。它对世界上大部分的文字系统进行了整理、编码，使得计算机可以用更为简单的方式来呈现和处理文字。

　　Unicode 伴随着通用字符集的标准而发展，同时也以书本的形式对外发表。Unicode 至今仍在不断增修，每个新版本都加入更多新的字符。目前最新的版本为第六版，已收入了超过十万个字符。Unicode 涵盖的数据除了视觉上的字形、编码方法、标准的字符编码外，还包含了字符特性，如大小写字母。其控制字符如表 1-5 所示。

表 1-5　控制字符

二进制	十进制	缩写	名称/意义	二进制	十进制	缩写	名称/意义
0000 0000	0	NUL	空字符	0001 0001	17	DC1	设备控制一
0000 0001	1	SOH	标题开始	0001 0010	18	DC2	设备控制二
0000 0010	2	STX	本文开始	0001 0011	19	DC3	设备控制三
0000 0011	3	ETX	本文结束	0001 0100	20	DC4	设备控制四
0000 0100	4	EOT	传输结束	0001 0101	21	NAK	确认失败回应
0000 0101	5	ENQ	请求	0001 0110	22	SYN	同步用暂停
0000 0110	6	ACK	确认回应	0001 0111	23	ETB	区块传输结束
0000 0111	7	BEL	响铃	0001 1000	24	CAN	取消
0000 1000	8	BS	退格	0001 1001	25	EM	连接介质中断
0000 1001	9	HT	水平定位符号	0001 1010	26	SUB	替换
0000 1010	10	LF	换行键	0001 1011	27	ESC	退出键
0000 1011	11	VT	垂直定位符号	0001 1100	28	FS	文件分区符
0000 1100	12	FF	换页键	0001 1101	29	GS	组群分隔符
0000 1101	13	CR	Enter 键	0001 1110	30	RS	记录分隔符
0000 1110	14	SO	取消变换	0001 1111	31	US	单元分隔符
0000 1111	15	SI	启用变换	0111 1111	127	DEL	删除
0001 0000	16	DLE	跳出数据通讯				

　　Unicode 发展由非营利机构统一码联盟负责，该机构致力于让 Unicode 方案取代既有的字符编码方案。因为既有的方案往往空间非常有限，亦不适用于多语环境。

Unicode 备受认可，并广泛地应用于计算机软件的国际化与本地化过程。有很多新科技，如可扩展置标语言、Java 编程语言以及现代的操作系统，都采用 Unicode 编码。

大概来说，Unicode 编码系统可分为编码方式和实现方式两个层次。

（1）编码方式

统一码的编码方式与 ISO 10646 的通用字符集概念相对应。目前实际应用的统一码版本对应于 UCS-2，使用 16 位的编码空间。也就是每个字符占用 2 个字节，理论上一共最多可以表示 2^{16}=65536 个字符，基本满足各种语言的使用。实际上当前版本的统一码并未完全使用，而是保留了大量空间以作为特殊使用或将来扩展。

（2）实现方式

Unicode 的实现方式不同于编码方式。一个字符的 Unicode 编码是确定的。但是在实际传输过程中，由于不同系统平台的设计不一定一致，以及出于节省空间的目的，对 Unicode 编码的实现方式有所不同。Unicode 的实现方式称为 Unicode 转换格式（Unicode Transformation Format，UTF）。

统一码这种为数万汉字逐一编码的方式很浪费资源，且要把汉字增加到标准中也并不容易，因此去研究以汉字部件产生汉字的方法，期望取代为汉字逐一编码的方法。对此，Unicode 委员会在关于中文和日语的常用问题列表里进行了回答。主要问题是汉字中各个组件的相对大小不是固定的。比如"员"字，由"口"和"贝"组成，而"呗"也是由"口"和"贝"组成，但其相对位置和大小并不一致。还有一些其他原因，比如字符比较和排序时需要先对编码流进行分析后才能得到各个字符，增加处理程序复杂性等。

另一个问题是：由于中国历代字书有收录讹字（即错别字）的习惯，因此 Unicode 编码中收入大量讹字，占据大量空间，引发批评。电脑文件中若使用错讹字，在用正确字做检索时，用错讹字写出的同一个词语无法检出。

1.3.4 计算机中的汉字编码

国家标准代码，简称国标码，是我国的中文常用汉字编码集，亦为新加坡采用。目前官方强制使用 GB 18030-2005 标准，但 GB 2312-80 仍然在部分领域被使用。强制标准冠以"GB"。推荐标准冠以"GB/T"。

常见国家标准代码列表：

GB2312-80《信息交换用汉字编码字符集-基本集》（又称 GB 或 GB0）

GB13000.1-93《信息技术通用多八位编码字符集(UCS)第一部分》

GB 18030-2000《信息技术信息交换用汉字编码字符集-基本集的扩充》

GB 18030-2005《信息技术中文编码字符集》

其他我国发布有关汉字标准代码列表：

GB/T 12345-90《信息交换用汉字编码字符集-第一辅助集》（又称 GB1）

GB/T 7589-87《信息交换用汉字编码字符集-第二辅助集》（又称 GB2）

GB 13131-91《信息交换用汉字编码字符集-第三辅助集》（又称 GB3）

GB/T 7590-87《信息交换用汉字编码字符集-第四辅助集》（又称 GB4）

GB 13132-91《信息交换用汉字编码字符集-第五辅助集》（又称 GB5）

GB/T 16500-1998《信息交换用汉字编码字符集 第七辅助集》

GB-2312-80 收录了 6763 个汉字，其中一级常用汉字 3755 个，汉字的排列顺序为拼音字母序；二级常用汉字 3008 个，排列顺序为偏旁部首序，还收集了 682 个图形符号，共 7445 个汉字及符号，一般情况下，该编码集中的两级汉字及符号已足够使用。但未能覆盖繁体中文字、部分人名、方言、古汉语等方面出现的罕用字，所以发布了以上的辅助集。

其中，GB/T 12345-90 辅助集是 GB 2312-80 基本集的繁体字版本；GB 13131-91 是 GB/T 7589-87 的繁体字版本；GB 13132-91 是 GB/T 7590-87 的繁体字版本。而 GB/T 16500-1998 是繁体字版本，并无对应的简体字版本。

鉴于第二辅助集及第四辅助集，有不少汉字均是"类推简化汉字"，实用性不高，因而较少人采用，而且没有收入通用字符集 ISO/IEC 10646 标准。

国家标准总局于 2000 年推出强制性的 GB 18030-2000 标准。于 2001 年 8 月 31 日后发布或出厂的产品，必须符合 GB18030-2000 的相关要求。这个标准的最新版本是 GB 18030-2005，它的单字节编码部分、双字节编码部分和四字节编码部分的 CJK 统一汉字扩充 0x8139EE39--0x82358738 部分为强制性。

1.3.5 BCD 编码

二-十进制编码（BCD，Binary-Coded Decimal）是一种十进制的数字编码形式。这种编码下的每个十进制数字用一串单独的二进制比特来存储表示。常见的有 4 位表示 1 个十进制数字，称为压缩的 BCD 码（Compressed or Packed）；或者 8 位表示 1 个十进制数字，称为未压缩的 BCD 码（Uncompressed or Zoned）。

这种编码技术，最常用于会计系统的设计里，因为会计制度经常需要对很长的数字符串作准确的计算。相对于一般的浮点式记数法，采用 BCD 码，既可保存数值的精确度，又可免却使计算机作浮点运算时所耗费的时间。此外，对于其他需要高精确度的计算，BCD 编码亦很常用。

BCD 码的主要优点是在机器格式与人可读的格式之间转换容易，以及十进制数值的高精度表示。BCD 码的主要缺点是增加了实现算术运算的电路的复杂度，以及存储效率低。十进制数和常见 BCD 编码如表 1-6 所示。

表 1-6 十进制数和常见 BCD 编码

十进制数	8421 码	余 3 码	2421 码
0	0 0 0 0	0 0 1 1	0 0 0 0
1	0 0 0 1	0 1 0 0	0 0 0 1
2	0 0 1 0	0 1 0 1	0 0 1 0
3	0 0 1 1	0 1 1 0	0 0 1 1
4	0 1 0 0	0 1 1 1	0 1 0 0
5	0 1 0 1	1 0 0 0	0 1 0 1
6	0 1 1 0	1 0 0 1	0 1 1 0
7	0 1 1 1	1 0 1 0	0 1 1 1
8	1 0 0 0	1 0 1 1	1 1 1 0
9	1 0 0 1	1 1 0 0	1 1 1 1

最常用的 BCD 编码，就是使用"0"至"9"这十个数值的二进码来表示。这种编码方式，称

为 8421BCD，除此以外，对应不同需求，各人亦开发了不同的编码方法，以适应不同的需求。这些编码，大致可以分成有权码和无权码两种：

有权码，如：8421 码、2421 码、5421 码…

无权码，如：余 3 码、格雷码…

例如：将 973 转换为 8421BCD 码。973=（1001 0111 0011）BCD（注意：BCD 码在书写时，每一个代码之间一定要留有空隙，以避免 BCD 码与纯二进制码混淆。）

1.4   计算机系统

1.4.1   计算机系统组成

计算机系统包括硬件系统和软件系统两大部分。其组成如图 1-20 所示。

硬件是指构成计算机的物理装置，是一些实实在在的有形实体。硬件是计算机能够运行程序的物质基础，计算机性能在很大程度上取决于硬件配置。

软件是指程序及有关程序的技术文档资料，二者中更为重要的是程序，它是计算机正常工作的重要因素，所以在不太严格的情况下，可直接把程序认为是软件。

软件和硬件概念在很多领域都有体现，比如乐器是硬件，乐谱就属于软件；录音机和磁带是硬件，磁带上的歌曲是软件。硬件离不开软件，而软件则以硬件作为物质基础。

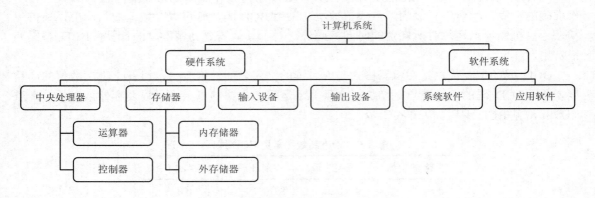

图 1-20   计算机系统组成

1.4.2   计算机的硬件系统

硬件系统是指构成计算机的物理设备，即由机械、光、电、磁器件构成的具有计算、控制、存储、输入和输出功能的实体部件，是计算机系统中由电子、机械和光学元件等组成的各种计算机部件和计算机设备，如图 1-21 所示。

1945 年冯·诺依曼在设计 EDVAC 时提出了存储程序的概念，后来他的存储程序计算机的结构被其后几乎所有的通用计算机采用，即为冯·诺依曼结构。冯·诺依曼提出的计算机组成和工作方式基本设计思想可以简要地概括为以下三点：

①计算机应包括运算器、存储器、控制器、输入和输出设备五大基本部件。

②计算机内部应采用二进制来表示指令和数据。每条指令一般具有一个操作码和一个地

址码。其中操作码表示运算性质，地址码指出操作数在存储器中的位置。

③将编号的程序和原始数据送入存储器中，然后启动计算机工作，计算机应在无操作人员干预的情况下，自动逐条取出指令和执行任务。

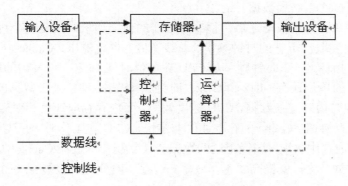

图 1-21　计算机硬件系统组成

1.4.3　微型计算机常用硬件

1. 中央处理器

中央处理器（Central Processing Unit，CPU）是一块超大规模的集成电路，是一台计算机的运算核心和控制核心。主要包括运算器（Arithmetic and Logic Unit，ALU）和控制器（Control Unit，CU）两大部件。此外，还包括若干个寄存器和高速缓冲存储器及实现它们之间联系的数据、控制及状态的总线。CPU 是计算机的核心部件，是指挥控制中心，它的性能直接影响着电脑的性能。图 1-22 所示为 Intel CoreI7 中央处理器。

图 1-22　Intel Core I7 中央处理器

CPU 的主要运作原理，不论其外观，都是执行储存于存储器中被称为程序里的一系列指令。遵循普遍的冯·诺伊曼结构设计的计算机，程序以一系列数字形式储存在计算机存储器中，CPU 的运作原理可分为四个阶段：提取、解码、执行和写回。

第一阶段，提取阶段，从程序存储器中检索指令。由程序计数器指定程序存储器的位置，程序计数器保存供识别目前程序位置的数值。换言之，程序计数器记录了 CPU 在目前程序里的踪迹。提取指令之后，程序计数器根据指令式长度增加存储器单元。CPU 根据从存储器提取到的指令来决定其执行行为。

第二阶段，解码阶段，指令被拆解为有意义的片断。根据 CPU 的指令集架构（ISA）定义将数值解译为指令。一部分的指令数值为运算码，其指示要进行哪些运算。其他的数值通常供给指令必要的信息，诸如一个加法运算的运算目标。这样的运算目标也许提供一个常数值（即立即值），或是一个空间的寻址值：暂存器或存储器地址，以寻址模式决定。

第三阶段，执行阶段，连接到各种能够进行所需运算的 CPU 部件。例如，要求一个加法运算，算术逻辑单元将会连接到一组输入部件和一组输出部件。输入提供相加的数值，输出和结果。算术逻辑单元 ALU 内含电路系统完成的算术运算和逻辑运算。

第四阶段，写回阶段，以一定格式将执行阶段的结果写回。运算结果经常被写进 CPU 内部的暂存器，以供随后指令快速访问。运算结果也可能写进速度较慢且容量较大的内存。某些类型的指令并不直接产生结果数据。

在执行指令并写回结果数据之后，程序计数器的值会递增，反复整个过程。

CPU 的性能主要取决于它的时钟频率、总线宽度、供电电压、Cache 以及指令集。其中时钟频率是最重要的指标之一。时钟频率是 CPU 在单位时间（1 秒）内发出的脉冲数，以 Hz（赫兹）为单位，较大的单位还有 MHz 和 GHz。时钟频率高则 CPU 处理数据的速度相对就快。

CPU 工作必须与内存交换数据，CPU 速度较快，而内存存取速度相对较慢，于是用 Cache（高速缓存）来进行协调。Cache 的存取速度非常快，CPU 在工作时，首先到 Cache 中去取数据，如果没有再到内存中去取，曾经用过的数据会被复制一份放在 Cache 中，再次使用时就不用去内存中获取数据，这样就提高了工作效率。缓存一般分为一级缓存（L1 Cache）和二级缓存（L2 Cache）。

中央处理器广泛应用在个人计算机上，现今计算机可进入家庭，全因集成电路的发展，令大小、性能以及价位等多个方面均有长足的进步。现今中央处理器价钱便宜，用户可自行组装个人计算机。主板等主要计算机组件，均配合中央处理器设计。不同类型的中央处理器安装到主板上使用不同类型的插槽中。现今中央处理器变得更省电，温度更低。大多数 IBM PC 兼容机使用 x86 架构的处理器，他们主要由 Intel（英特尔）和 AMD（超微）两家公司生产，此外 VIA（威盛）也参与中央处理器的生产，中国科学院计算技术研究所设计的通用中央处理器龙芯（Loongson）于 2002 年起投入使用。

2. 存储器

计算机的工作过程就是在程序的控制下对数据信息进行加工处理的过程。因此，计算机中必须有存放程序和数据的部件，这个部件就是存储器。存储器（Memory）是一种利用半导体技术做成的电子设备，用来存储数据。电子电路的数据是以二进制的方式存储，存储器的每一个存储单元称作记忆元。

计算机的存储器可分为两大类：一类是内部存储器，简称内存储器、内存或主存；另一类是外部存储器，又称为辅助存储器，简称外存或辅存。

内存储器是微型计算机主机的一个组成部分，用来存放当前正在使用的或者随时要使用的程序或数据。对于内存，CPU 可以直接对它进行访问。比如：内存，如图 1-23 所示。

图 1-23 内存

外存储器一般用来存放需要长时间保存的或相对来说暂时不用的各种程序和数据。外存储器不能被微处理器直接访问，必须将外存储器中的信息先调入内存储器才能为微处理器所利用。比如：硬盘，如图 1-24 所示。

图 1-24　硬盘

计算机存储器可以根据存储能力与电源的关系可以分为易失性存储器和非易失性存储器两类：

易失性存储器（Volatile Memory)是指当电源供应中断后，存储器所存储的数据便会消失的存储器。主要有随机访问存储器（Random Access Memory，RAM），它包含动态随机访问存储器（DRAM）和静态随机存储器（SRAM）两种类型：DRAM 一般每个单元由一个晶体管和一个电容组成，其特点是单元占用资源和空间小、速度比 SRAM 慢、需要刷新，一般计算机内存即由 DRAM 组成，在 PC 上，DRAM 以内存条的方式出现；SRAM 一般每个单元由 6 个晶体管组成，特点是速度快，但单元占用资源比 DRAM 多，一般 CPU 的缓存即由 SRAM 构成。

非易失性存储器（Non-Volatile Memory）是指即使电源供应中断，存储器所存储的数据并不会消失，重新供电后，就能够读取存储器中的数据。主要种类有只读存储器（Read Only Memory，ROM）、可编程只读存储器（Programmable Read Only memory，PROM）、可擦除可编程只读存储器（Erasable Programmable Read Only Memory，EPROM）、电子抹除式可编程只读存储器（Electrically Erasable Programmable Read Only Memory，EEPROM）、快闪存储器（Flash Memory，闪存）、磁盘存储器（Disk Storage）。

只读存储器存储的信息只能读（取出），不能改写（存入）；断电后信息不会丢失，可靠性高。它主要用于存放固定不变的、控制计算机的系统程序和参数表，也用于存放常驻内存的监控程序或者操作系统的常驻内存部分，甚至还可以用来存放字库或某些语言的编译程序及解释程序。这些程序和数据一般是由厂家写入的。

可擦除可编程只读存储器是一组浮栅晶体管，被一个提供比电子电路中常用电压更高电压的电子器件分别编程。一旦编程完成后只能用强紫外线照射来擦除。

电子抹除式可编程只读存储器是一种可以通过电子方式多次复写的半导体存储设备，相比 EPROM，EEPROM 不需要用紫外线照射，也不需取下，就可以用特定的电压来抹除芯片上的信息，以便写入新的数据。

快闪存储器是一种电子式可清除程序化只读存储器，允许在操作中被多次擦或写，主要用于一般性数据存储，以及在计算机与其他数字产品间交换传输数据，如储存卡与闪存盘。

磁盘是一种用碟盘存储存储数据的存储器，它将模拟数据或数字数据存放在一个或多个经过特殊处理的圆盘表面，通过旋转圆盘的方式来取出数据，根据它的存储媒介，又可以分成电子式、磁性式、光学式或机械式等。如软盘（Floppy Disk）、硬盘（Hard Disk）以及光盘等。

3．主板

主板（Mainboard）又称主机板、系统板、母板、底板等，是构成计算机的主电路板。典型的主板能提供一系列接合点，供处理器、显卡、声效卡、硬盘、存储器、对外设备等设备接合。它们通常直接插入有关插槽，或用线路连接。

主板上最重要的构成组件是芯片组（Chipset）。而芯片组通常由北桥和南桥组成，也有些以单芯片设计，增强其性能。这些芯片组为主板提供一个通用平台供不同设备连接，控制不同设备的沟通。它亦包含对不同扩充插槽的支持，例如处理器、PCI、ISA、AGP 和 PCI Express。芯片组也为主板提供额外功能，例如集成显卡、集成声卡。一些主板也集成红外通讯技术、蓝牙和 802.11（Wi-Fi）等功能。

图 1-25 所示的 LGA 1366 主板包含南桥和北桥，这是最后一代使用双芯片的主板。之后的主板仅有南桥，北桥已被集成到 CPU。

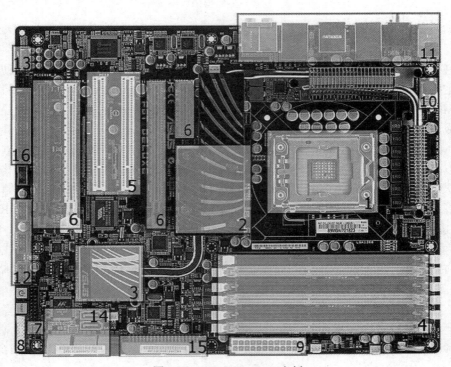

图 1-25　P6T Deluxe V2 主板

（1）CPU 插座

（2）北桥（被散热片覆盖）

（3）南桥 (被散热片覆盖)

（4）内存插座 (三通道)

（5）PCI 扩充槽

（6）PCI Express 扩充槽

（7）跳线

（8）控制面板 (开关、LED 等)

（9）20+4pin 主板电源

（10）4+4pin 处理器电源

（11）背板 I/O

（12）USB 2.0 针脚 (可连接两个插座)

（13）前置面板音效

（14）SATA 插座

（15）ATA 插座

图 1-26 所示为 LGA 1155 主板，这一代的 CPU 已包含北桥，所以主板上只有一块散热片覆盖南桥，这是一块主流级主板，支持双通道。

图 1-26　ASUS P8H 67-V 主板

4. 输入设备

输入设备是向计算机中输入信息（程序、数据、声音、文字、图形、图像等）的设备，常用的输入设备有键盘、鼠标器、手写板、图像扫描仪、条形码输入器、光笔等。

（1）键盘

键盘是指经过系统安排操作一台机器或设备的一组键，主要的功能是输入资料，依照键盘上的按键数，可分为 101 键和 104 键两种。键盘由打字机键盘发展而来，通过键盘可以输入字符，也可以控制电脑的运行。键盘样式如图 1-27 所示。

图 1-27　键盘

通常，电脑键盘由矩形或近似矩形的一组按钮或者称为"键"组成，键的上面印有字符。大部分情况下，按下一个键就打出对应的一个符号，如字母、数字或标点符号等。然而，有一些特殊的符号需要同时按下几个键或者按顺序按几个键才能打出。另外还有一些键不对应任何符号，但是影响到电脑的运行。不同的输入法定义了不同的输出符号。

键盘的排列方式有很多种。之所以有不同的键盘排列是因为不同的人使用不同的语言，需要对他们来说最简单的方式来使用键盘。

最常见的键盘是机械打字机时代的 QWERTY 键盘或者近似的设计。当时打字机的键安装在摇杆上，使用频率高的键不能放得太近，以防止摇杆互相碰撞而卡住。QWERTY 键盘和它的兄弟们就沿用了打字机键盘的设计，从而也为之后的电子键盘所采用。由于当时技术条件的限制，这种键盘设计在人体工学方面考虑得很少。随着现代电子学的发展，这些限制就不存在了。也有很多新的键盘设计涌现，如德沃夏克键盘，但是没有被广泛使用。

键盘上的键的数量最初标准是 101 个，Windows 键盘是 104 个，Apple 键盘是 79 个，后来又发展到 130 个甚至更多。越来越多的功能键被增加到键盘上，如打开一个网页浏览器或邮件客户端。美国曾经销售过一种"因特网键盘"，将功能键设置为预定义的因特网快捷键，按下这些快捷键就可以打开浏览器进入到指定的网站。

键盘连接到电脑的方式有很多种。其中包括标准的 DIN 连接器，通常在 80486 之前的主板都是这种设计，后来被 PS/2 连接器取代。现在应用更广的是 USB 连接器，但在部分应用如电子游戏上，USB 无法完全取代 PS/2，主因是 USB 键盘最多只能同时输入 6 个键加 2 个功能键，而部分 PS/2 键盘就可以同时输入十多个甚至所有键（一般称为 N-key rollover 或 NKRO）。早期的苹果电脑使用苹果电脑总线（ADB）作为键盘连接器。原则上，键盘遵循 ISO/IEC 9995 标准。

（2）鼠标

鼠标是一种很常见及常用的输入设备，它可以对当前屏幕上的游标进行定位，并通过按键和滚轮装置对游标所经过位置的屏幕元素进行操作。鼠标的鼻祖于 1968 年出现，美国科学家道格拉斯·恩格尔巴特（Douglas Englebart）在加利福尼亚制作了第一只鼠标。

鼠标依据移动感应技术的不同可分类如下：机械鼠标、光电机械鼠标、光电鼠标、激光鼠标、蓝光鼠标和蓝影鼠标。

鼠标的光电传感器灵敏度使用 DPI（Dots Per Inch，点每英寸）或 CPI（Counts Per Inch，每英寸测量数）量度，测量频率使用 FPS（Flashes Per Second，每秒刷新次数）量度。一般鼠标的外形如图 1-28 所示。

图 1-28　鼠标

（3）手写板

数码绘图板（Graphics Tablet）又称数位板，是一种电磁技术输入装置，它的使用方式是以专用的电磁笔在工作区上书写。电磁笔可发出特定频率的电磁信号，内部具有微控制器及二维的天线阵列，微控制器依序扫描天线板的 X 轴及 Y 轴，然后根据信号的大小计算出笔的绝对坐标，并将每秒约 100 至 200 组的坐标资料传送到电脑去。

用作识别文字的专用数码绘图板称为手写板。原理跟数码绘图板差不多，但通常不太灵敏且面积较小。手写板可以使对于汉字键盘输入法不熟练的人方便地输入汉字。手写板配合汉字识别软件，可以将用户写在手写板上的汉字识别为一个对应的汉字输入电脑中，从而实现汉字录入。当然，如果能用某种汉字键盘输入法快速录入汉字，可以不用手写板录入汉字。手写板的一般外形如图 1-29 所示。

图 1-29　手写板

图 1-30　扫描仪

（4）图像扫描仪

图像扫描仪是一个能够把相片、印刷文件或手写文件等图像，或装饰品等小对象扫描、分析并转化成数字图像的器材，如图 1-30 所示。

现在大部份图像扫描仪都使用电荷耦合器（Charge-Coupled Device，CCD）作为图像感应器，扫描仪通常可通过感光 CCD 阅读红绿蓝 3 原色（RGB）数据，以一些专利算法对不同曝光情况进行处理，并通过扫描仪的输入/输出界面把图像数据传送到计算机，传输界面包括 SCSI、USB 或较早期的并行端口。色深将由 CCD 的特性决定，通常最少为 24 bit。高级型号则有 48 bit 甚至更高。

另一个影响图像质量的指针就是图像的分辨率，以每英寸的点数（DPI）量度，扫描仪厂商通常喜欢以插值分辨率，而非真实的光学分辨率宣传其产品，但插值分辨率会因为软件插值法而大大提高，造成夸大分辨率的假象，而理论上可能的插值像素是无限大。

（5）条形码读入器

条形码是一种用线条和线条间的间隔按一定规则表示数据的条形符号。它具有准确、可靠、灵活、实用、制作容易、输入速度快等优点，广泛用于物资管理、商品、银行、医院等部门。阅读条形码要用专门的条形码阅读设备在条形码上扫描，将光信号转换为电信号，经译码后输入计算机。

5．输出设备

输出设备是计算机将内部信息送给操作者或其他设备的接口。常用的输出设备有显示器、打印机、绘图仪等。

（1）显示器

显示器（Display Device）也称显示屏、荧幕、荧光幕，一种输出设备（Output Device），用于显示图像及色彩。荧幕尺寸依荧幕对角线计算，通常以英寸（inch）作为单位，现时一般主流尺寸有 17″、19″、21″、22″、24″、27″等，指荧幕对角的长度。常用的显示屏又有标屏（窄屏）与宽屏，方荧幕长宽比为 4:3（还有少量比例为 5:4），宽荧幕长宽比为 16:10 或 16:9。在对角线长度一定情况下，宽高比值越接近 1，实际面积则越大。宽屏比较符合人眼视野区域形状。显示器基本样式如图 1-31 所示。

显示器的性能一般由以下性能指标决定：荧幕尺寸（一般采用英寸）、可视面积、实际面积、纵横比（水平：垂直，较常见为 4:3，16:9 和 16:10）、分辨率（点/平方英寸 dpi，一般为 72-96dpi）、点距（毫米，通常为 0.18-0.25mm）、刷新率（赫兹 Hz，只适用于 CRT 显示屏，一般为 60-120Hz)、亮度（流明 Lux）、对比度（最高亮度比最低亮度，一般为 300:1-10，000:1）、能耗（瓦特 W）、反应时间（毫秒 ms）、可视角度。

（2）打印机

打印机（Printer）是一种电脑输出设备，可以将电脑内储存的数据按照文字或图形的方式永久的输出到纸张或者透明胶片上，如图 1-32 所示。

图 1-31　显示器

图 1-32　打印机

单色打印机只能包含一种颜色的图片，通常是黑色，有些单色打印机也可以打印灰度图像。彩色打印机可以打印包含各种色彩的图片。照片打印机是一种彩色打印机，可以生成模拟全色域的图片，成为除印刷方法以外的另一种大量生成照片的办法。打印机知名品牌：联想、惠普、爱普生等。

由于大部分打印媒介是纸，所以打印机是根据把图像印在纸上的方法进行分类的：

激光打印机可以把碳粉印在媒介上，这种打印机具有最佳的成本优势，优秀的输出效果，尤其是针对家庭和办公的单色打印机，激光打印机占有统治地位。另一种基于碳粉的打印机是 LED 打印机，它是采用发光二极管代替激光来生成墨粉图案。

喷墨打印机可以把数量众多的微小墨滴精确的喷射在要打印的媒介上，对于彩色打印机包括照片打印机来说，喷墨方式是绝对主流。由于喷墨打印机可以不仅局限于三种颜色的墨水，现在已有六色甚至七色墨盒的喷墨打印机，其颜色范围早已超出了传统 CMYK 的局限，也超过了四色印刷的效果，印出来的照片已经可以媲美传统冲洗的相片，甚至有防水特性的墨水上市。根据其喷墨方式的不同，可以分为热泡式（Thermal Bubble）喷墨打印机及压电式（Piezoelectric）喷墨打印机两种。惠普、佳能采用的是热泡式技术，而爱普生使用的是压电喷墨式技术。

击打式打印机是依靠强力的冲击把墨转印在媒介上，类似于打字机，它只能打印纯文本。菊瓣字轮式打印机是一种特殊的击打式打印机，它的铅字模围绕着一个轮子的边缘。高尔夫球打印机和菊瓣字轮式打印机很相似，只是字模不再是圆环状分布，而是分布于球形的表面上方，因此可以容纳更多的字模图案。

点阵式打印机又称针式打印机，它是依靠一组像素或点的矩阵组合而成更大的图像，点阵式打印机是运用了击打式打印机的原理，用一组小针来产生精确的点，比击打式打印机更先进的是，它不但可以打印文本，还可以打印图形，但是打印文本的质量通常要低于采用单独字模的击打式打印机。在喷墨打印机普及后，点阵式打印机只剩下发票等需使用复写纸打印的文件单据等使用。

行式打印机一次可以打印一整行文字。这种打印机又分为两种。一种是"鼓式打印机"，即圆柱上的每个环都装有所有要打印的字符，类似日期数字图章，这样就可以一次打印一行。

另一种是"链式打印机"（也叫火车打印机），是把各种字符放在可以上下滑动的链子上，需要那个字符就把它滑动到要打印的行上。不管是哪一种打印机，在打印的时候都是击槌击打纸的背面，字模和色带垫在上方，打完一行纸张向上走再打下一行，击槌击打的是纸而不是字模，这一点和一般击打式打印机把字模往纸上击打是不同的。

1.4.4 计算机的软件系统

软件（Software）是一系列按照特定顺序组织的计算机数据和指令的集合。软件是计算机的灵魂。没有安装软件的计算机称为"裸机"，无法完成任何工作。一般来说，计算机软件被划分为系统软件、应用软件和介于这两者之间的中间件。其中系统软件为计算机使用提供最基本的功能，但是并不针对某一特定应用领域。而应用软件则恰好相反，不同的应用软件根据用户和所服务领域的不同提供不同的功能。

软件并不只是包括可以在计算机上运行的计算机程序，与这些计算机程序相关的文档，一般也被认为是软件的一部分。简单的说，软件就是程序加文档的集合体。软件被应用于世界的各个领域，对人们的生活和工作都产生了深远的影响。

1. 系统软件

系统软件（System Software），主要指用来运行或控制硬件所开发的计算机软件，系统软件负责管理计算机系统中各种独立的硬件，使得它们可以协调工作，提供基本的功能，并为正在运行的应用软件提供平台。如操作系统、解释器、编译器、数据库管理系统、公用程序等面向开发者的软件。

系统软件一词常与系统程序（System Program）混用，狭义而言，系统程序指的是操作系统设计，以及与操作系统相关的程序，例如进程调度、存储器管理、进程通信、平行程序、驱动程序等；广义来说，系统程序泛指与计算机系统相关的程序设计，例如嵌入式系统、汇编语言程序设计、C 语言程序设计、Linux 核心程序设计等等；而系统软件主要指的是辅佐系统程序能够在计算机上运行或运行特定工作（例如除错、进程调度）等的工具程序。

常见的系统软件包含：

（1）操作系统（Operating System）

控制与管理计算机硬件与软件资源，并提供用户操作接口，让用户可与计算机交互的系统软件，例如：UNIX、Linux、OS X、Microsoft Windows。

（2）编译器（Compiler）

将编程语言撰写的代码，转换成计算机可识读的机器语言，产生可执行文件案，例如：GNU C Compiler（GCC）、LLVM，现今许多编译器包含了编译、汇编与链接等多种系统程序功能。

（3）解释器（Interpreter）

能够把高级编程语言逐行直接转译运行，而非将所有内容都转译后才运行。

（4）连接器（Linker）

将由编译器或汇编器产生的目标文件和外部程序库链接为一个可执行文件案。

（5）加载器（Loader）

负责将程序加载到存储器中，并配置存储器与相关参数，使之能够运行，现今许多集成开发环境（IDE）集成了编译器与加载器，使的开发人员可以在编译后立即运行测试结果。

（6）汇编器（Assembly）

将用汇编语言编写，或是编译器转换过程中产生的汇编语言文件，转换成机器语言文件。

（7）除错器（Debugger）

用于调试其他程序，能够让代码在指令组模拟器（ISS）中可以检查运行状况以及选择性地运行（例如设置中断点）。

（8）硬件驱动程序（Driver）

它提供了一个软硬件接口，让计算机软件可以与硬件交互的程序。

（9）公用程序（Utility）

管理计算机的许多任务及程序，如：文件管理程序、格式化工具和磁盘管理。

2．应用程序

应用软件是为了某种特定的用途而被开发的软件。它可以是一个特定的程序，比如一个图像浏览器；也可以是一组功能联系紧密、可以互相协作的程序的集合，比如微软的 Office 软件；也可以是一个由众多独立程序组成的庞大的软件系统，比如数据库管理系统。

常见的应用软件有：

①文字处理软件：如 WPS Office、Microsoft Office、Google Docs。

②信息管理软件：如 Oracle Database 数据库、SQL Server 数据库。

③辅助设计软件：如 AutoCAD。

④实时控制软件。

⑤教育与娱乐软件。

⑥图形图像软件：如 Adobe Photoshop、CorelDraw、MAYA、3DS MAX。

⑦后期合成软件：如 After Effects、Combustion、Digital Fusion、Shake、Flame。

⑧网页浏览软件：如 Internet Explorer、Firefox、Chrome、Opera。

⑨网络通信软件：如 ICQ、Windows Live Messenger、Skype、Yahoo! Messenger、QQ。

⑩影音播放软件：如 RealPlayer、暴风影音、风雷影音。

⑪音乐播放软件：如 Winamp、千千静听、酷我音乐、酷狗音乐。

⑫下载管理软件：如迅雷、快车、QQ 旋风。

⑬电子邮件客户端：如 Windows Live Mail、Outlook Express、Foxmail。

⑭信息安全软件：如 360 安全卫士、360 杀毒、德国小红伞、卡巴斯基、PC-cillin、诺顿杀毒、Bit Defender、瑞星杀毒、金山毒霸、PSA 密码管理软件。

⑮虚拟机软件：如 VMware、Virtual Box、Microsoft Virtual PC。

⑯输入法软件：如谷歌拼音输入法。

3．中间件

中间件（Middleware）是提供系统软件和应用软件之间连接的软件，以便于软件各部件之间的沟通，特别是应用软件对于系统软件的集中的逻辑，在现代信息技术应用框架如 Web 服务、面向服务的体系结构等中应用比较广泛。

严格来讲，中间件技术已经不局限于应用服务器、数据库服务器。围绕中间件，Apache 组织、IBM、Oracle（BEA）、微软各自发展出了较为完整的软件产品体系。中间件技术创建在对应用软件部分常用功能的抽象上，将常用且重要的过程调用、分布式组件、消息队列、事务、安全、连结器、商业流程、网络并发、HTTP 服务器、Web Service 等功能集于一身或者分别在不同品牌的不同产品中分别完成。一般认为在商业中间件及信息化市场主要存在微软阵营、Java 阵营、开源阵营。阵营的区分主要体现在对下层操作系统的选择以及对上层组件标准的制订。目前主流商业操作系统主要来自 Unix、苹果公司和 Linux 的系统以及微软视窗系列。微软阵营的主要技术提供商来自微软及其商业伙伴，Java 阵营则来自 IBM、Sun（已被 Oracle 收购）、Oracle、BEA（已被 Oracle 收购）、金蝶（Kingdee Apusic）及其合作伙伴，开源阵营则主要来自诸如 Apache，SourceForge 等组织的共享代码。

中间件技术的蓬勃发展离不开标准化，标准的创建有助于融合不同阵营的系统。越来越多的标准被三大阵营共同接受并推广发展。中间件技术的发展方向朝着更广阔范围的标准化，功能的层次化，产品的系列化方面发展。

基于中间件技术构建的商业信息软件广泛的应用于能源、电信、金融、银行、医疗、教育等行业软件，降低了面向行业的软件的开发成本。

4. 软件的使用许可

不同的软件一般都有对应的软件授权，软件的用户必须在拥有所使用软件的许可证的情况下才能够合法的使用软件。从另一方面来讲，特定软件的许可条款也不能够与法律相抵触。

依据许可方式的不同，大致可将软件区分为几类：

（1）专属软件

此类授权通常不允许用户随意的复制、研究、修改或散布该软件。违反此类授权通常会有严重的法律责任。传统的商业软件公司会采用此类授权，例如微软的 Windows 和办公软件。专属软件的源码通常被公司视为私有财产而予以严密的保护。

（2）自由软件

此类授权正好与专属软件相反，赋予用户复制、研究、修改和散布该软件的权利，并提供源码供用户自由使用，仅给予些许的其他限制。Linux、Firefox 和 OpenOffice 为此类软件的代表。

（3）共享软件

通常可免费的取得并使用其试用版，但在功能或使用期间上受到限制。开发者会鼓励用户付费以取得功能完整的商业版本。

（4）免费软件

可免费的取得和散布，但并不提供源码，也无法修改。

（5）公共软件

原作者已放弃权利、著作权过期、或作者已不可考的软件。使用上无任何限制。

1.5　多媒体技术

1.5.1　多媒体的概念

多媒体，是指由两种或两种以上的媒体组成的一种人机交互式信息交流和传播的媒体，其使用的媒体包括文字、图像、图形、音频、视频等。各种媒体表现形式各不相同，但都以数字化形式存在，即计算机二进制数字文件。

多媒体技术，是指利用计算机技术把文本、声音、图形和图像等各种媒体综合一体化，使它们建立起逻辑联系，并能进行录入、压缩、存储、显示、传输等加工处理的技术。

媒体是指信息表示和传播的载体。例如，文字、声音、图片等都是媒体，可传递多种信息。在计算机领域，媒体主要分为以下几类：

1．感觉媒体

感觉媒体直接作用于人的感官，使人能直接产生感觉。例如，人类的各种语言、音乐、自然界的各种声音、图形、静止或运动的图像，计算机系统中的文件、数据和文字等。

2．表示媒体

表示媒体是指各种编码，如语言编码、文本编码、图像编码等。这是为了加工、处理和传输感觉媒体而人为地研究、构造出来的一类媒体。

3．表现媒体

表现媒体是感觉媒体与计算机之间的界面，如键盘、摄像机、光笔、话筒、显示器、喇叭、打印机等。

4．存储媒体

存储媒体用于存放表示媒体，即存放感觉媒体数字化后的代码。存放代码的存储媒体有软盘、硬盘和 CD-ROM 等。

5．传输媒体

传输媒体是用来将媒体从一处传送至另一处的物理载体，如双绞线、同轴电缆线、光纤等。

1.5.2　多媒体计算机系统组成

一个完整的多媒体计算机系统是由多媒体硬件和多媒体软件系统两部分构成的。多媒体计算机强调图、文、声、像等多种媒体信息的处理能力，对输入、输出设备的要求比普通计算机更高。多媒体计算机根据应用领域的不同，硬件也不同。多媒体计算机一般配有声卡、显卡、音箱等硬件，有的还根据需要配有扫描仪、打印机等。下面介绍一下各主要配件的功能。

1．多媒体计算机的硬件组成

（1）声卡

声卡是处理声音信息的设备，也是多媒体计算机的核心设备，如图 1-33 所示。声卡的主要功能是把声音变成相应数字信号，再将数字信号转换成声音的 A／D 和 D／A 转换功能，并可以把数字信号记录到硬盘上以及从硬盘上读取重放。声卡的音质是判定一块声卡好坏的标准，其中包括信噪比、采样位数、采样频率、总谐波失真等指标。目前声卡的信噪比大多达到了 96db，采样位数为 16bit 以上，采样频率为 44.1kHZ 以上（值越高越好）。

图 1-33　声卡

（2）显卡

显卡是多媒体计算机中的主要设备之一，其主要功能是将各种制式的模拟信号数字化，并将这种信号压缩和解压缩后与 VGA 信号叠加显示；也可以把电视、摄像机等外界的动态图像以数字形式捕获到计算机的存储设备上，对其进行编辑或与其他多媒体信号合成后，再转换成模拟信号播放出来。目前主流显卡的显存为 512MB 以上，接口一般为 PCI-EX16 型。显卡生产厂商主要有华硕、技嘉和昂达等。在选购显卡时，注意显存要与主机性能相匹配（位宽选 128bit 以上为宜）。显式的外形如图 1-34 所示。

（3）调制解调器

调制解调器（Modem）是调制器和解调器的简称，用于进行数字信号与模拟信号间的转换。由于计算机处理的是数字信号，而电话线传输的是模拟信号。当通过电话连网时，在计算机和电话之间需要连接调制解调器，通过调制解调器可以将计算机输出的数字信号转换为适合电话线传输的模拟信号，在接收端再将接收到的模拟信号转换为数字信号由计算机处理。

（4）光驱

光驱是电脑用来读写光碟内容的机器，也是在台式机和笔记本便携式电脑里比较常见的一个部件，如图 1-35 所示。目前，光驱可分为 CD-ROM 驱动器、DVD 光驱（DVD-ROM）和康宝（COMBO）等。

图 1-34　显卡

图 1-35　光驱

①CD-ROM。CD-ROM 是一种只读光盘驱动器，不能对光盘进行写操作。

②CD 刻录机。这种光盘驱动器既可作为 CD-R 或 CD-RW 光盘刻录机，用来写入信息，又可作为普通 CD-ROM，用来读取 CD 信息。目前 CD 刻录机的最大 CD 刻录速度是 52 倍速。

③DVD-ROM。它是一种视盘只读驱动器，是 1996 年推出的新一代光盘标准，使得计算机的数字视盘驱动器能从单个盘片上读取 4.7～17GB 的数据量，目前双面双层的盘片容量可达到 17GB。

④DVD 刻录机。这种光盘驱动器既可作为 DVD 或 CD 光盘刻录机，用来写入信息，又可作为普通 DVD-ROM，用来读取 DVD 或 CD 信息。

⑤COMBO。结合了 DVD-ROM 和 CD 刻录机功能的光驱叫 COMBO（康宝），能读写 DVD，又能读写 CD。

⑥CD-MO。CD-MO 是磁光盘驱动器，它所使用的是一种具有磁性介质的可擦写光盘，其操作与硬盘相同，也称为磁光盘。

（5）音箱

音箱是将音频信号还原成声音信号的一种装置，其作用是把音频电能转换成相应的声能，并把它辐射到空间去。它是音响系统极其重要的组成部分，包括箱体、喇叭单元、分频器和吸音材料四个部分。音箱的性能高低对一个音响系统的放音质量起着关键作用。

2. 多媒体计算机的软件

多媒体计算机软件系统包括多媒体驱动软件、多媒体操作系统、多媒体数据处理软件、多媒体创作工具软件和多媒体应用软件系统。

（1）多媒体驱动软件

多媒体计算机软件中直接和硬件打交道的软件。它完成设备的初始化，完成各种设备操作以及设备的关闭等。驱动软件一般常驻内存，每种多媒体硬件需要一个相应的驱动软件。

（2）多媒体操作系统

具有多媒体功能的操作系统，它必须具备对多媒体数据和多媒体设备的管理和控制功能，具有综合使用各种媒体的能力，能灵活地调度多种媒体数据并能进行相应的传输和处理，且使各种媒体硬件和谐地工作。

（3）多媒体数据处理软件

专业人员在多媒体操作系统之上开发的软件。在多媒体应用软件制作过程中，对多媒体信息进行编辑和处理是十分重要的，多媒体素材制作的好坏，直接影响到整个多媒体应用系统的质量。

（4）多媒体创作工具软件

指一种高级的多媒体应用程序开发平台，它支持应用人员方便地创作多媒体应用系统（或软件），也称为多媒体平台软件。

（5）多媒体应用软件

又称多媒体应用系统，它是由各种应用领域的专家或开发人员利用多媒体开发工具软件或计算机语言，组织编排大量的多媒体数据而成为最终多媒体产品，是直接面向用户的。多媒体应用系统所涉及的应用领域主要有文化教育教学软件、信息系统、电子出版、音像影视特技和动画等。

1.5.3 多媒体技术的特点

1. 多样性

计算机多媒体技术的多样性是指计算机处理的信息范围从单一的数值、文字、图像扩展到声音、动画等多种信息。

2. 交互性

计算机多媒体技术的交互性是指与用户具有人机对话交互的作用，它是计算机多媒体技术的主要特征之一。多媒体与传统媒体最大的区别就是实现了人机对话的交互作用，用户通过这个作用能够对多媒体信息进行操纵和控制，使得获取和使用信息变被动为主动。

3. 集成性

集成性是指使计算机能以多种不同的信息形式对某个内容进行综合表现，从而取得更好的效果。计算机多媒体技术是建立在数字化处理的基础上，将文字、图像、声音、动画、视频等多种媒体综合处理的一种应用。计算机多媒体技术基本上包括了计算机领域内最新的硬件和软件技术。

4. 非线性

多媒体技术的非线性特点将改变人们传统循序性的读写模式。以往人们读写方式大都采用章、节、页的框架，循序渐进地获取知识，而多媒体技术将借助超文本链接的方法，把内容以一种更灵活、更具变化的方式呈现给读者。对于具有逻辑联系的各种信息，超媒体技术可以有效地进行管理和组织，目前已广泛应用于存储字典及百科全书中。只要用户选择内容，就会立即显示相应的信息，并且带有声、图、文，对于内容的理解和记忆非常有利。

5. 以光盘为主要的输出载体形式

在应用中，多媒体技术和传统的出版模式不同。在传统的输出模式中输出载体主要为纸张，在纸张上记录文字和图形，以便传递和保存，纸张是没有办法把动画、声音记录下来。计算机多媒体技术的出版模式的输出载体是光盘，强调的是无纸输出。这样不但有利于增大存储容量，而且保存也更加方便可靠，因此，在未来信息传递以及资料保存等多媒体应用领域十分广泛，归纳起来主要有以下五个方面：教育培训、信息咨询、医疗诊断、商业服务和娱乐。

1.5.4　多媒体技术的应用

1. 教育培训

学校里的课程教学、工业和商业领域的职业培训、家庭教育均为多媒体技术的巨大应用领域。利用多媒体技术编写的教学资源，由于它生动、活泼、有趣，且声音、图像、动画并存，增加了参与感，可达到一般方法难以达到的效果。

2. 信息咨询

由于 CD-ROM 具有巨大的存储容量，可存储大量的信息资料，并可用音频和视频的形式表现出来，这就大大增强了信息咨询的效果。例如，它不仅可存储世界地图，把各国的地理位置、人口、面积等内容表示出来，还可以利用音频和视频表现出当地的风俗习惯、人文风貌，因此可为机场、码头、旅游胜地的旅客和游客提供效果更佳的咨询服务。

3. 医疗诊断

将多媒体技术与人工智能结合起来，可获得更高水平的医疗专家系统。在诊断病情时，只要向多媒体系统输入有关信息，多媒体系统就可自动检索多媒体文献，判断疾病类型，开出处方，并为病人提供形象的描述，患者可通过这些形象的描述来判断是否与自己的病情吻合，从而提高了诊断的可靠性。

4. 商业服务

生动、形象的多媒体为商业服务提供了广阔的天地，广告和销售服务是商业经营成功的重要条件。利用多媒体技术不仅可以展示商品外观，还可以演示产品的性能，这就为经营的成功创造了有利条件。

5. 娱乐

多媒体技术的音频、视频功能可提供色彩丰富、声音悦耳的图形和动画功能，不仅增加了娱乐的趣味性，还可以寓教育于娱乐之中。

1.5.5　多媒体关键技术

1. 视频和音频等媒体数据压缩／解压缩技术

研制多媒体计算机需要解决的关键问题之一是要使计算机能实时地综合处理文、声、图等多种媒体信息，然而，由于数字化的声音、图像等媒体数据量非常大，致使在目前流行的计算机产品，特别是个人计算机系列上开展多媒体应用难以实现，例如，未经压缩的视频图像处理时的数据量每秒约 28MB，而播放一分钟立体声音乐就需要 100MB 的存储空间。视频与音频信号不仅数据量需较大存储空间，还要求传输速度快。因此，既要对数据进行数据的压缩和解压缩的实时处理，又要进行快速传输处理。而对总线传送速率为 150kb/s 的 IBM PC 或其兼容机处理上述音频、视频信号必须将数据压缩 200 倍，否则无法胜任。因此，视频、音频数字信号的编码和压缩算法是重要的研究课题。

2. 多媒体存储和检索技术

从本质上说，多媒体系统是具有严格性能要求的大容量对象处理系统，因为多媒体的音频、视频、图像等信息虽经压缩处理，但仍需相当大的存储空间，即使大容量的硬盘，也存储不了许多媒体信息。只有在大容量只读光盘存储器，即 CD-ROM 问世后，才真正解决了多媒体信息存储空间问题。在 CD-ROM 基础上，还开发有 CD-I 和 CD-V，即具有活动影像的全动作与全屏电视图像的交互可视光盘。

3. 多媒体输入／输出技术

媒体输入／输出技术包括多媒体输入／输出设备、媒体显示和编码技术、媒体变换技术、识别技术、媒体理解技术和综合技术。

①媒体变换技术指改变媒体的表现形式，如当前广泛使用的视频卡、音频卡（声卡）都属媒体变换设备。

②媒体识别技术是对信息进行一对一的映像过程。例如语音识别是将语音映像为一串字、词或句子；触摸屏是根据触摸屏上的位置识别其操作要求。

③媒体理解技术对信息进行更进一步的分析处理和理解信息内容，如自然语言理解、图像语音模式识别这类技术。

④媒体综合技术是把低维信息表示映像成高维的模式空间的过程，例如语音合成器就可以把语音的内部表示综合为声音输出。

1.6　计算机安全

计算机安全指计算机系统被保护，即计算机系统的硬件、软件和数据受到保护，不因恶意和偶然的原因而遭受破坏、更改和泄露，确保计算机系统得以连续运行。国际标准化委员会的定义是"为数据处理系统所采取的技术的和管理的安全保护，保护计算机硬件、软件、数据不因偶然的或恶意的原因而遭到破坏、更改、显露。"中国公安部计算机管理监察司的定义是"计算机安全是指计算机资产安全，即计算机信息系统资源和信息资源不受自然和人为有害因素的威胁和危害。"计算机安全包括环境及设备安全、操作安全、软件安全、数据安全、网络安全和运行安全等。

1.6.1　环境及设备安全

计算机周边环境的好坏直接影响计算机及其外围设备的性能及工作，也直接关系网络设施的安全，因此，要保护计算机及网络的安全、环境的安全是致关重要的。

计算机环境安全的内容有：计算机机房场地、温度、湿度、洁净度、静电、电磁干扰、采光照明、噪声等的安全。

1. 计算机机房场地安全

计算机设备应该有足够的摆放空间，可以放置在任何一层楼，但由于一楼潮湿、顶楼易漏雨并易遭受雷击，所以，机房不宜设在一楼和顶楼。计算机设备应该被安放在拥有坚固结构的楼层，具有多重安全出口，并且拥有冗余电力供应。计算机机房的设备防护：火灾及防护措施、机房的防水、机房的防物理、化学、生物灾害、硬件防盗。计算机机房安全供电系统：供电故障对计算机系统的影响、电源故障类型、供电系统的技术要求、计算机系统供配电技术、电源安全要点。计算机机房安全接地系统：计算机机房的接地种类及其作用、计算机机房的接地系统、计算机接地装置的安装要求、接地工艺、接地电阻的测量。如果要确保信息被存放在安全的房间里面，就不能不考虑门和其他防护设施。破旧的门会成为物理安全程序中的脆弱之处。防火门和防火设施可以防止或减少损失，它们可以防止外面的火势蔓延到屋内，也可以防止屋里的火冲到屋外。

2. 温度

计算机系统内有许多元器件，不仅散热量大而且对高温、低温非常敏感。环境温度过高容易引起硬件损坏，温度太低时，有些设备工作不正常或无法正常启动。机房温度一般应控制在冬季（20±2）℃、夏季（23±2）℃，温度变化率≤5℃/h。

3. 湿度

机房内相对湿度过高会使电气部分绝缘性降低，金属锈蚀加快；而相对湿度过低会引起静电的积聚，使计算机内信息丢失、损坏芯片，使外部设备工作不正常等。机房内的相对湿度一般控制在（50±5）%。湿度控制与温度控制都应与空调联系在一起，由空调系统集中控制。机房内应安装温、湿度显示仪，随时观察、监测。

4. 洁净度

计算机及其外部设备是精密的设备，磁头的缝隙、磁头与磁盘之间读写时的间隙都非常小，灰尘对触点的接触阻抗有影响，会使键盘输入不正常，还容易损害磁盘、磁带的磁记录表面。它会影响寻道的准确性，甚至划伤磁盘，严重地影响计算机系统的正常工作。因此，机房必须采取一定的除尘、防尘措施，以保证设备稳定的工作。机房内一般应采用乙烯类材料装修，避免使用挂毯、地毯等吸尘材料。人员进出门应有隔离间，并应安装吹尘、吸尘设备，排除进入人员所带的灰尘。空调系统进风口应安装空气滤清器，并应定期清洁和更换过滤材料，以防灰尘进入。同时进风压力要大，房间要密封，使室内空气压力高于室外，这样灰尘不会进入室内。

1.6.2 操作安全

在当今信息社会，计算机在我们日常工作中扮演着非常重要角色，但是也带来一些负面的作用，例如：数据丢失、泄密、运行异常、有害信息的传播等，怎样才能使其正常工作呢，只要在日常使用中注意以下一些事项，可使计算机更好为我们服务。

1. 安装主流杀毒软件

如：瑞星、KV3000、诺顿等，并定时进行更新可消除大部分的计算机安全威胁。

2. 定时对操作系统升级

每月应进行补丁更新安装，以杜绝漏洞存在。

3. 重要数据的备份

应将重要数据文件存放在系统盘以外空间，改变我的文档的默认路径。不要将数据存放在软盘，可存在优盘、光盘或以附件形式存放在电子邮件上。

4. 设置健壮密码

上网用户在设置密码时，如：系统密码、电子邮件、上网账号、QQ 账号等，应挑选一个不少于 8 位字符作为密码，不应选择一些特殊意义字符，如：8 个 1、12345678、出生年月或姓名拼音作为密码，应选择大小字母和数字的复合字符。

5. 安装防火墙

接入互连网的计算机，特别是使用宽带上网的，最好能安装防火墙，可选择天网、瑞星等个人防火墙，可阻挡来自网络上大部分攻击，防止你的个人重要信息被窃取。

6. 不要在互联网上随意下载软件

病毒的一大传播途径，就是 Internet。潜伏在网络上的各种可下载程序中，如果你随意下载、随意打开，对于制造病毒者来说，可真是再好不过了。因此，不要贪图免费软件，如果实在需要，请在下载后执行杀毒、查毒、彻底检查。

7. 不要轻易打开电子邮件的附件

近年来造成大规模破坏的许多病毒，都是通过电子邮件传播的。不要以为只打开熟人发送的附件就一定保险，有的病毒会自动检查受害人电脑上的通讯录并向其中的所有地址自动发送带毒文件。最妥当的做法，是先将附件保存下来，不要打开，先用查毒软件彻底检查。

8. 不要轻易访问带有非法性质网站或诱惑人的小网站

这类网站含有恶意代码，轻则浏览器首页被修改无法恢复、注册表被锁等故障，严重可能出现文件丢失、硬盘被格式化等重大损失。遇到这种情况时，可用 IE 修复专家、Windows 优化大师、超级兔子魔法设置等工具进行修复。

9. 尽量避免在无防毒软件的机器上使用可移动储存介质

一般人都以为不使用别人的磁盘即可防毒，但是不要随便用别人的电脑也是非常重要的，否则有可能带一大堆病毒回自己电脑。

10. 培养基本计算机安全意识

包括其他使用者，否则设置再安全的系统也可能受到破坏。

1.6.3　软件安全

计算机软件安全是指软件在收到恶意攻击的情形下，依然能够继续正确运行及确保软件被在授权范围内合法使用。软件安全策略分为系统软件安全策略和应用软件安全策略两类。

系统软件包括操作系统和数据库软件。当前，主流操作系统软件均存在漏洞，在设计系统时，选用相对成熟、稳定和安全的系统软件固然重要，更重要的是保持与其提供商的密切接触，通过其官方网站或合法渠道，密切关注其漏洞及补丁发布情况，争取"第一时间"下载补丁软件、弥补不足。

无论是通用的应用软件，还是量身定做的应用软件，都存在安全风险。对前者，可参照前款作法，通过加强与软件提供商的沟通，及时发现、堵塞安全漏洞。对后者，可考虑优选通过质量控制体系认证、富有行业软件开发和市场推广经验的软件公司,加强软件开发质量控制,加强容错设计，安排较长时间的试运行等策略，以规避风险，提高安全防范水平。

1.6.4　计算机病毒

计算机病毒在《中华人民共和国计算机信息系统安全保护条例》中被明确定义，病毒指"编制者在计算机程序中插入的破坏计算机功能或者破坏数据,影响计算机使用并且能够自我复制的一组计算机指令或者程序代码"。与医学上的病毒不同，计算机病毒不是天然存在的，是某些人利用计算机软件和硬件所固有的脆弱性编制的一组指令集或程序代码。它能通过某种途径潜伏在计算机的存储介质（或程序）里，当达到某种条件时即被激活，通过修改其他程序的方法将自己的精确拷贝或者可能演化的形式放入其他程序中。从而感染其他程序，对计算机资源进行破坏。

1．计算机病毒的特点

（1）破坏性

计算机病毒的破坏性主要有两个方面：一是占用系统的时间、空间等资源，降低计算机系统的工作效率；二是破坏或删除程序及数据文件，干扰或破坏计算机系统的运行，甚至导致整个系统瘫痪。

（2）传染性

计算机病毒不但本身具有破坏性，更有害的是具有传染性，一旦病毒被复制或产生变种，其速度之快令人难以预防。传染性是病毒的基本特征。

（3）潜伏性

有些病毒像定时炸弹一样，让它什么时间发作是预先设计好的。比如黑色星期五病毒，不到预定时间不会被察觉，等到条件具备的时候一下子就爆炸开来，对系统进行破坏。一个编制精巧的计算机病毒程序，进入系统之后一般不会马上发作，因此病毒可以静静地躲在磁盘或磁带里呆上几天、甚至几年，一旦时机成熟、得到运行机会，就四处繁殖、扩散，继续危害。

（4）隐蔽性

计算机病毒具有很强的隐蔽性，有的可以通过病毒软件检查出来，有的根本就查不出来，有的时隐时现、变化无常，这类病毒处理起来通常很困难。

（5）触发性

因某个事件或数值的出现，诱使病毒实施感染或进行攻击的特性称为可触发性。病毒具有预定的触发条件，这些条件可能是时间、日期、文件类型或某些特定数据等。病毒运行时，触发机制检查预定条件是否满足，如果满足，启动感染或破坏动作，使病毒进行感染或攻击；如果不满足，使病毒继续潜伏。

2．计算机病毒的分类

（1）根据病毒破坏的能力划分

无害型：除了传染时减少磁盘的可用空间外，对系统没有其他影响。

无危险型：这类病毒仅仅是减少内存、显示图像、发出声音及同类影响。

危险型：这类病毒在计算机系统操作中造成严重的错误。

非常危险型：这类病毒删除程序、破坏数据、清除系统内存区和操作系统中重要的信息。

这些病毒对系统造成的危害，并不是本身的算法中存在危险的调用，而是当它们传染时会引起无法预料的和灾难性的破坏。由病毒引起其他的程序产生的错误也会破坏文件和扇区。

（2）根据病毒存在的媒体划分

网络病毒：通过计算机网络传播感染网络中的可执行文件。

文件病毒：感染计算机中的文件（如：COM、EXE、DOC 等）。

引导型病毒：感染启动扇区（Boot）和硬盘的系统引导扇区（MBR）。

还有这三种情况的混合型，例如：多型病毒（文件和引导型）感染文件和引导扇区两种目标，这样的病毒通常都具有复杂的算法，它们使用非常规的办法侵入系统，同时使用了加密和变形算法。

（3）根据病毒特有的算法划分

伴随型病毒：这一类病毒并不改变文件本身，它们根据算法产生 EXE 文件的伴随体，具有同样的名字和不同的扩展名（COM），例如：XCOPY.EXE 的伴随体是 XCOPY.COM。病毒把自身写入 COM 文件并不改变 EXE 文件，当 DOS 加载文件时，伴随体优先被执行到，再由伴随体加载执行原来的 EXE 文件。

"蠕虫"型病毒：通过计算机网络传播，不改变文件和资料信息，利用网络从一台机器的内存传播到其他机器的内存，计算网络地址，将自身的病毒通过网络发送。有时它们在系统存在，一般除了内存不占用其他资源。

寄生型病毒：除了伴随型和"蠕虫"型，其他病毒均可称为寄生型病毒，它们依附在系统的引导扇区或文件中，通过系统的功能进行传播。

3．病毒的清除

一旦检测到计算机病毒就应该立即清除掉，清除计算机病毒通常采用人工处理和杀毒软件两种方式。

人工处理方式一般采用如下的方法：用正常的文件覆盖被病毒感染的文件，删除被病毒感染的文件，对被病毒感染的磁盘进行格式化操作等。

使用杀毒软件清除病毒是目前最常用的方法，常用的杀毒软件有瑞星杀毒软件、360 杀毒软件、金山毒霸等。但目前还没有一个"万能"杀毒软件，各种杀毒软件都有其独特的功能，所能处理病毒的种类也不相同。因此，比较理想的清查病毒方法是综合应用多种正版杀毒软件，并且要及时更新杀毒软件版本，对某些病毒的变种不能清除，应使用专门的杀毒软件（专杀工具）进行清除。

4．病毒的预防

计算机病毒防治的关键是做好预防工作，首先在思想上给予足够的重视，采取"预防为主，防治结合"的方针；其次是尽可能切断病毒的传播途径。对计算机病毒以预防为主，从加强管理入手，争取做到尽早发现，尽早清除，这样既可以减少病毒继续传染的可能性，还可以将病毒的危害降低到最低限度。预防计算机病毒主要应从管理和技术两个方面进行。

（1）从管理方面对病毒的预防

从管理方面预防病毒一般应注意以下几点：

①要有专人负责管理计算机。

②不随便使用外来软件，外来软件必须先检查、后使用。

③不使用非原始的系统盘引导系统。

④对游戏程序要严格控制。

⑤对系统盘、工具盘等进行写保护。

⑥对系统中的重要数据定期进行备份。

⑦定期对磁盘进行检测，以便及时发现病毒、清除病毒。

（2）从技术方面对病毒的预防

从技术方面预防病毒主要有硬件保护和软件预防两种方法。

①硬件保护。目前硬件保护手段通常是使用防病毒卡，该卡插在主板的 I/O 插槽上，在系统的整个运行过程中监视系统的异常状态。它既能监视内存中常驻程序，又可以阻止对外存储器的异常写操作，这样就能实现对计算机病毒预防的目的。

②软件预防。软件预防通常是在计算机系统中安装计算机病毒疫苗程序，计算机病毒疫苗能够监视系统的运行，当发现某些病毒入侵时能够防止或禁止病毒入侵，或当发现非法操作时能够及时警告用户或直接拒绝这种操作。

从管理方面在一定程度上能够预防和抑制病毒的传播和降低其危害性，但是限制较多会给用户使用计算机带来了不便。因而在实际应用时，要形成一种在管理方面、技术方面及安全性都相对合理的折衷方案，以达到计算机系统资源的相对安全和充分共享。

1.6.5　常见杀毒软件

1. 360 杀毒

360 杀毒是永久免费，性能超强的杀毒软件。360 杀毒采用领先的五引擎：常规反病毒引擎+修复引擎+360云引擎+360QVM 人工智能引擎+小红伞本地内核，强力杀毒，全面保护电脑安全。360 杀毒轻巧快速、杀毒能力超强、独有可信程序数据库，防止误杀，现可查杀 660 多万种病毒。

2. 瑞星杀毒软件

不需要序列号即可升级，即变相的永久免费。其监控能力是十分强大的，但同时占用系统资源较大。瑞星杀毒软件采用最新杀毒引擎，能够快速、彻底查杀各种病毒。但是瑞星的网络监控不行，最好再加上瑞星防火墙弥补缺陷。拥有后台查杀、断点续杀、异步杀毒处理、空闲时段查杀、嵌入式查杀、开机查杀等功能；并有木马入侵拦截和木马行为防御，基于病毒行为的防护，可以阻止未知病毒的破坏。还可以对电脑进行体检，帮助用户发现安全隐患。

3. 金山杀毒

金山公司推出的电脑安全产品，监控、杀毒全面、可靠，占用系统资源较少。其软件的组合版功能强大（金山毒霸、金山网盾、金山卫士），集杀毒、监控、防木马、防漏洞为一体，是一款具有市场竞争力的杀毒软件。金山毒霸应用可信云查杀，全面超于主动防御及初级云安全等传统方法，采用本地正常文件白名单快速匹配技术，配合金山可信云端体系，率先实现了安全性、检出率与速度。

1.6.6　网络安全

网络安全是指网络系统的硬件、软件及其系统中的数据受到保护，不因偶然的或者恶意的原因而遭受到破坏、更改、泄露，系统连续可靠正常地运行，网络服务不中断。网络安全包含网络设备安全、网络信息安全、网络软件安全。从广义来说，凡是涉及到网络上信息的保密性、完整性、可用性、真实性和可控性的相关技术和理论都是网络安全的研究领域。网络安全是一门涉及计算机科学、网络技术、通信技术、密码技术、信息安全技术、应用数学、数论、信息论等多种学科的综合性学科。

网络攻击主要有四种方式：中断、截获、修改和伪造。

中断是以可用性作为攻击目标，它毁坏系统资源，使网络不可用。

截获是以保密性作为攻击目标，非授权用户通过某种手段获得对系统资源的访问。

修改是以完整性作为攻击目标，非授权用户不仅获得访问而且对数据进行修改。

伪造是以完整性作为攻击目标，非授权用户将伪造的数据插入到正常传输的数据中。

下面介绍网络攻击的防范措施。

1. 入侵检测系统部署

入侵检测能力是衡量一个防御体系是否完整有效的重要因素，强大完整的入侵检测体系可以弥补防火墙相对静态防御的不足。对来自外部网和校园网内部的各种行为进行实时检测，及时发现各种可能的攻击企图，并采取相应的措施。具体来讲，就是将入侵检测引擎接入中心交换机上。入侵检测系统集入侵检测、网络管理和网络监视功能于一身，能实时捕获内外网之间传输的所有数据，利用内置的攻击特征库，使用模式匹配和智能分析的方法，检测网络上发生的入侵行为和异常现象，并在数据库中记录有关事件，作为网络管理员事后分析的依据；如果情况严重，系统可以发出实时报警，使得网络管理员能够及时采取应对措施。

2．漏洞扫描系统

采用最先进的漏洞扫描系统定期对工作站、服务器、交换机等进行安全检查，并根据检查结果向系统管理员提供详细可靠的安全性分析报告，为提高网络安全整体水平产生重要依据。

3．网络版杀毒产品部署

在该网络防病毒方案中，我们最终要达到一个目的就是：要在整个局域网内杜绝病毒的感染、传播和发作，为了实现这一点，我们应该在整个网络内可能感染和传播病毒的地方采取相应的防病毒手段。同时为了有效、快捷地实施和管理整个网络的防病毒体系，应能实现远程安装、智能升级、远程报警、集中管理、分布查杀等多种功能。

黑客（Hacker）源于英语动词"hack"，意为"劈，砍"，引申为"干了一件非常漂亮的工作"。原指那些熟悉操作系统知识、具有较高的编程水平、热衷于发现系统漏洞并将漏洞公开的一类人。目前许多软件存在的安全漏洞都是黑客发现的，这些漏洞被公布后，软件开发者就会对软件进行改进或发布补丁程序，因而黑客的工作在某种意义上是有创造性和有积极意义的。

还有一些人在计算机方面也具有较高的水平，但与黑客不同的是以破坏为目的。这些怀不良企图，非法侵入他人系统进行偷窥、破坏活动的人，称之为"入侵者（Intruder）"或"骇客（Cracker）"。目前许多人把"黑客"与"入侵者"、"骇客"作为同一含义来理解，都认为是网络的攻击者。

防火墙的本意是指古代人们房屋之间修建的一道墙，这道墙可以防止火灾发生的时候蔓延到别的房屋。网络术语中所说的防火墙是指隔离在内部网络与外部网络之间的一道防御系统，是这一类防范措施的总称。防火墙在用户的计算机与 Internet 之间建立起一道安全屏障，把用户与外部网络隔离。用户可通过设定规则来决定哪些情况下防火墙应该隔断计算机与 Internet 的数据传输，哪些情况下允许两者之间的数据传输。

1.6.7　密码技术

密码体制是一个将明文信息转换成密文或者将密文恢复为原始明文的系统。具体做法是通过加密把某些重要信息从可以理解的明文形式转换成难以理解的密文形式，经过线路传送到达目的端后再将密文通过解密还原成明文。

现在加密技术中通常用的是公钥密码体制，也称非对称密钥体制，它可以解决以上对称密钥的问题。非对称密钥体制中每个用户都有两个密钥：一个密钥是公开的，称为公钥；另一个密钥由用户秘密保存，称为私钥。公钥和私钥紧密相关，如果用公钥对数据进行加密，只有用对应的私钥才能解密；反之如果用私钥对数据进行加密，只有用对应的公钥才能解密。

1.6.8　安全法规

随着计算机已经进入我国国家安全、经济和我们生活的方方面面，计算机犯罪也日益严重。为了保证网络通畅、信息准确以及国家安全。我国于 1988 年 9 月 5 日第七届全国人民代表大会常务委员会第三次会议通过了《中华人民共和国保守国家秘密法》，第三章第十七条提出"采用电子信息等技术存取、处理、传递国家秘密的办法，由国家保密部门会同中央有关机关规定"。1997 年 10 月,我国第一次在修订刑法时增加了计算机犯罪的罪名。为进一步规范互联网用户的行为,2000 年 12 月 28 日九届全国人大常委会通过了《全国人大常委会关于维护互联网安全的决定》。

1.7 汉字输入法

中国的汉字最初是从图画演变而来的。与世界上许多民族文字逐步演变为拼音文字不同,我国的汉字始终保持了"既有形又有声"和"音形意统一"的方块字特点。文字发展有三个阶段,象形文字、形意文字、字母文字。汉字属于第二个阶段形意文字,而大多数国家使用的字母文字属于第三个阶段,比汉字高一个阶段。

作为形意文字,汉字的特点是,其单字表意,也就是说看见一个字,也许你不知道这个字该怎么读,但你很可能通过汉字的几种构成方法,猜到这个字是什么意思。

而作为字母文字,也叫拼音文字,其主要特点是,文字表音,也就是说一个单词,也许你不明白是什么意思,但你可以根据字母组合,拼出这个单词的读音。计算机处理汉字时同样要将其转化为二进制代码,这就需要对汉字进行编码。由于汉字是象形文字,其形状和笔画多少差异极大,而且汉字数量较多,不能由西文键盘直接输入,所以必须用编码转换后存放到计算机中再进行处理操作。

1.7.1 输入法的切换

输入法可以用鼠标和键盘快捷键进行切换,一般来说用键盘快捷键更高效。

1. 使用鼠标进行输入法间的切换

用鼠标点击输入法图标,点选想要的输入法即可。单击"语言栏"的输入法按钮（），会弹出系统目前已安装的"输入法列表"菜单。如图 1-36 所示。

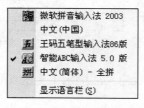

图 1-36 输入法列表

2. 使用键盘进行输入法间的切换

（1）Ctrl+Shift 在各种输入法中循环切换。

（2）Ctrl+空格 可在中、英文输入法间切换。

（3）Alt+Shift 不同语种间的切换。

（4）Caps Lock,可在中、英文（大写）输入法间切换。

（5）Shift+空格,可在全角、半角字符间切换。

（6）Ctrl+.,可在中文标点状态、英文标点状态间切换。

1.7.2 智能 ABC 输入法

智能 ABC 是一种音形结合输入法。在该菜单中,单击输入法对应的按钮即可选中相应的输入法，同时会弹出输入法提示条。

中/英文（大写）输入法　　输入法名　　全角/半角　　中/英文标点　　软键盘

利用输入法提示条可对中/英文（大写）输入法、全/半角、中/英文标点及隐藏/显示软键盘等进行切换。

单击"中/英文（大写）输入法"按钮，可在中、英文输入法间切换。当切换到英文输入时，输入法提示条上显示**A**，表示此时输入大写英文字符。

单击"全/半角"按钮，可在全角、半角字符间切换。全角字符占 2 个字节，半角字符占 1 个字节。因汉字不区分全角和半角，所以只有切换到英文输入法，全/半角切换才有意义。

单击"中/英文标点"按钮，可在中文标点状态、英文标点状态间切换。

单击"软键盘"按钮，可在隐藏、显示软键盘间切换。当切换到显示软键盘时，可利用软键盘输入字符。

1.7.3　搜狗输入法

搜狗拼音输入法是 2006 年 6 月由搜狐公司推出的一款 Windows 平台下的汉字拼音输入法。搜狗拼音输入法是基于搜索引擎技术的、特别适合网民使用的、新一代的输入法产品，由于采用了搜索引擎技术，输入速度有了质的飞跃，在词库的广度、词语的准确度上，搜狗输入法都远远领先于其他输入法，用户还可以通过互联网备份自己的个性化词库和配置信息。该输入法会自动更新自带热门词库，这些词库源自搜狗搜索引擎的热门关键词。这样，用户自造词的工作量减少，从而提高了效率。

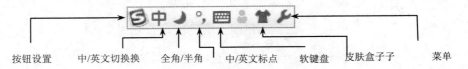

按钮设置　　中/英文切换换　　全角/半角　　中/英文标点　　软键盘　　皮肤盒子子　　菜单

单击"按钮设置"按钮，可以对输入法提示条上的图标进行删减，并且对输入法提示条上的图标颜色进行修改。

单击"中/英文切换"按钮，可在中、英文输入法间切换。

单击"全/半角"按钮，可在全角、半角字符间切换。全角字符占 2 个字节，半角字符占 1 个字节。因汉字不区分全角和半角，所以只有切换到英文输入法，全/半角切换才有意义。

单击"中/英文标点"按钮，可在中文标点状态、英文标点状态间切换。

单击"软键盘"按钮，可在隐藏、显示软键盘间切换。当切换到显示软键盘时，可利用软键盘输入字符。

单击"皮肤盒子"按钮，可以上网下载或根据自己的喜好对输入法提示条的外观进行设置。

单击"菜单"按钮，可以对搜狗拼音输入法进行各种设置。

1.7.4　五笔输入法

五笔字型输入法简称五笔，是王永民在 1983 年 8 月发明的一种汉字输入法。中文输入法的编码方案很多，但基本依据都是汉字的读音和字形两种属性。五笔字型完全依据笔画和字形特征对汉字进行编码，是典型的形码输入法。五笔相比于拼音输入法具有低重码率的特点，熟练后可快速输入汉字。五笔字根是五笔输入法的基本单元，86 版使用 234 个字根，98 版使用 259 个字根，新世纪版使用了 226 个字根。五笔字根如图 1-37 所示。

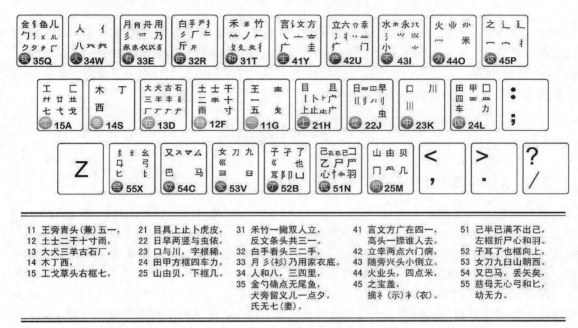

图 1-37　五笔字根

五笔将汉字笔划分为五个区：即：横（同提）、竖、撇、捺（同点）、折五区。把字根或码元按一定规律分布在 25 个字母键上（即标准的 QWERTY 键盘，不包括 Z）。取码时最长四码，最短一码。2006 年 12 月，王永民又在此基础上，研究出用于手机输入的基于 6 个码元和"右手法则-前四末一"取码法的数字王码。

本字根在组成汉字时，按照它们之间的位置关系可以分成四类结构。

①单：基本字根本身就单独成为一个汉字。这种情况包括键名字和成字字根。如：口、木、竹等。

②散：指构成汉字的基本字根之间可以保持一定的距离。如：汉、湘、结、别、安、意等。

③连：指一个基本字根连一单笔画。如："丿"连"目"成为"自"。

④交：指几个基本字根交叉套迭之后构成的汉字。如"申"是由"日"交"丨"，"夷"由"一"交"弓"交"人"交叉构成。

在五笔中，汉字分为左右型、上下型和杂合型汉字。

第 2 章　Windows 7 操作系统

Windows 7 是微软公司于 2009 年 10 月 22 日正式发布的新一代操作系统，是当前主流的微机操作系统之一。它在继承了 Windows XP 实用性和 Windows Vista 华丽的同时，也进行了很大改进，在性能、易用性、安全性、可靠性等方面有了非常明显的提高。本章将主要介绍操作系统的基础知识、Windows 7 的基本功能与操作。

2.1　操作系统基础

2.1.1　操作系统概述

操作系统（Operating System，OS）是管理计算机系统中全部硬件、软件与数据资源，合理组织计算机的各部分协调工作，并为用户提供良好的工作环境和友好接口的大型系统软件。操作系统是直接运行在"裸机"上的最基本的系统软件，处于计算机软件系统的最底层核心位置，任何其他软件都必须在操作系统的支持下才能运行。

操作系统是用户和计算机的接口，同时也是计算机硬件和其他软件的接口。操作系统的功能包括管理计算机系统的硬件、软件及数据资源，控制程序运行，改善人机界面，为其他应用软件提供支持等。实际上，操作系统管理着计算机硬件资源，同时按照应用程序的资源请求，为其分配资源，如：划分 CPU 时间、内存空间的开辟、调用打印机等。

2.1.2　操作系统的功能

可以根据计算机系统资源的分类来对操作系统进行功能划分。一般来说，计算机系统资源包括硬件和软件两大类。硬件指处理机、存储器、输入/输出设备及其他外部设备。软件是程序及有关技术文档资料的总称。按照操作系统要管理的资源，将其功能划分为五个部分。

1. 处理机管理

在多道程序系统中，多个程序同时执行，如何把 CPU 的时间合理地分配给各个程序，避免不同程序在运行时相互发生冲突，是处理机要解决的问题，主要包括 CPU 的调度策略、进程与线程管理、死锁预防与避免等问题。处理机管理是操作系统的最核心部分，它的管理方法解决了整个系统的运行能力和质量，代表着操作系统设计者的设计观念。

2. 存储器管理

存储器用来存放用户的程序和数据，在众多用户或者程序共用一个存储器的时候，可能会发生冲突，存储器管理就是保证他们互不冲突，包括：以最合适的方案为不同的用户和不同的任务划分出分离的存储器区域，保障各存储器区域不受别的程序的干扰；在主存储器区域不够大的情况下，使用硬盘等其他辅助存储器来代替主存储器的空间，并自行对存储器空间进行整理等。

3. 作业管理

作业是用户在一次计算过程或一次事务处理过程中要求计算机系统所做的工作的集合。

用户通过作业管理所提供的界面对计算机进行操作。作业管理要向计算机通知用户的到来，对用户要求计算机完成的任务进行记录和安排；向用户提供操作计算机的界面和对应的提示信息，接受用户输入的程序、数据及要求，同时将计算机运行的结果反馈给用户。作业管理具体包括用户界面、资源管理、作业调度和用户管理等。

4. 设备管理

计算机主机连接着许多设备，包括输入/输出设备、存储设备以及用于某些特殊要求的设备等。这些设备来自不同的厂家，型号更是多种多样，具有不同的性能，因此需要对这些设备进行管理。设备管理的任务包括：为用户提供设备的独立性，用户不需要了解设备的具体参数和工作方式，只需要简单使用一个设备名就可以了；在后台实现对设备的具体操作，设备管理在接到用户的请求以后，将用户提供的设备名与具体的物理设备进行连接，再将用户要处理的数据送到物理设备上；对各种设备信息的记录、修改；对设备行为的控制。

5. 文件管理

计算机中的各种程序和数据都以文件形式存放在外存储器中。文件管理的功能就是实现对文件的存取和检索，为用户提供灵活方便的操作命令，实现文件共享、安全、保密等。

2.1.3　操作系统的类型

1. 批处理操作系统

批处理操作系统是指将一个或多个作业组织成批，并一次将该批作业的所有描述信息和作业内容输入计算机，计算机将按照作业和进入的先后顺序依次自动执行，在一个批次范围内用户不得对程序的运行进行任何干预。批处理系统适用于专门承接运算业务的计算中心，可帮助用户完成大型工程运算等工作。

批处理操作系统的特点是多道和成批处理。

2. 分时操作系统

分时操作系统的工作方式是：一台主机连接了若干个终端，每个终端有一个用户在使用。分时操作系统将 CPU 的时间划分成若干个片段，称为时间片。用户交互式地向系统提出命令请求，系统接受每个用户的命令，采用时间片轮转方式轮流为每个终端用户服务，并通过交互方式在终端上向用户显示结果。每个用户轮流使用一个时间片而使其并不感到有别的用户存在。

分时系统具有多路性、交互性、独占性和及时性四个特征。多路性指同时有多个程序并发执行，系统可同时为多个用户终端提供服务，多个用户同时工作，共享系统资源。交互性指用户能与系统进行人机对话，即用户通过键盘或鼠标输入命令，请求系统服务和控制程序的运行。独占性是指系统对多个用户的快速轮转调度，使得每个终端用户感觉就像独占了 CPU，这种独占宏观上看是多个用户同时使用一个 CPU，微观上是多个用户在不同时刻轮流使用 CPU。及时性指终端用户的请求能在几秒甚至更短时间内获得响应。

常见的通用操作系统是分时系统与批处理系统的结合。其原则是：分时优先，批处理在后。

3. 实时操作系统

实时操作系统是指使计算机能及时响应外部事件的请求，在严格规定的时间内完成对该事件的处理，并控制所有实时设备和实时任务协调一致地工作的操作系统。实时操作系统要求能及时响应随机发生的外部事件，并对事件作出快速处理。实时操作系统追求的目标是：对外部请求在严格时间范围内做出响应，有高可靠性和完整性。

4. 网络操作系统

网络操作系统是基于计算机网络的，是在各种计算机操作系统上按照网络体系结构协议标准开发的软件，主要功能包括网络管理、网络通信、网络服务、资源管理等。其目标是相互通信及资源共享。其主要特点是与网络的硬件结合来完成网络的通信任务。网络操作系统具有多用户、多任务的特点，网络用户只有通过网络操作系统才能享受计算机网络提供的各种服务。

5. 分布式操作系统

分布式操作系统是由多台计算机组成的一种特殊的计算机网络。通过通信链路将物理上分散的具有自治能力的计算机系统连接起来，实现全系统的资源分配、任务划分和调度、信息传递和通信、资源共享等功能，使系统内的多台计算机用分工协作的方法高效地完成各种不同的任务。分布式系统把整个网络所有的软件集合成单系统，作为一台计算机呈现给用户。系统中的多台计算机可合作执行一个共同任务，将一个大的任务分解为若干个小任务，交给系统中的多台计算机去完成，使资源共享更彻底，使用更方便。

分布式操作系统有三个特征：

（1）各节点间的协同性。系统中的多台计算机相互协作共同完成一个任务，系统中的资源为所有用户共享。

（2）资源共享的透明性。对象的物理位置、系统故障、并发控制等对用户是透明的，用户只需要了解系统是否有所需要资源，而无需了解该资源位于哪台计算机上。

（3）各节点的自治性。分布式操作系统中的各计算机没有主次之分和层次关系，既没有控制整个系统的主机，也没有受制于其他机器的从机，大家处于平等地位。

分布式操作系统的通信功能类似于网络操作系统。由于分布式计算机系统不像网络分布得很广，同时分布式操作系统还要支持并行处理，因此它提供的通信机制和网络操作系统提供的有所不同，它要求通信速度高。分布式操作系统的结构也不同于其他操作系统，它分布于系统的各台计算机上，能并行地处理用户的各种需求，有较强的容错能力。

2.1.4   常用操作系统简介

1. DOS

20 世纪 70 年代后期，DOS 操作系统普遍应用于个人微型计算机系统。80 年代初，美国微软公司推出了 MS-DOS 操作系统，随后被 IBM 公司选做其个人微机 PC 的基本操作系统。随着 PC 在全世界范围的流行，DOS 也就成了个人微机的主流操作系统，对于计算机的应用普及起到了非常重要的作用。DOS 操作系统是单用户、单任务的操作系统，字符界面，用户需要记忆各种复杂的操作命令。DOS 操作系统对硬件要求低，但存储能力有限。由于种种原因，现在的计算机很少安装 DOS 操作系统，普遍被 Windows 代替。

2. Windows 操作系统

Windows 操作系统是美国微软公司开发的窗口化操作系统，采用了图形化操作模式，是目前世界上使用最广泛的操作系统。

微软公司 1985 年开发了第一个版本 Windows 1.0，这是在 MS-DOS 系统之上的图形用户界面的 16 位系统软件。1990 年 5 月，微软正式发布具备图形用户界面、支持 VGA 标准及配置、与目前 Windows 系统功能相似的 Windows 3.0。该操作系统还拥有非常出色的文件和内存管理功能。因此 Windows 3.0 成为微软历史上首款成功的 Windows 操作系统。1995 年 8 月，微软推出具有里程碑意义的 Windows 95。它彻底地取代了 3.1 版和 DOS 版 Windows。Windows 95 新的桌面、任务栏及开始菜单依然存在于今天的 Windows 系统中。Windows 95 是第一个独立的 32 位操作系统，并实现真正意义上的图形用户界面，使操作变得更加友好，使基于 Windows 的图形用户界面应用软件得到极大地丰富，个人电脑走入了普及化的进程。另外，Windows 95 是单用户、多任务操作系统，它能够同时处理多个任务，充分利用了CPU的资源空间，并提高了应用程序的响应能力。同时，Windows 95 还集成了网络功能和即插即用（Plug and Play）功能。1998 年 6 月，微软公司推出了 Windows 98。人们普遍认为，Windows 98 并非一款新的操作系统，它只是提高了 Windows 95 的稳定性。与 Internet 的紧密集成是 Windows 98 最重要的特性，它使用户能够在共同的界面上以相同方式简易、快捷地访问本机硬盘、Intranet 和 Internet 上的数据，让互联网真正走进个人应用。Windows 98 内置了大量的驱动程序，基本上包括了当时市面上流行的各种品牌、各种型号硬件的最新驱动程序，而且硬件检测能力有了很大提高。Windows 2000 Professional 于 2000 年年初发布，是第一个基于 NT 技术的纯32 位的 Windows 操作系统，实现了真正意义上的多用户。2001 年 10 月，微软发布了 Windows XP，大幅度增强了系统的易用性，成为最成功的操作系统之一，直到 2012 年其市场占有率才降至第二。2006 年 11 月，微软发布的 Vista，提供了新的图形界面 Windows Aero，大幅提高了安全性，但兼容性存在很大的问题，被认为是一款失败的操作系统产品。2009 年 10 月微软推出了 Windows 7，重新获得成功，这是一款具有革命性变化的操作系统。2012 年微软推出了支持 ARM CPU、取消了"开始"菜单、带有 Metro 界面的 Windows 8，以抵御 iPad 等平板电脑对 Windows 地位的影响，但引起了广大消费者的不满。微软在 2013 年 6 月推出了 Windows 8.1 预览版操作系统，为 Windows 8 的改进版本，又恢复了"开始"菜单。

3. UNIX 操作系统

UNIX 是一个多用户、多任务的操作系统，按照操作系统的分类，属于分时操作系统，由肯·汤普逊（Kenneth Lane Thompson）、丹尼斯·里奇（Dennis MacAlistair Ritchie）于 1969～1971 年在 AT&T 的贝尔实验室设计并实现的。UNIX 操作系统内部采用多用户、分时、多任务调度管理策略，具有良好的开放性和可移植性、强大的命令功能、完善的安全机制和网络特性。今天，UNIX 系统仍然是工作站、小型机和中型机以上各种类型计算机系统上的主流操作系统。

4. Linux 操作系统

Linux 是一个完全免费的类 UNIX 操作系统，它起源于 UNIX，是一个基于 UNIX 的多用户、多任务、支持多线程和多 CPU 的操作系统。它的系统源代码和一些应用程序源代码都向用户公开，任何人都可以从网上得到其内核的源程序并进行编译，建立一个自己的 Linux 开发平台，开发 Linux 软件。它既可以做各种服务器操作系统，也可以安装在微机上，并提供上网软件、文字处理软件、绘图软件、动画软件等，它除了命令操作外，还提供了类似 Windows 风格的图形界面。缺点是兼容性差，使用不习惯。目前，Linux 操作系统在嵌入式系统应用开发中具有不可替代的优势。

5. Android 操作系统

Android 中文名"安卓"，是一种以 Linux 为基础的开放源码操作系统，主要应用于移动设备，最初由 Andy Rubin 开发，主要支持手机，2005 年被 Google 公司收购，组建开放手机联盟进行开发改良，现已逐渐扩展到平板电脑及其他领域。2013 年 11 月数据显示，Android 占据全球智能手机操作系统市场 81%的份额，在中国市场占有率为 91%。

2.2　Windows 7 概述

2.2.1　Windows 7 简介

Windows 7 是由微软公司开发的操作系统，其核心版本号为 Windows NT 6.1。Windows 7 可供家庭及商业工作环境、笔记本电脑、平板电脑、多媒体中心等使用。2009 年 10 月 22 日微软于美国正式发 Windows 7，同时也发布了与其对应的服务器版本——Windows Server 2008 R2。2011 年 2 月 23 日，微软面向大众用户正式发布了 Windows 7 升级补丁——Windows 7 SP1（Build 7601.17514.101119-1850），另外还包括 Windows Server 2008 R2 SP1 升级补丁。

Windows 7 有如下多个版本：

（1）Windows 7 Starter（初级版）

这是功能最少的版本，缺乏 Aero 特效功能，没有 64 位支持，没有 Windows 媒体中心和移动中心等，对更换桌面背景有限制。它主要用于类似上网本的低端计算机，通过系统集成或者 OEM 计算机上预装获得，并限于某些特定类型的硬件。

（2）Windows 7 Home Basic（家庭普通版）

支持多显示器，有移动中心，没有 Windows 媒体中心，缺乏 Tablet 支持，没有远程桌面，只能加入不能创建家庭网络组等，缺少玻璃特效、实时缩略图预览等功能，不支持应用主题。

（3）Windows 7 Home Premium（家庭高级版）

面向家庭用户，满足家庭娱乐需求，包含所有桌面增强和多媒体功能，如 Aero 特效、多点触控功能、媒体中心、建立家庭网络组、手写识别等，不支持 Windows 域、Windows XP 模式、多语言等。

（4）Windows 7 Professional（专业版）

面向软件爱好者和小企业用户，满足办公开发需求，包含加强的网络功能，如活动目录和域支持、远程桌面等，另外还有网络备份、位置感知打印、加密文件系统、演示模式、Windows XP 模式等功能。

（5）Windows 7 Enterprise（企业版）

面向企业市场的高级版本，满足企业数据共享、管理、安全等需求。包含多语言包、UNIX 应用支持、BitLocker 驱动器加密、分支缓存（BranchCache）等。

（6）Windows 7 Ultimate（旗舰版）

与企业版基本是相同的产品，拥有所有功能，但对硬件要求也是最高的，仅仅在授权方式及其相关应用及服务上有区别，面向高端用户和软件爱好者。

在这六个版本中，Windows 7 家庭高级版和 Windows 7 专业版是两大主力版本，前者面向家庭用户，后者针对商业用户。Windows 7 分为 32 位版本和 64 位版本，二者没有外观或者功能上的区别，但 64 位版本支持 16GB（最高至 192GB）内存，而 32 位版本只能支持最大 4GB 内存。目前所有新的和较新的 CPU 都是 64 位兼容的，均可使用 64 位版本。

2.2.2　Windows 7 运行环境

Windows 7 的功能强大，但对于计算机硬件配置的要求也很高，主要有以下几个方面：

- CPU：1GHz 及以上，安装 64 位版本需要更高 CPU 支持。

- 内存：1GB 及以上，安装 64 位版本需要 2GB 及以上。
- 硬盘：16GB 以上可用空间，安装 64 位版本需要至少 20GB 及以上硬盘可用空间。
- 显卡：有 WDDM1.0 驱动的支持 DirectX 10 以上级别的独立显卡，显卡支持 DirectX 9 就可以开启 Windows Aero 特效，如果低于此标准，Aero 主题特效可能无法实现。
- DVD-R/RW 驱动器或者 U 盘等其他存储介质。
- 声卡、音箱等多媒体设备，以及网卡、调制解调器等联网设备。

2.2.3　Windows 7 的启动与关闭

1. Windows 7 的启动

打开计算机显示器和主机电源开关后，计算机开始自检，完成后自动启动 Windows 7。根据设置的用户数目，分为单用户登陆和多用户登陆两种。单击要登陆的用户名，如果有密码，输入正确密码，按下 Enter 键或文本框右边的按钮，稍等即可进入系统。如果没有设置用户，则以 Administrator 的身份登陆。在多用户的环境下，每个用户有一个属于自己的账户。从系统的角度讲，设置账户有利于对不同用户的信息进行分别管理。

2. Windows 7 的关闭

计算机用完之后应将其正确关闭。在关闭或重新启动计算机之前，一定要退出所有正在运行的应用程序，否则可能会破坏一些没有保存的数据和正在运行的程序。Windows 7 中提供了关机、睡眠/休眠、锁定、注销和切换用户等多种操作。用户单击"开始"按钮，弹出"开始"菜单，然后可根据自己的需要选择。

（1）关机

选择"关机"按钮，即可完成关机。

（2）睡眠/休眠

当我们需要离开计算机一段时间时，不需关闭计算机，只需要进入睡眠或休眠状态。

如果需要短时间离开计算机，可以选择进入睡眠状态。电脑在睡眠状态时，将切断除内存外其他配件的电源，工作状态的数据将保存在内存中，这样在重新唤醒电脑时，就可以快速恢复睡眠前的工作状态。使用睡眠功能，一方面可以节电，另外一方面又可以快速恢复工作。需要注意的是，因为睡眠状态并没有将工作状态的数据保存到硬盘中，所以如果在睡眠状态时断电，那么未保存的信息将会丢失，因此在系统睡眠之前，最好把需要保存的文档全部保存一下，以防止丢失。

如果离开计算机的时间比较长，可以选择进入休眠状态。系统会自动将内存中的数据全部转存到硬盘上一个休眠文件中，然后切断对所有设备的供电。当恢复的时候，系统会从硬盘上将休眠文件的内容直接读入内存，并恢复到休眠之前的状态。这种模式完全不耗电，因此不怕休眠后断电，但代价是需要一块和物理内存一样大小的硬盘空间。这种模式的恢复速度较慢，取决于内存大小和硬盘速度。

需要继续使用计算机时，只需移动一下鼠标或者按下键盘上的任意键，即可使系统恢复到用户登录状态。

用户可以打开或关闭休眠功能。方法是：单击"开始"菜单→"运行"命令，输入"powercfg -h off"，单击"确定"按钮，关闭休眠功能；输入"powercfg -h on"，单击"确定"按钮，打开休眠功能。

如果长时间不用电脑，最好是选择关机。

（3）锁定

当用户暂时不使用计算机但又不希望别人查看自己的计算机时，可以使用锁定功能。当需要再次使用计算机时，输入用户密码即可进入系统，继续运行原来的程序。

（4）切换用户

Windows 7 可以提供多个用户共同使用计算机，每个用户分别拥有自己的工作环境。可以在不同的用户间快速切换，切换到新的用户后，进入到新用户的界面，原用户运行的程序会继续保留，可以再次切换到原用户，继续运行原来的程序。

（5）注销

注销用户会退出当前运行的所有程序，系统回到登陆状态。注销后其他用户可以用自己的账户登陆来使用计算机，这样可以避免用户重启计算机。

2.3　Windows 7 的基本知识和基本操作

Windows 7 操作系统是一个多用户、多任务的操作系统。在 Windows 系统下的每一个应用程序都对应着一个主窗口，应用程序之间的切换就是主窗口的切换，这些工作是由操作系统完成的。

2.3.1　鼠标和键盘的使用

Windows 中的各种操作主要由鼠标和键盘来完成，下面介绍鼠标和键盘的使用。

1．鼠标的操作

鼠标是 Windows 环境下最常用的输入设备。现代鼠标一般有左右两个按键，中间有一个滚轮。一般情况下，左键为鼠标的主键，右键为次键，滚轮在有滚动条的窗口中使用。单击左键往往是选中一个对象（驱动器、文件夹、文档、应用程序等）；双击左键为执行一条命令；单击右键一般会打开一个快捷菜单，该菜单中包含了对当前对象的常用操作命令，本书中把单击鼠标右键简称为右击。鼠标的常用操作如表 2-1 所示。

表 2-1　常用的鼠标操作

操作	说明
移动/指向	把光标移动到某一对象上，一般用于激活对象或显示提示信息
单击	单击鼠标左键，一般用于选中对象或者某个选项、按钮等
右击	单击鼠标右键，弹出对象的快捷菜单
双击	连续单击鼠标左键两次，打开文件或文件夹、启动程序或者打开窗口
左键拖动	按住左键拖动鼠标，常用于所选对象的复制和移动
右键拖动	按住右键拖动鼠标，常用于所选对象的复制和移动
释放	松开鼠标按键
拖放	按着鼠标左键/右键拖动，然后释放

在 Windows 7 中，定义了 15 种鼠标指针，每一种指针形状都具有特定的含义。指针形状和含义如表 2-2 所示。注意在 Windows 7 不同的主题中，指针形状不完全相同。

在 Windows 操作系统中，鼠标和键盘可以配合操作来完成不同的功能。与鼠标一起操作的键主要有 Ctrl 键、Alt 键和 Shift 键。当按下组合键时，鼠标指针会出现特殊的外观，主要是在指针的右下角出现"复制到"或"移动到"提示信息。指针右下角出现"复制到"，代表是一种复制操作。例如，用鼠标左键拖动一个文档，在松开左键以前，按下 Ctrl 键，则鼠标指针右下角出现"复制到"信息，此时松开鼠标左键，则将选择的文档在当前位置创建一个备份。

表 2-2　Windows 7 中指针形状及特定含义

指针	特定含义	指针	特定含义
⍺	正常选择	↕	垂直调整
⍺?	帮助选择	↔	水平调整
⍺⌛	后台运行	↖↘	沿对角线调整 1
⌛	忙	↗↙	沿对角线调整 2
＋	精确选择	✛	移动
I	文本选择	↑	候选
✎	手写	☝	链接选择
⊘	不可用		

2. 键盘的操作

键盘是输入程序和数据的最重要的设备，在文档、对话框等处出现闪烁的光标时，可以直接敲击键盘输入文字。利用键盘还可以完成鼠标能完成的操作，但是在 Windows 环境下，操作很麻烦。对于一些操作，利用键盘上的快捷键，可以很方便地完成。例如复制的快捷键为 Ctrl+C，粘贴的快捷键为 Ctrl+V，剪切的快捷键为 Ctrl+X。在应用程序中，按下 Alt 键的同时，再按下某个字母可以启动相应的菜单，按下↑、↓、←、→箭头来改变菜单选项，按下 Enter 键执行相应的命令。直接按下组合键可以实现相应的功能，例如在 Word 中，按下 Ctrl+P 快捷键实现文档的打印。用户要想提高操作 Windows 7 的速度，除了使用鼠标，熟练掌握键盘的使用也很重要。

2.3.2　Windows 7 的桌面及基本操作

当计算机启动后，呈现在用户眼前的屏幕就是 Windows 7 的桌面，如图 2-1 所示。桌面是用户和计算机进行交流的窗口，上面放着应用程序、文件、文件夹等图标，位于桌面下方的是任务栏。用户可以根据自己的需要在桌面上放置文件、各种快捷图标，还可进行桌面主题、桌面背景、屏幕保护程序设置等操作。

1. 桌面图标

图标指在桌面上排列的代表文件、文件夹、程序和其他项目的小图像，它包含图形、说明文字两部分。如果鼠标指向图标，会显示出对图标所表示内容的说明或文件存放的路径，双击能够快速打开相应的程序、文件或文件夹。

在默认状态下，桌面上会有"计算机"、"网络"、"回收站"等图标，这是 Windows 7 系统提供的图标，我们可以在桌面上添加或删除图标。

（1）系统图标

"Administrator"图标：用于管理"Administrator"下的文件和"我的文档"等文件夹，可以保存图片、音乐、下载、视频等文档，是系统默认的文档保存位置。

图 2-1　Windows 7 桌面

"计算机"图标：通过它可以实现对外存储器、文件、文件夹等的管理。

"网络"图标：浏览与本机相连的计算机上的资源，查看或更改网络连接，设置网络配置等。

"回收站"图标：回收站是硬盘上的一块存储区域，用来暂存用户删除的文件和文件夹等信息，这些被删除的文件或文件夹只是打上了删除标记，并未真正从磁盘上删除。如果误删，可以把它们还原到原位置上；如果确实要删除，可以清空回收站，这些文件或文件夹才真正被删除。

"Internet Explorer"图标：用于浏览互联网上的信息。

（2）添加和删除系统图标

操作步骤如下：

①右击桌面上的空白处，在弹出的快捷菜单中选择"个性化"命令，弹出"个性化"窗口，如图 2-2 所示。

②单击窗口左侧的"更改桌面图标"，打开"桌面图标设置"对话框，如图 2-3 所示。

③在"桌面图标"选项卡中，选中想要添加到桌面的图标的复选框，或清除想要从桌面上删除的图标的复选框，然后单击"确定"按钮返回"个性化"窗口。

④关闭"个性化"窗口，这时用户就可以在桌面上看到设置的系统图标。

（3）创建桌面图标

桌面上的图标实质上就是各种程序和文件或者它们的快捷方式。对于用户经常使用的程序或文件，可以在桌面上创建其图标，这样双击该图标就可快速启动它们。

图 2-2　"个性化"窗口

创建桌面图标的方法为：

①找到需要创建桌面图标的对象，右击该对象，在弹出的快捷菜单中选择"发送到"→"桌面快捷方式"命令，会在桌面建立此对象的快捷方式图标。

②右击桌面空白处，在弹出的快捷菜单中选择"新建"命令，在级联菜单中，可以选择文件夹、快捷方式、文本文档等，如图 2-4 所示。当选择了所要创建的选项后，会在屏幕上出现相应的图标，用户再命名。当用户选择了"快捷方式"命令后，会出现"创建快捷方式"向导，用户可直接键入对象的位置或者通过"浏览"按钮，在打开的"浏览文件或文件夹"对话框中找到需要创建快捷方式的对象，确定后，即可在桌面上建立此对象的快捷方式。

图 2-3　"桌面图标设置"对话框

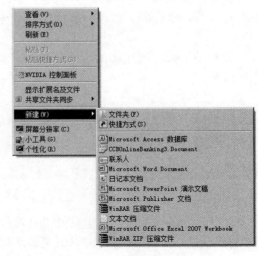

图 2-4　桌面"新建"命令组

（4）桌面图标的排列与查看

当桌面上建立了多个图标时，为了使桌面看上去整洁有条理，需要按照一定的方式排列它们。操作步骤为：在桌面空白处右击，在弹出的快捷菜单中选择"排序方式"命令，在级联菜单中包含了4种排序方式，如图2-5所示。

名称：按图标名称的字母或拼音顺序排列。

大小：按图标所代表文件的大小顺序排列。

项目类型：按图标所代表文件的类型排列。

修改日期：按图标所代表文件的最后一次修改日期排列。

用户可以将图标排列在桌面左侧。操作步骤为：在桌面空白处右击，在弹出的快捷菜单中选择"查看"命令，在级联菜单中包含了多种命令，如图2-6所示。选中"自动排列图标"命令，即在命令前出现"√"标志，这时图标排列在桌面左侧，不能移动某个图标到桌面的任意位置，只能在固定的位置将各图标进行位置的互换。再一次选中"自动排列图标"命令，即在命令前取消"√"标志，可以实现图标在桌面上任意位置的放置。

图2-5　桌面"排序方式"菜单

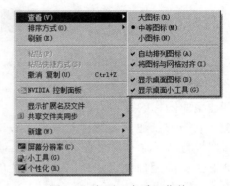

图2-6　桌面"查看"菜单

用户还可以选择"大图标"、"中等图标"或者"小图标"以不同大小显示图标。当选择了"将图标与网格对齐"命令后，图标不能任意放置，只能成行成列地排列。当取消了"显示桌面图标"命令前的"√"标志后，桌面上将不显示任何图标，这是临时隐藏所有桌面图标，实际上并没有删除它们。当再一次选择"显示桌面图标"后，所有桌面图标会再次显示出来。

2．任务栏

任务栏是位于屏幕底部的水平长条，它显示了系统正在运行的程序、打开的窗口、当前时间等内容。

（1）任务栏的组成

任务栏由"开始"菜单按钮、快速启动工具栏、窗口按钮栏、通知区域等几部分组成，如图2-7所示。

图2-7　任务栏

①"开始"菜单按钮：用于打开"开始"菜单，用它可以打开大多数的应用程序。

②快速启动工具栏：单击可以快速启动程序，一般包括IE图标、文件夹图标、应用程序图标等。

③窗口按钮栏：用于表示正在运行的程序或打开的窗口。

当桌面主题为 Aero 时，将鼠标指针移向某个程序按钮，会出现此程序内容的缩略图。如果其中一个窗口正在播放视频或动画，则会在预览中看到它正在播放的效果。如图 2-8 所示为当鼠标移到 Word 按钮时显示 Word 所打开的文件。单击此区域的程序图标，可以切换不同的程序。

④语言栏：显示当前的输入法状态。

⑤通知区域：通知区域位于任务栏的右侧，包括时钟、扬声器等一组图标，这些图标表示计算机上某程序的状态，或提供访问特定设置的途径。通知区域所显示的图标集取决于已安装的程序或服务。

⑥"显示桌面"按钮：位于任务栏的最右侧，单击该按钮可以快速返回桌面。

（2）任务栏的操作

任务栏的设置方法：右击任务栏的空白处，弹出快捷菜单，如图 2-9 所示，然后可以选择某一项操作。

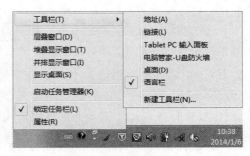

图 2-8　程序的缩略图　　　　　　　　　图 2-9　设置任务栏

①工具栏："工具栏"菜单主要用于设置在任务栏中某个工具栏（如地址、链接、桌面等）的显示或隐藏。

②窗口的排列方式：用于设置桌面上窗口排列的方式，可以选择"层叠窗口"、"堆叠显示窗口"、"并排显示窗口"等。

③启动任务管理器：打开"任务管理器"窗口。

④锁定任务栏：任务栏锁定后，不能移动任务栏的位置或改变其大小。

⑤属性：用于打开"任务栏和「开始」菜单属性"对话框，可以设置任务栏或"开始"菜单的属性，如图 2-10 所示。

自动隐藏任务栏：当用户不对任务栏操作时，它将自动消失，当用户需要使用时，可以把鼠标放在任务栏位置，它会自动出现。

任务栏按钮：选择"始终合并、隐藏标签"，相同类型的文档会合并而使用同一个按钮，这样不至于在用户打开多个窗口时，按钮变得很小而不容易辨认。使用时，只要找到相应的按钮就可以找到要操作的窗口名称。

可以拖动任务栏到屏幕的左侧、右侧、顶部、底部，但首先要取消"锁定任务栏"选项。

在通知区域，用户可以选择把最近没有点击过的图标隐藏起来以保持通知区域的简洁明了。在图 2-10 中，单击"通知区域"中的"自定义"按钮，出现"通知区域图标"窗口，如图 2-11 所示，用户可以进行隐藏或显示图标的设置。当选择了"隐藏图标和通知"后，系统不会向用户通知更改和更新，如果要随时查看隐藏的图标，可以单击任务栏上通知区域旁的箭头。

图 2-10　"任务栏和「开始」菜单属性"对话框

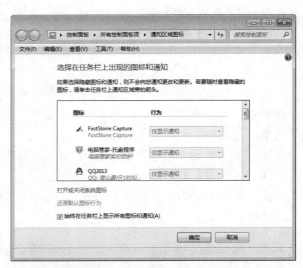

图 2-11　"通知区域图标"窗口

当用户打开的窗口比较多且都处于最小化状态时，在任务栏上的按钮会变得很小，观察不方便，这时可以改变任务栏的高度来显示所有窗口。在图 2-9 中，取消"锁定任务栏"选项，把鼠标放在任务栏的上沿，当出现双箭头时，拖动鼠标，使任务栏高度增加，即可显示所有的按钮。

3. "开始"菜单

"开始"菜单中包含了计算机中安装的应用程序、最近打开过的文档等。

（1）打开"开始"菜单

单击屏幕左下角的"开始"按钮，或者按键盘上的 Windows 徽标键，均可打开"开始"菜单，如图 2-12 所示。

（2）"开始"菜单可执行的任务

使用"开始"菜单可执行如下操作：

①启动程序。

②打开常用文件夹。

③搜索计算机中的文件、文件夹和程序。

④调整计算机设置。

⑤获取有关 Windows 操作系统的帮助信息。

⑥重新启动、关闭计算机，将计算机设置为锁定、睡眠或休眠状态。

⑦注销 Windows 或切换到其他用户。

（3）"开始"菜单的组成

"开始"菜单分为三个组成部分：

①左边窗格是计算机上安装的程序的短列表。

短列表用于快速打开这些程序。系统会检测最常用的程序，并将其置于左边窗格的短列表中。单击"所有程序"可显示程序的完整列表，这些程序按字母顺序排列显示，选择某个应用程序可将其打开。按"返回"命令可返回到图 2-12 所示程序的短列表。

图 2-12　　"开始"菜单

②右边窗格提供对常用文件夹、曾经打开过的文件的访问以及对计算机的设置，还可以注销 Windows 7 或关闭计算机。

③左边窗格的底部是搜索框，键入搜索项可在计算机上查找程序和文件，包括 MP3、Word 文档等常见文件。

（4）自定义"开始"菜单

用户可以将常用或者喜欢的程序的图标放在"开始"菜单和任务栏中，以便于快速访问，也可以把它们从列表中移除。

①将程序图标锁定到任务栏或附到"开始"菜单。

对于经常使用的程序，可以将应用程序图标锁定到任务栏或附到"开始"菜单以创建程序的快捷方式，锁定的程序图标将出现在任务栏或"开始"菜单中。

锁定到任务栏的方法：右击需要锁定到任务栏的程序图标，在弹出的快捷菜单中选择"锁定到任务栏"命令，程序图标将锁定在任务栏上。如果想解除锁定，右击任务栏上的程序图标，在菜单中选择"将此程序从任务栏解锁"命令即可。

附到"开始"菜单的方法：右击需要附到"开始"菜单的程序图标，在弹出的快捷菜单中选择"附到「开始」菜单"命令，程序图标将出现在"开始"菜单上。如果想解除锁定，右击短列表中的程序图标，选择"从「开始」菜单解锁"命令即可。

②从"开始"菜单删除程序图标。

从"开始"菜单删除程序图标不会把这个程序卸载或者从所有程序列表中删除。单击"开始"按钮，在需要从"开始"菜单中删除的程序图标上右击，在快捷菜单中选择"从列表中删除"即可。

③清除"开始"菜单中最近使用的项目。

清除"开始"菜单中最近使用的项目不会实际把它们从计算机中删除，仅仅是清除列表中显示的文件或程序。在图 2-10 中，单击"「开始」菜单"选项卡，出现如图 2-13 所示的对话框。

如果要清除最近打开的短列表中的应用程序，则清除"存储并显示最近在「开始」菜单中打开的程序"复选框；如果要清除最近打开的项目（包括各种文档、图片等），则清除"存储并显示最近在「开始」菜单和任务栏中打开的项目"复选框。最后按"确定"按钮。

④设置频繁使用的程序的快捷方式的数目。

在图 2-13 中，单击"自定义"按钮，打开如图 2-14 所示的"自定义「开始」菜单"对话框。在"要显示的最近打开过的程序的数目"框中，输入想要显示的程序数目，然后单击"确定"按钮即可。

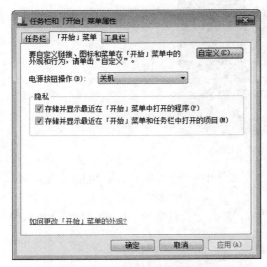

图 2-13　"「开始」菜单"选项卡

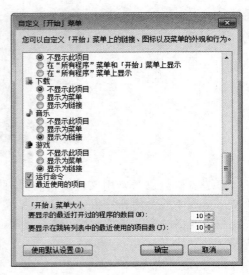

图 2-14　自定义「开始」菜单

⑤将"最近使用的项目"添加至"开始"菜单。

用户可以把最近使用过的项目（打开过的各种 Word 文档、Excel 文档、图片等）在"开始"菜单中显示出来。

操作步骤为：在图 2-13 的"隐私"分组框选中"存储并显示最近在「开始」菜单和任务栏中打开的项目"复选框后，单击"自定义"按钮，打开如图 2-14 所示的"自定义「开始」菜单"对话框，滚动列表框中的滑块找到"最近使用的项目"复选框，选中它，单击"确定"按钮，然后再次单击"「开始」菜单"中的"确定"按钮。

2.3.3　Windows 7 的窗口及基本操作

窗口是 Windows 操作系统及其应用程序图形化界面的最基本组成部分，它在外观、风格和操作上具有高度的统一性，虽然看上去千篇一律，却极大地提高了系统的易用性。Windows 的窗口一般分为应用程序窗口和文档窗口，这两种窗口的组成和操作基本相同。

Windows 操作系统是多任务的操作系统，也就是说，用户可以同时执行多个应用程序，即同时打开多个应用程序主窗口。但是，在任何时刻，只有一个窗口可以接受用户的键盘和鼠标输入，这个窗口称为活动窗口，其余的窗口称为非活动窗口。非活动窗口不接受键盘和鼠标输入，但仍在后台运行，非活动状态不是静止状态。

1. 窗口的组成

如图 2-15 所示的"计算机"窗口是一个典型的窗口，它由标题栏、菜单栏、工具栏、边框、地址栏、状态栏及工作区等组成。

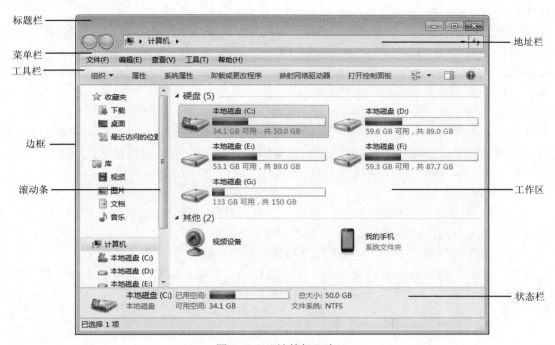

图 2-15　"计算机"窗口

（1）标题栏

标题栏位于窗口的最上端。标题栏的最左边是应用程序的程序控制菜单图标，单击图标会打开应用程序的控制菜单。控制菜单一般包含还原、移动、大小、最小化、最大化和关闭等命令。程序控制菜单图标的右边往往显示程序的名称以及当前打开的文档名。标题栏的最右边有"最小化"、"最大化/向下还原"和"关闭"按钮。

（2）地址栏

用于输入文件的地址。用户可以通过下拉菜单选择地址或者直接输入文件的地址，访问本地或网络的文件夹。也可以直接在地址栏中输入网址，访问互联网。

（3）菜单栏

一般位于标题栏的下方，菜单中存放着程序的运行命令，由多个命令按照类别集合在一起构成。应用程序不同，菜单栏的内容也有所不同。

菜单栏上列出了所有的一级菜单，在菜单名后面的括号中往往有一个带有下划线的字母，称为快捷键。当按住 Alt 键，再按下对应的字母时，会打开相应的菜单。单击某个菜单项目，会打开一个下拉菜单。在下拉菜单中包含了一系列的菜单命令，有的下拉菜单命令又可以自动弹出一个子菜单，称为级联菜单。

在 Windows 的菜单中，有许多特殊标记，它们都具有特定的含义。常见的标记如下：

① "▶"标记：表明此菜单项目对应着一个级联菜单。

② "…"标记：表明执行此菜单命令将打开一个对话框。

③"√"标记：表明该菜单是一个复选菜单，并正处于选中状态。再选择此命令则"√"消失，表示此命令关闭。例如在图 2-15 中，"查看"菜单中的"状态栏"命令，当选中此菜单命令时，在菜单命令前出现"√"符号，窗口的下边显示状态栏，再次单击该菜单命令时，标记消失，同时状态栏被隐藏。

④"•"标记：表明该菜单为单选菜单，在同一组菜单项中只能选择一项。例如在图 2-15 中，"查看"菜单中的"大图标"、"小图标"、"列表"、"详细信息"菜单命令等，只能选中一项。

⑤菜单的分组线：在有些下拉菜单中，菜单项之间用线条来分隔，形成了若干个菜单选项组，这种分组是按菜单项的功能划分的。

⑥变灰的菜单项：表示当前命令执行的条件不满足，现在不可用。

⑦名称后有组合键的菜单项：组合键为选择此命令的快捷键，可以不打开菜单而直接按键盘上的快捷键来选择此命令，这样可以加快操作速度。例如，有关剪贴板的"复制"、"剪切"和"粘贴"命令，其对应的快捷键分别为 Ctrl+C、Ctrl+X 和 Ctrl+V。

（4）工具栏

工具栏中存放着常用的操作按钮，通过工具栏，可以实现文件的新建、打开、打印、共享和新建文件夹等操作。在 Windows 7 的"计算机"窗口中，工具栏上的按钮会根据查看的内容不同有所变化，但一般包含"组织"、"视图"等按钮。

通过"组织"按钮可以实现文件和文件夹的剪切、复制、粘贴、删除、重命名等操作，如图 2-16 所示。通过"视图"按钮可以调整图标的显示方式，如图 2-17 所示。

图 2-16　"组织"列表　　　　　　　　图 2-17　"视图"列表

（5）边框

一个窗口的四周称为窗口的边框，可用于调整窗口的大小。

（6）工作区

工作区是窗口中最大的区域，用于处理和显示对象信息。

（7）滚动条

当工作区无法显示所有信息时，在工作区的右侧或底部自动出现水平或垂直滚动条。垂直滚动条包括四个滚动箭头（向上、向下、前一页、下一页）和一个滚动块，水平滚动条包括两个滚动箭头（向左、向右）和一个滚动块。

如果显示的文档是文本，还可以使用键盘来操作文档的显示：将插入点定位到文档的某个位置，用↑、↓、←、→箭头可以使文档上下左右移动，用 Page Up 和 Page Down 键前后翻页。

（8）状态栏

状态栏位于窗口最下方，标明了当前对象的一些基本情况。不同的对象，状态栏有很大的区别。

2.　窗口的基本操作

对窗口的操作既可以通过窗口菜单中的命令来进行，也可以通过键盘来进行。

（1）打开窗口

方法 1：双击要打开窗口的图标。

方法 2：右击要打开窗口的图标，在快捷菜单中选择"打开"命令。

（2）移动窗口

方法 1：用鼠标拖动窗口的标题栏到合适的位置，松开后即可。

方法 2：单击窗口的控制菜单图标，在下拉菜单中选择"移动"命令，再用键盘上的四个方向键进行移动，到达目的地时，按回车键或者用鼠标单击即可完成移动。

（3）缩放窗口

方法 1：在窗口非最大化状态下，当鼠标指针移到窗口的边框上时，会变成双向箭头形状，此时用户可以按住鼠标左键通过上下或左右拖动来改变窗口的高度和宽度。如果将指针移到窗口的边角处，通过沿着对角线方向拖动来改变窗口的大小。

方法 2：也可以通过鼠标和键盘配合来完成。在控制菜单中选择"大小"命令，利用键盘上的方向键调整窗口的高度和宽度，调整至合适大小时，按回车键或者用鼠标单击结束。

（4）最小化/最大化/向下还原窗口

Windows 7 所有窗口的右上角都有最小化、最大化/向下还原、关闭三个按钮。

①单击最大化按钮，窗口将扩展到整个桌面，此时该按钮变为向下还原按钮。

②窗口最大化时，单击向下还原按钮，窗口恢复成原来大小。

③单击最小化按钮，窗口在桌面上消失，以图标按钮的形式缩小到任务栏上。

④要使所有的窗口都最小化，更常用的方法是单击任务栏右侧的"显示桌面"按钮，再次单击它可以重新回到原来的显示画面。

在控制菜单中也可以实现窗口的最小化、最大化和还原。

（5）切换窗口

Windows 7 允许用户同时打开多个窗口，在多个窗口之间切换，有如下几种方法：

方法 1：单击任务栏上的窗口图标。

方法 2：所需窗口没有被完全遮住时，单击该窗口的的任意位置。

方法 3：按 Alt+Tab 组合键切换。按下这个组合键时，屏幕中间的位置会出现一个矩形区域，显示所有打开的应用程序和文件夹图标。按下 Alt 键不放，反复按 Tab 键，会循环选择每个任务，如图 2-18 所示。

图 2-18　切换任务栏

方法 4：按 Alt+Esc 组合键切换。Alt+Esc 组合键的使用方法与 Alt+Tab 组合键的使用方法相同，唯一的区别是按下 Alt+Esc 组合键不会出现如图 2-18 所示的图标方块，而是直接在各个窗口之间进行切换。

方法 5：使用 Aero 三维窗口切换。窗口以三维堆栈排列，可以快速浏览这些窗口，如图 2-19 所示。在控制面板中的个性化设置中，主题设置为 Aero，才能使用本方法。

使用三维窗口切换的步骤：按下 Windows 徽标键的同时，重复按 Tab 键或滚动鼠标滚轮可以循环切换打开的窗口。释放 Windows 徽标键可以显示堆栈中最前面的窗口，或者单击堆栈中某个窗口的任意部分来确定该窗口。

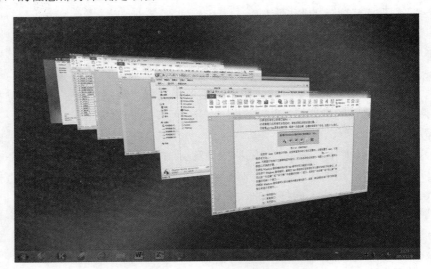

图 2-19   Aero 三维窗口切换

（6）排列窗口

当用户打开了多个窗口，并且需要全部处于非最小化显示状态，这就涉及到排列的问题。Windows 7 为用户提供了三种排列方式：层叠窗口、堆叠显示窗口、并排显示窗口。

操作方法为：在任务栏的空白处右击，弹出快捷菜单，如图 2-9 所示。当选择了某项排列方式后，会在任务栏的快捷菜单中出现相应撤消该选项的命令，例如，选择了"堆叠显示窗口"命令后，在图 2-9 中，会增加一项"撤消堆叠显示"命令，可撤消当前窗口排列。

（7）复制窗口

按 Alt+Print Screen 组合键可以将当前活动窗口的内容以图像的形式复制到剪贴板，然后在另一个文档中选择"粘贴"命令即可完成复制。若要复制整个屏幕，按 Print Screen 键即可。

（8）关闭窗口

关闭窗口有如下方法：

方法 1：单击窗口右上角的"关闭"按钮。

方法 2：双击窗口左上角的控制菜单图标。

方法 3：单击窗口左上角的控制菜单图标，选择下拉菜单中的"关闭"命令。

方法 4：右击任务栏上的程序图标，在弹出的快捷菜单中选择"关闭窗口"命令。

方法 5：使用"文件"菜单中的"退出"命令。

方法 6：使用 Alt+F4 组合键。

2.3.4　Windows 7 的对话框及基本操作

对话框是用户与计算机系统进行信息交流的界面，它可以接受用户的输入，也可以显示程序运行中的提示和警告信息。当选择带"…"的菜单项时，系统就会自动弹出一个对话框。图2-20 是一个典型的对话框。

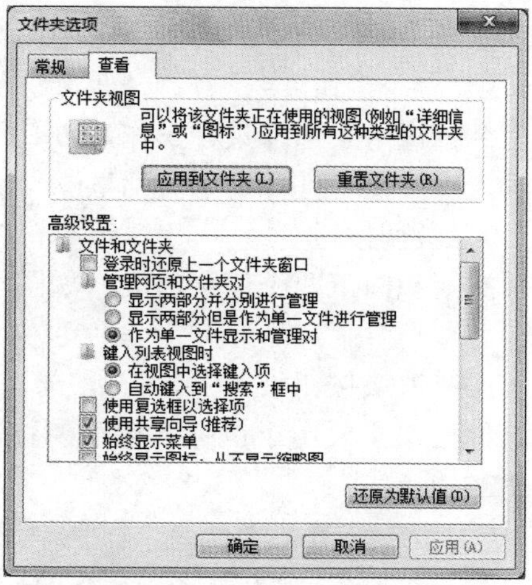

1. 对话框的组成

对话框的组成和窗口类似，一般包含有标题栏、选项卡、文本框、列表框、命令按钮、单选按钮、复选框等。

（1）标题栏

位于对话框的最上方，在左侧显示了该对话框的名称，右侧是关闭按钮，有的对话框还有帮助按钮。

（2）选项卡

有些对话框包含的项目很多，把同类型的项目放在同一个选项卡中，并且在选项卡上写明了标签，以便于区分，如图 2-20 中的"常规"、"查看"选项卡，单击标签可以打开对应的选项卡。

图 2-20　"文件夹选项"对话框

（3）列表框

列表框是在一个可滚动的矩形框内显示多行文本或图形，用户可以从中选择，但通常不能更改。图 2-21 为典型的列表框。

（4）下拉列表框

这种类型的组合框要求用户从下拉列表中做出选择，而不能在文本框中输入任何内容，如图 2-22 所示。当要求用户必须从有限的选项中做出选择时，下拉列表框非常有用。

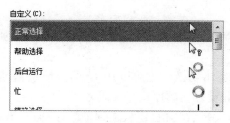

图 2-21　列表框

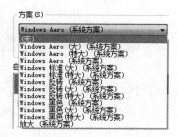

图 2-22　下拉列表框

（5）文本框

文本框是用来输入文本信息的矩形框，有的在其右端带有一个下拉按钮"▼"，这时用户既可以直接在文本框中输入文字，也可以按下拉按钮在展开的下拉列表中选择要输入的信息。下拉框中保存了最近几次输入到该文本框的信息，或者预定义的信息。例如在 Word 2010 "打开"对话框中的输入文件名文本框，既可以直接输入文件名，也可以用下拉按钮"▼"选择以前打开过的文件。

（6）单选按钮

在一组选项中，只能选择一个选项。每个选项的左边显示一个圆圈，单击该选项，左边的圆圈内出现一个"•"，表示只选中该组中的这一个选项。

（7）复选框

在一组选项中，可以选择多个选项。每个选项的左边显示一个小方框，单击该选项，左边的方框内出现一个"√"，表示选中此选项，再次单击取消选中。

（8）命令按钮

命令按钮用于选择某种操作，常用于对话框中，如图 2-23 所示。如果按钮上有省略号"…"，表明单击该按钮将打开一个对话框。

（9）微调按钮

有向上和向下两个箭头组成，如图 2-24 所示，在使用时分别单击上下箭头可以增加和减少数字。

（10）滑块按钮

这种按钮主要用于鼠标、键盘属性等对话框中，用这种按钮可以改变响应速度等参数。如图 2-25 所示。

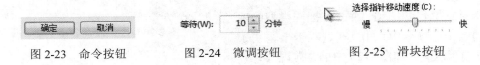

图 2-23　命令按钮　　　图 2-24　微调按钮　　　图 2-25　滑块按钮

2. 对话框的基本操作

（1）移动对话框

可以通过两种方式移动对话框：

方法 1：用鼠标拖动对话框的标题栏到目标位置，松开后即可。

方法 2：在标题栏上右击，弹出快捷菜单，选择"移动"命令，然后利用键盘上的方向键移动对话框到目标位置，用鼠标单击或按回车键确认，即可完成移动操作。

大部分对话框不能改变其大小，例如图 2-20 所示的"文件夹选项"对话框不能改变大小；少部分可以改变，例如 Word 2010 中"打开"对话框可以改变大小。

（2）对话框中不同元素的切换

有的对话框中包含多个选项卡，在每个选项卡中又有不同的选项组，可以利用鼠标或键盘来切换。

①在不同的选项卡之间切换：可以直接用鼠标单击切换，也可以按 Ctrl+Tab 组合键从左向右顺序切换各个选项卡，按 Ctrl+Shift+Tab 组合键反方向顺序切换。

②在同一选项卡的不同选项组之间切换：按 Tab 键从左向右或从上到下顺序切换，按 Shift+Tab 组合键反方向顺序切换。

（3）关闭对话框

关闭对话框有以下几种方法：

方法 1：单击对话框中的"确定"按钮，可在关闭对话框的同时保存用户在对话框中所做的修改。

方法 2：单击对话框中的"取消"命令按钮，取消所做的设置操作。

方法 3：单击对话框标题栏右侧的"关闭"按钮。

方法 4：按 Esc 键。

2.3.5　剪贴板

剪贴板是 Windows 系统为了传递信息而在内存中开辟的临时存储区，通过它可以方便地在程序、文档和各个窗口之间互相传递信息。剪贴板可以存储文本、声音、图像，还能存储文件或文件夹，通过它可以把多个程序分别制作的图、文、声、像等信息粘贴到一起。

剪贴板主要用到"复制"、"剪切"、"粘贴"三个基本操作。"复制"和"剪切"命令将所选择的对象（如文件夹、文档、文本或图形等）传送到剪贴板，不同的是，"剪切"命令还要删除选择的对象；"粘贴"命令将剪贴板中的内容传送到某个位置。粘贴后剪贴板中的内容不丢失，所以剪贴板中的内容可以在不同的位置粘贴多次。

（1）利用剪贴板传递信息

利用剪贴板传递信息，首先把信息复制到剪贴板，然后再将剪贴板中的信息粘贴到目标位置，操作步骤为：

①选中对象。

②在"编辑"菜单中，选择"复制"或"剪切"命令，也可以按 Ctrl+C 或 Ctrl+X 组合键。

③将鼠标定位到目标位置。

④在"编辑"菜单中，选择"粘贴"命令，或者按 Ctrl+V 组合键，将剪贴板中的信息粘贴到当前光标位置处。

（2）利用剪贴板复制屏幕

按 Print Screen 键可以把屏幕上显示的整个画面作为图像复制到剪贴板中；按 Alt+Print Screen 组合键可以把屏幕上当前活动窗口或对话框的整个画面作为图像复制到剪贴板中。

剪贴板一次只能保留一条信息。每次将信息复制到剪贴板时，剪贴板中的旧信息均由新信息所替换。

2.4　Windows 7 的文件管理

在 Windows 中，用户可以使用的所有软件、硬件都称为资源，它们可以是文件、文件夹、打印机、磁盘、桌面、各种软件和硬件设备。可以通过桌面上的"计算机"图标来管理应用程序和文件。在 Windows 7 之前的版本，"计算机"称为"我的电脑"。

2.4.1　文件和文件夹

1. 文件和文件夹的概念

文件是存储在外存上具有名字的一组相关信息的集合。它可以是用户创建的文档，也可以是可执行程序，或者图片、声音、视频等。系统对文件实行"按名存取"，用户使用文件时只要记住文件名和其在磁盘中的位置即可管理文件。

Windows 系统采用树形结构以文件夹来组织和管理文件。文件夹中包含程序、文件等，同时还可以包含下一级文件夹，包含的文件夹称为"子文件夹"。可以将相同类别的文件存放在一个文件夹中。

树形结构是一种层次结构，像一棵树，树干分出许多树枝，每个树枝又分出许多小树枝，这样一层一层地分下去。树形结构的最上层只有一个结点，即桌面。桌面下面存放了"计算机"、"我的文档"、"网上邻居"、"回收站"等，它们本身也是一个树形结构，用来存放下一级信息。

用户可以根据需要在下级再创建子文件夹。如图 2-26 所示为文件树形结构。

图 2-26　文件树形结构

为了避免文件管理发生混乱，规定同一文件夹中的文件不能同名，如果两个文件名完全相同，它们必须分别放在不同的文件夹中。

2. 文件的类型

Windows 7 操作系统有多种文件类型。按照文件所包含的信息不同，分为以下几种类型：

①程序文件：是可执行文件，扩展名为.com 和.exe。

②支持文件：支持应用程序的运行，是程序运行所需的辅助文件，但是这些文件是不能直接执行或启动的。普通的支持文件具有.ovl、.sys 和.dll 等扩展名。

③文本文件：是由一些文字处理软件生成的文件，其内容是可以阅读的文本，如.docx 文件、.xlsx 文件、.txt 文件等。扩展名为.docx 的文件，可以通过文字处理软件 Word 2010 生成；扩展名为.xlsx 的文件，可以通过表格处理软件 Excel 2010 生成。

④图像文件：是由图像处理程序生成的文件，其内容包含可视的信息或图片信息，如.bmp 和.gif 文件等。扩展名为.bmp 的文件，可以通过"画图"程序生成。

⑤多媒体文件：包含音频和视频信息的文件，如.mid 文件和.avi 文件等。

⑥字体文件：Windows 7 中，字体文件存储在 Fonts 文件夹中，如.ttf 文件（存放 TrueType 字体信息）和.fon 文件（位图字体文件）等。

3. 文件和文件夹的命名规则

Windows 7 对文件或文件夹命名规则如下：

①允许使用长文件名，文件或文件夹名字最多可达 255 个字符。

②字符可以是字母、数字、空格、汉字或一些特定符号。

③命名时不区分大小写，例如 MYFILE、myfile、myFILE 是同一个文件名。

④不可使用的字符有？、*、\、/、|、:、"、<、>。

⑤文件名允许有多个分隔符"."，Windows 7 规定最后一个分隔符后面的字符为文件的扩展名。例如文件名"sdfzxy.xxgcx.jsj.2014.docx"中，扩展名为 docx。

当查找文件或文件夹时，可以使用通配符"？"和"*"。"？"表示一个任意字符，"*"表示任意多个任意字符。

4. 库

库是 Windows 7 新增的文件管理工具。如果用户在不同硬盘分区、不同文件夹、多台电脑或设备中分别存储了一些文件，有的文件可能处于层次很深的文件夹中，寻找这些文件及对它们进行有效管理是一件非常困难的事情。Windows 7 中"库"的应用可以解决这一难题。库专门用来把存储在不同磁盘、不同位置的文件夹组织到一起。需要强调的是库并没有更改被包含文件和文件夹的存储位置，也不是在库中保存了一份文件和文件夹的副本，库描述的仅仅是一种新的组织形式的逻辑关系。

由于库仅仅用来描述多个文件夹的组织形式，所以库本身不属于任何磁盘，所有的库都放在桌面的下级一个称为"库"的文件夹中，在这个总库中用户还可以建立自己的库。

2.4.2　文件和文件夹的基本操作

1．"计算机"和"资源管理器"

Windows 7 采用"计算机"和"资源管理器"两个应用程序完成文件和文件夹的管理工作。两者在功能上一样，窗口基本一样，可以相互转换。

用户使用"计算机"可以显示整个计算机的文件及文件夹等信息，可以完成启动应用程序，打开、复制、删除、重命名、创建文件夹及文件的操作。用户不必打开多个窗口，而只在一个窗口中就可以浏览所有的磁盘和文件夹。

打开"计算机"的方法如下：

方法 1：双击桌面上"计算机"图标，打开"计算机"窗口，如图 2-27 所示。

方法 2：单击"开始"菜单，选择"计算机"命令。

方法 3：同时按下 Windows 徽标键 和 E 键。

图 2-27　"计算机"窗口

在"计算机"窗口中，左窗格显示了所有收藏夹、库、磁盘和文件夹列表，窗口下面用于显示选定的磁盘、文件和文件夹信息，右窗格显示了选定磁盘和文件夹所包含的文件、文件夹等的详细信息。

在左窗格中，如果收藏夹、库、驱动器或文件夹前面有三角符号，表明该驱动器或文件夹有子文件夹，单击该三角符号可展开或折叠其包含的项目。

如果要查看单个文件夹或驱动器上的内容，那么"计算机"是很有用的。在"计算机"窗口中会显示各驱动器，双击某驱动器图标，在右窗格会显示该驱动器上包含的文件夹和文件，双击文件夹可以看到其中包含的子文件夹和文件。

打开资源管理器的方法：

方法 1：右击"开始"按钮，在弹出的快捷菜单中选择"打开 Windows 资源管理器"命令，可打开"Windows 资源管理器"窗口，如图 2-28 所示。

方法 2：单击"开始"菜单→"所有程序"→"附件"→"Windows 资源管理器"命令。

图 2-28   "Windows 资源管理器"窗口

2. 设置文件或文件夹视图方式

在计算机中，有时需要显示文件和文件夹的修改日期、类型、大小等详细信息，有时需要显示其图标，我们可以按照不同的视图方式显示文件和文件夹。设置方法如下：

方法 1：在"计算机"窗口的右窗格空白处右击，弹出快捷菜单，选择"查看"命令的级联菜单中需要的视图方式即可，如图 2-29 所示。

方法 2：单击"计算机"窗口的工具栏上的"更改您的视图"按钮，或者按"更多选项"下拉列表按钮，选择需要的视图方式，如图 2-30 所示。

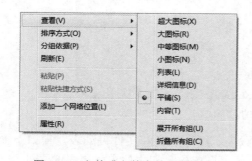

图 2-29　文件或文件夹的视图方式 1

图 2-30　文件或文件夹的视图方式 2

3. 创建文件或文件夹

（1）创建文件

文件的创建一般是在应用程序中完成的，如"记事本"程序可以创建 txt 类型的文件，"画图"程序可以创建 bmp 类型的文件等。此外，对于在系统中注册的文件类型，用户还可以通过下面的方式创建。

①打开"计算机"窗口,选择需创建文件的驱动器或文件夹。

②单击"文件"菜单→"新建"命令,如图 2-31 所示;或在右窗格的空白处右击,在快捷菜单中单击"新建"命令,如图 2-32 所示。菜单中列出了系统中注册的文件类型。

③单击需要创建的文件类型,新建文件的系统自动指定一个默认的文件名,然后输入新的文件名,按回车键即可。

(2)新建文件夹

①打开"计算机",选择需创建文件夹的驱动器或文件夹。

②单击"文件"菜单→"新建"→"文件夹"命令,如图 2-31 所示;或者在右窗格的空白处右击,在快捷菜单中单击"新建"→"文件夹"命令,如图 2-32 所示。

③为文件夹命名。

图 2-31 新建文件   图 2-32 "新建"快捷菜单

4. 选择文件或文件夹

(1)选定单个文件或文件夹

单击要选定的文件或文件夹即可。

(2)选定多个连续的文件或文件夹

选定第一个对象后,按住 Shift 键的同时单击最后一个对象;或者在要选择的对象外拖动鼠标,方框之内的对象将被选中。

(3)选定多个不连续的文件或文件夹

按住 Ctrl 键,逐个单击其余要选择的对象。

(4)选定所有文件或文件夹

选择"编辑"菜单中的"全选"命令;或者选择"组织"下拉列表按钮中的"全选"命令;或者按下快捷键 Ctrl+A。

(5)取消选定

对选定的驱动器、文件或文件夹,只要重新选定其他对象或在空白处单击鼠标左键即可取消全部选定。若要取消部分选定,只要按住 Ctrl 键,用鼠标单击每一个要取消的对象即可,其他已选定对象仍然保留选定状态。

5. 重命名文件或文件夹

重命名就是改名,操作步骤为:

(1)选定要重命名的文件或文件夹

（2）重命名

方法 1：右击对象，在快捷菜单中选择"重命名"命令。

方法 2：在"文件"菜单中选择"重命名"命令。

方法 3：按下"组织"下拉列表按钮，选择"重命名"命令。

方法 4：单击选中的文件或文件夹的名字，注意不能单击图标。

方法 5：直接按 F2 键

（3）用户键入自己需要的名字

如果需要修改文件的扩展名，则在资源管理器中打开"工具"菜单，单击"文件夹选项"命令，在弹出的"文件夹选项"对话框中，选择"查看"选项卡，清除"隐藏已知文件类型的扩展名"复选框。这样以后的文件列表将显示所有文件的扩展名，用户通过上面介绍的重命名操作可以更改文件的扩展名。但不要随意更改文件的扩展名，以免造成不必要的麻烦。

6. 复制文件或文件夹

复制文件或文件夹就是将文件或文件夹复制若干份，放到其他地方，执行命令后，原位置和目标位置均有该文件或文件夹。复制文件夹时，文件夹内的所有内容将被复制。复制的操作步骤如下：

（1）利用剪贴板复制

①选定被复制的文件或文件夹。

②选择如下方法之一，将选中的对象送入到剪贴板：

方法 1：打开"编辑"菜单，选择"复制"命令。

方法 2：按下"组织"下拉列表按钮，选择"复制"命令。

方法 3：右击所选对象，在快捷菜单中选择"复制"命令。

方法 4：按 Ctrl+C 组合键。

③打开目标位置。

④选择如下方法之一，将剪贴板中的内容粘贴到当前位置：

方法 1：打开"编辑"菜单，选择"粘贴"命令。

方法 2：按下"组织"下拉列表按钮，选择"粘贴"命令。

方法 3：右击目标位置空白处，在快捷菜单中选择"粘贴"命令。

方法 4：按 Ctrl+V 组合键。

（2）利用拖动方法复制

如果在屏幕上既能看到要复制的文件或文件夹，又能看到目标位置，利用拖动的方法复制更为方便。

如果被复制的对象与目标位置在不同的磁盘上，直接拖动即可实现复制，在拖动的过程中，会在鼠标指针旁边出现 ⊕ 复制到 本地磁盘 (D:) 符号；如果被复制的对象与目标位置在同一磁盘上，无论是否在同一文件夹，在拖动的过程中应同时按下 Ctrl 键才是复制，否则是移动。

（3）利用菜单复制

利用"发送到"命令是把硬盘上的文件或文件夹直接复制到移动存储设备上的常用方法。操作方法为：右击要复制的文件或文件夹，在快捷菜单中选择"发送到"命令，在级联菜单中选择要复制到的某个移动存储设备，如图 2-33 所示。

7. 移动文件或文件夹

移动文件或文件夹就是将文件或文件夹移动到其他地方，执行命令后，原位置的文件或文件夹消失，出现在目标位置。移动的操作步骤如下：

（1）利用剪贴板移动

①选定被移动的文件或文件夹。

②选择如下方法之一，将选中的对象送入到剪贴板：

方法 1：打开"编辑"菜单，选择"剪切"命令。

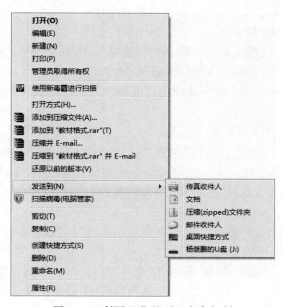

图 2-33　利用"发送到"命令复制

方法 2：按下"组织"下拉列表按钮，选择"剪切"命令。

方法 3：右击所选对象，在快捷菜单中选择"剪切"命令。

方法 4：按 Ctrl+X 组合键。

③打开目标位置。

④选择如下方法之一，将剪贴板中的内容粘贴到当前位置：

方法 1：打开"编辑"菜单，选择"粘贴"命令。

方法 2：按下"组织"下拉列表按钮，选择"粘贴"命令。

方法 3：右击目标位置空白处，在快捷菜单中选择"粘贴"命令。

方法 4：按 Ctrl+V 组合键。

（2）利用拖动方法移动

如果在屏幕上既能看到要移动的文件或文件夹，又能看到目标位置，利用拖动的方法移动更为方便。

如果被移动的对象与目标位置在同一磁盘上，直接拖动即可实现移动，在拖动的过程中，会在鼠标指针旁边出现　➡移动到 本地磁盘 (D:)　符号；如果被移动的对象与目标位置在不同的磁盘上，在拖动的过程中应同时按下 Shift 键才是移动，否则是复制。

8．删除文件或文件夹

当有的文件或文件夹不再需要时，用户可以将其删除，以节省磁盘空间。默认状态下，删除后的文件和文件夹将被放入"回收站"中，用户可以选择将其彻底删除或者还原到原来的位置。删除的操作步骤如下：

（1）选定要删除的文件或文件夹

（2）选中删除对象

方法 1：打开"文件"菜单，选择"删除"命令。

方法 2：按下"组织"下拉列表按钮，选择"删除"命令。

方法 3：右击选定的对象，在快捷菜单中选择"删除"命令。

方法 4：直接按 Delete 键。

方法 5：直接用鼠标将选定的对象拖到"回收站"。如果在拖动的同时，按住 Shift 键，则文件或文件夹将从计算机中删除，而不放到回收站中。

如果想恢复被删除的文件，则应该使用"回收站"的"还原"功能。在清空回收站之前，被删除的文件将一直保存在那里。

9. 设置、查看、修改文件或文件夹属性

通过查看文件或文件夹属性，可以知道文件或文件夹的类型、大小、占用的磁盘空间、存储的位置、创建时间等信息，还可以设置文件或文件夹为只读、隐藏属性。

只读文件（R）：此类文件中的内容不可以被修改，要想改变文件内容，必须先取消其只读属性。

隐藏文件（H）：此类文件默认情况下不显示，但内容可以被修改。

查看文件或文件夹属性的操作步骤为：

选择"文件"菜单→"属性"命令；或者选择"组织"下拉列表按钮→"属性"命令；或者右击选定的文件或文件夹，在快捷菜单中选择"属性"命令，弹出属性对话框，在"常规"选项卡中，可以看到文件或文件夹的各种信息，还可以设置为只读、隐藏属性，如图 2-34 所示。

图 2-34   文件属性对话框

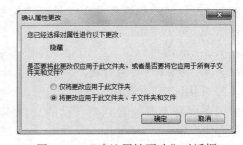

图 2-35   "确认属性更改"对话框

10. 隐藏文件或文件夹

对于计算机中的一些重要文件，可以将其隐藏起来以增加安全性。

（1）文件的隐藏

右击需要隐藏的文件，在快捷菜单中选择"属性"命令，弹出文件属性对话框，如图 2-34 所示。在"常规"选项卡中，选中"隐藏"复选框，单击"确定"按钮即可。

（2）文件夹的隐藏

右击需要隐藏的文件夹，在快捷菜单中选择"属性"命令，弹出文件夹的属性对话框，在"常规"选项卡中，选中"隐藏"复选框，单击"确定"按钮，弹出"确认属性更改"对话框，如图 2-35 所示。选择"仅将更改应用于此文件夹"或"将更改应用于此文件夹、子文件夹和文件"，然后按"确定"按钮。

（3）在文件夹选项中设置不显示隐藏文件

把文件或文件夹设置成隐藏属性后，相应地还要设置不显示。选择"工具"菜单或"组织"下拉列表框的"文件夹选项"，弹出"文件夹选项"对话框，选择"查看"选项卡，在"高级设置"列表框中选中"不显示隐藏的文件、文件夹或驱动器"单选按钮，如图 2-36 所示。单击"确定"按钮，即可隐藏所有设置为隐藏属性的文件、文件夹或驱动器。

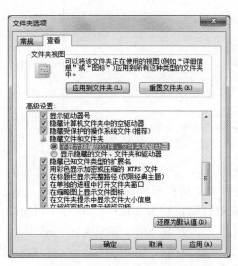

图 2-36　"文件夹选项"隐藏设置

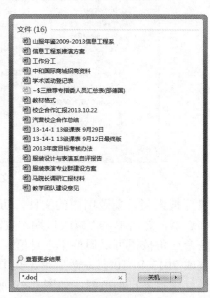

图 2-37　"开始"菜单中"搜索"对话框

11．搜索文件或文件夹

用户的计算机中有成千上万个文件，随着时间推移，用户可能忘记了某些文件的文件名或者保存位置，以后要使用这些文件，采用人工方法查找它们极其繁琐，使用搜索功能就简单多了。

（1）使用"开始"菜单上的搜索框

可以使用"开始"菜单上的搜索框来查找计算机上的文件、文件夹、程序等。在搜索框中输入要查找的文件名后，将立即显示搜索结果，与所输入文件名相匹配的项都会显示在"开始"菜单上。文件名可以是要查找的文件名的一部分，也可以使用通配符"?"和"*"。例如查找所有扩展名为 docx 的文件，在搜索框中输入"*.docx"，如图 2-37 所示。

注意：从"开始"菜单搜索时，搜索结果仅显示已建立索引的文件。计算机上的大多数文件会自动建立索引。例如，包含在库中的所有内容都会自动建立索引。

（2）使用文件夹中的搜索框

打开"计算机"窗口，在窗口的顶部右侧文本框中输入需要查找的文件或文件夹名字。搜索的范围取决于左窗格选择的收藏夹、库、磁盘或文件夹等，如果选择了"计算机"，则搜索范围为计算机中所有的磁盘；如果选择了文件夹，则搜索范围为此文件夹及其子文件夹；如果选择了某个库，则搜索范围为该库中所有的文件夹。

　　例如在"D:\安装软件"文件夹搜索"setup.exe"文件，可以在左窗格中选择 D 盘中的"安装软件"文件夹，在右上侧的文本框中输入"setup.exe"，系统会把此文件夹及其子文件夹中所有的"setup.exe"文件列表显示出来，如图 2-38 所示。

图 2-38　文件夹中的"搜索"窗口

　　如果要搜索某日期范围内的文件，可以单击搜索框，下面弹出设置搜索修改日期和文件大小的筛选器，然后单击"修改日期"按钮，系统弹出"选择日期或日期范围"框，单击其中左右的两个三角按钮可以调整年、月值。假设需要把日期调整为 2013 年 10 月 1 日至 20 日，可先调整成 2013 年 10 月，然后单击其中的 10 月 1 日，按住 Shift 键的同时再单击 10 月 20 日，这样就确定了日期范围，如图 2-39 所示。如果日期范围在不同的年月份，可以在上一步的基础上，在搜索框中直接修改开始及截止的年份和月份。

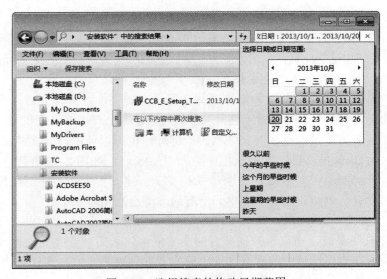

图 2-39　选择搜索的修改日期范围

12. 创建文件或文件夹的快捷方式

如果某个文件存储在磁盘上层次比较深的文件夹中，要打开这个文件需要层层打开文件夹，找到这个文件再打开，操作过程非常繁琐。我们可以建立这个文件的快捷方式，把快捷方式放在方便触及的位置，简化打开的过程，提高工作效率。

快捷方式是对计算机或网络上任何可访问的项目（如程序、文件、文件夹、磁盘驱动器、网页、打印机或者另一台计算机等）的链接。可以将快捷方式图标放置在任何位置，如桌面、"开始"菜单或者其他文件夹中。

各种快捷方式图标都有一个共同的特点，即在其左下角有一个较小的跳转箭头。双击快捷方式图标，将迅速打开它指向的对象。

某个快捷方式建立后，可以重新命名，也可以用鼠标拖动或使用"剪贴板"将它们移动或复制到任意指定的位置。当某个快捷方式不再需要时，可将其删除，删除后它所指向的对象仍存在于磁盘中。

下面介绍在两种不同位置创建快捷方式的方法。

（1）在同文件夹中创建快捷方式

①打开 Windows 资源管理器。

②选定要创建快捷方式的对象，如程序、文件、文件夹、打印机或磁盘等。

③在"文件"菜单中，选择"创建快捷方式"命令；或者用鼠标右击该对象，在弹出的快捷菜单中选择"创建快捷方式"命令，系统会在当前位置创建该对象的快捷方式。

（2）在桌面上创建快捷方式

方法 1：右击要创建快捷方式的对象，在快捷菜单中选择"发送到"→"桌面快捷方式"命令。

方法 2：把在同文件夹中创建的快捷方式图标拖动到桌面上。

方法 3：用鼠标右键将对象拖动到桌面上，然后在快捷菜单中选择"在当前位置创建快捷方式"命令。

13. 库的操作

用户可以建立自己的库，并且可以向库中添加文件夹，删除、重命名已存在的库。

（1）库的建立

例如，要把图 2-40 中属于三个人的文件夹里的所有录像、照片、音乐等集中在一起管理，先建立一个库。建立库的方法如下：

①打开"计算机"窗口，单击左窗格的"库"，右窗格显示出目前存在的库。

②在右窗格的空白处右击，在快捷菜单中选择"新建"→"库"命令。

③右窗口出现新建的库，重命名为"家庭音像资料"。

（2）在库中添加要管理的文件夹

刚才建立的库是空的，可以把图 2-40 中三个人的照片、音乐、舞蹈等文件夹都集中到"家庭音像资料"库中进行管理。操作方法如下：

①找到 D 盘上的"杨轶群"文件夹，如图 2-40 所示。右击此文件夹，在弹出的快捷菜单中选择"包含到库中"→"家庭音像资料"命令。这样"杨轶群"文件夹以及其中的子文件夹、文件就包含在"家庭音像资料"库中了。

②重复以上步骤，可以把另外两个文件夹包含在"家庭音像资料"库中。

图 2-40　照片文件夹

③单击左窗格中的"家庭音像资料"库，即可看到库中同时显示了上述三个被包含的文件夹，如图 2-41 所示。

（3）使用库管理文件和文件夹

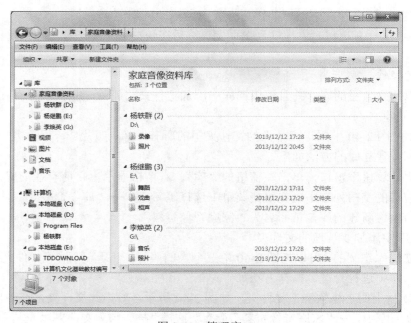

图 2-41　管理窗口

管理库中的文件和文件夹，如同在文件夹中一样可以进行复制、移动、删除、重命名等操作，需要注意的是：

①"家庭音像资料"库包含了"D:\杨轶群"、"E:\杨继鹏"、"G:\李焕英"三个文件夹,需要的时候可以把任何一个文件夹从库中删除,但是这种删除仅仅是解除了库对该文件夹的包含关系,并不能在磁盘上物理删除相应文件夹。

假定要解除"李焕英"文件夹与"家庭音像资料"库的包含关系,操作方法是:右击图2-41 中左窗格中"家庭音像资料"库下的"李焕英"文件夹,在快捷菜单中选择"从库中删除位置"命令即可。

②在图 2-41 的右窗格中看到被包含的"杨轶群"文件夹里还有"录像"文件夹,如果在库中删除这个文件夹,则是真正删除 D 盘"杨轶群"文件夹里面的"录像"文件夹。删除的文件或文件夹放在"回收站"中,如果是误删,还可以还原到原来位置。

要注意真正删除文件或文件夹与解除包含关系的不同。

③如果某个文件夹被包含在库中,将来即使不打开库窗口,只在该文件夹中删除、重命名文件,也等于把库中的文件进行了同样的操作,即二者的操作是同步的。

（4）库的重命名、删除等操作

对于建立的库,可以进行与文件夹相似的操作,例如删除、重命名、复制等。方法是在如图 2-41 左窗格中的库上右击,在快捷菜单中选择"删除"、"重命名"、"复制"等命令。

2.5　Windows 7 的磁盘管理和维护

磁盘是计算机用于存储数据的硬件设备,包括硬盘和软盘等,计算机中所有的程序和数据都是以文件的形式存放在计算机的磁盘上。在长期的系统和应用程序的运行过程中,会产生一些临时文件信息,虽然在退出应用程序或者正常关机的时候系统会删除这些临时文件,但是由于在使用中会出现误操作或者非正常关机,这些临时文件就会保留在磁盘上。随着临时文件的增加,磁盘上的自由空间会越来越少,造成了计算机运行速度变慢,这时,用户就需要删除这些临时文件。使用磁盘清理程序、碎片整理程序会帮助用户释放磁盘空间,删除临时文件,减少它们占用的系统资源,提高系统性能。

2.5.1　磁盘的属性

磁盘的属性通常包括磁盘的类型、文件系统、空间大小、卷标等常规信息,以及磁盘清理、磁盘碎片整理、备份等处理程序。

查看磁盘属性可以执行如下操作:

打开"计算机",右击某个磁盘,在弹出的快捷菜单中选择"属性"命令,随后出现磁盘属性对话框,单击"常规"选项卡,可以查看磁盘的类型、文件系统、可用空间、已用空间等信息,如图 2-42 所示。在"常规"选项卡中,用户可以在文本框中输入该磁盘的卷标。

在"工具"选项卡中,可以对磁盘进行扫描纠错、碎片整理和备份操作,如图 2-43 所示。在"查错"功能区,单击"开始检查"按钮可检查磁盘驱动器中的错误,并自动修复;在"碎片整理"功能区,单击"立即进行碎片整理"按钮则会对驱动器中的文件进行碎片整理,这样可以提高系统的性能;在"备份"功能区,单击"开始备份"按钮可以制作磁盘的备份,如果以后系统受到破坏,可以把备份恢复成正常系统。

单击"共享"选项卡,可以设置磁盘的共享方式。

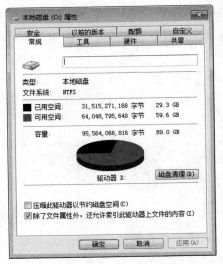

图 2-42　"磁盘属性"的"常规"选项卡

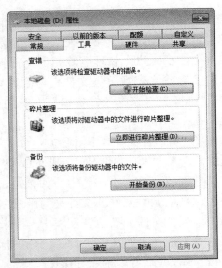

图 2-43　"磁盘属性"的"工具"选项卡

2.5.2　磁盘碎片整理

一般来说，在一个新磁盘中保存文件时，系统会使用连续的磁盘区域来保存文件的内容。但是磁盘经过长时间的使用，由于经常修改、删除文件和文件夹，磁盘上的可用空间夹杂在各个文件和文件夹所占的空间之间，称为磁盘碎片。磁盘碎片在逻辑上是链接起来的，因此不影响磁盘文件的读写操作，但当磁盘碎片大量存在时，会影响读写速度，因而使用一段时间后需要整理磁盘碎片。

执行磁盘碎片整理的操作步骤如下：

方法 1：在图 2-43 中，单击"立即进行碎片整理"按钮，即打开"磁盘碎片整理程序"窗口，如图 2-44 所示。在该窗口中，选择需要整理的驱动器，单击"磁盘碎片整理"按钮，即对选择的磁盘进行碎片整理。

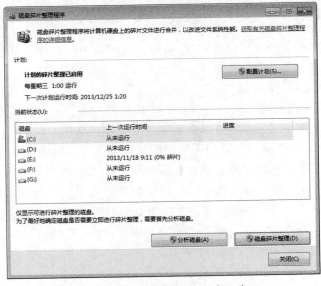

图 2-44　"磁盘碎片整理程序"窗口

　　磁盘碎片整理通常花费很长时间，甚至几小时才能完成，取决于磁盘碎片的大小和多少。在整理过程中，可以随时停止，但不会使得整理工作前功尽弃，以后再整理时可以接着上次继续整理。在整理过程中，仍然可以使用计算机。当整理工作完成后，系统给出一个消息框，报告磁盘碎片整理程序运行的结果。

　　方法 2：单击"开始"按钮，选择"所有程序"→"附件"→"系统工具"→"磁盘碎片整理程序"命令，出现如图 2-44 所示的窗口，下一步就可以对相应的驱动器进行整理。

2.5.3　磁盘清理

　　使用磁盘清理程序可以帮助用户删除临时文件、Internet 缓存文件和可以安全删除不需要的文件，释放磁盘空间，以提高系统性能。

　　执行磁盘清理的操作步骤如下：

　　单击"开始"按钮，选择"所有程序"→"附件"→"系统工具"→"磁盘清理"命令，出现"驱动器选择"对话框，如图 2-45 所示。

　　在该对话框中选择要清理的驱动器，单击"确定"按钮，弹出如图 2-46 所示的对话框，计算可释放的空间。计算完成后，弹出如图 2-47 所示的对话框，选择"磁盘清理"选项卡，在该对话框中列出了可删除的文件类型及其所占用的磁盘空间大小，选择某文件类型前的复选框，在进行清理时即可将其删除；在"占用磁盘空间总数"信息中显示了若删除所选择文件类型后可得到的磁盘空间。按"确定"按钮后弹出"磁盘清理"确认删除对话框，单击"删除文件"按钮，系统开始删除文件。

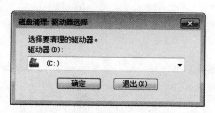

图 2-45　"驱动器选择"对话框

图 2-46　计算可释放空间

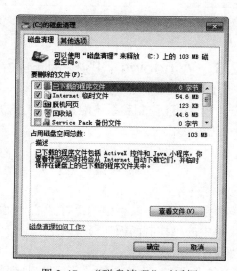

图 2-47　"磁盘清理"对话框

2.5.4 磁盘的格式化

格式化就是将硬盘进行重新规划以便更好地存储文件。格式化会造成数据的全部丢失。

格式化磁盘的操作步骤为：

打开"计算机"窗口，选择要进行格式化的磁盘，单击"文件"菜单，选择"格式化"命令，弹出如图 2-48 所示的"格式化"对话框；或者右击要进行格式化的磁盘，在弹出的快捷菜单中选择"格式化"命令。容量、文件系统、分配单元大小均选择默认值。

如果选中"快速格式化"复选框，可以实现快速格式化磁盘，但这种方式不扫描磁盘的坏扇区而直接从磁盘上删除文件，一般在确认该磁盘没有损坏的情况下才使用该选项。如果不选中该选项，则在格式化磁盘时还将测试磁盘，检查是否有损坏的扇区，并对坏扇区做出标记，以后在使用磁盘时系统不占用这些损坏的空间，以保证磁盘始终能正确保存信息。

单击"开始"按钮将弹出如图 2-49 所示的警告提示，给出最后的选择机会，单击"确定"按钮将真正开始格式化，按"取消"按钮将取消格式化磁盘操作。

图 2-48 "格式化"对话框

图 2-49 "格式化"警告对话框

2.6 Windows 7 的控制面板

"控制面板"是 Windows 7 的功能控制和系统配置中心，它提供了丰富的工具程序，专门用于更改 Windows 外观和行为方式。

2.6.1 控制面板的启动

启动控制面板的方法主要有三种：

方法 1：在"计算机"窗口中，单击工具栏中的"打开控制面板"按钮。

方法 2：选择"开始"菜单中的"控制面板"命令。

方法 3：双击桌面上的"控制面板"图标。

以上方法均可打开如图 2-50 所示的"控制面板"窗口，且缺省为本图所示的"类别"视图方式，这些项目按照类别进行组织。单击项目图标或类别名，可打开该项目，还可直接单击该项目下的任务，打开该任务。单击控制面板窗口的"查看方式"按钮，选择"大图标"、"小图标"，可以看到具体的项目。

图 2-50　"控制面板"窗口

2.6.2　系统和安全

单击图 2-50 所示的"控制面板"窗口中的"系统和安全"链接，打开图 2-51 所示的窗口。该窗口主要对计算机系统及其安全性进行设置，如更改用户账户、还原计算机系统、防火墙设置、设备管理、系统更新、系统备份与还原，以及设置磁盘管理工具等。

图 2-51　"系统和安全"窗口

1．查看计算机的基本信息，更改计算机设置

单击图 2-51 右窗格中的"系统"链接，打开"系统"窗口，如图 2-52 所示，可以查看

Windows 版本、处理器类型、内存容量、操作系统类型、计算机名称、域、工作组等信息。

图 2-52　"系统"窗口

单击图 2-52 中右窗格的"更改设置"按钮，打开如图 2-53 所示的"系统属性"对话框。单击"更改"按钮，打开"计算机名/域更改"对话框，更改计算机名称，设置隶属的域和工作组。单击"网络 ID"按钮可使用向导将计算机加入到域、工作组和家庭组。

图 2-53　"系统属性"对话框

2．自动更新

随着 Windows 系统的规模越来越大，难免会存在一些错误和安全漏洞。自动更新是 Windows 系统的一项重要功能，也是微软公司为用户提供售后服务的最重要手段之一。自动更新服务提供了一种方便快捷地安装补丁程序和更新 Windows 操作系统的方法。用户启用自动更新后，计算机会自动从微软公司的网站上下载补丁程序修补漏洞，使系统变得更安全。

在图 2-51 中右窗格中，单击"启用或禁用自动更新"，打开如图 2-54 所示的窗口。可以根据用户的需要在"重要更新"下拉列表框中选择更新的方式。如果选择了自动安装更新，那么 Windows 会在连接到 Internet 时自动搜索并下载补丁程序，并且以后的安装更新过程也是完全自动完成的。用户也可以选择"从不检查更新"，而通过其他方式安装补丁程序。

图 2-54　Windows 自动更新设置窗口

3. 备份与还原文件

在计算机使用中可能会由于种种原因造成系统文件损坏、硬盘故障等情况，导致 Windows 系统无法正常运行，或者数据文件被破坏、误删。用户可以通过 Windows 系统提供的备份工具创建硬盘上数据的备份，将其存储到某个存储设备上。出现故障后，可以使用还原工具从磁盘上的备份中还原正常的数据。

在图 2-51 中，单击"备份您的计算机"，打开如图 2-55 所示的"备份和还原"窗口。

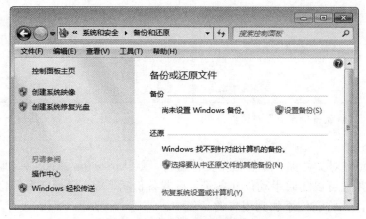

图 2-55　"备份和还原"窗口

（1）系统映像备份

单击图 2-55 中左窗格中的"创建系统映像"链接，弹出查找备份设备的进度指示条。查找完毕，弹出对话框，让用户选择保存系统映像的位置，如图 2-56 所示，假设选择保存在 F 盘上。单击"下一步"按钮，出现如图 2-57 所示的对话框，选择需要保存的驱动器，在相应驱动器前面的复选框中勾选。单击"下一步"按钮，出现"确认备份设置"对话框，如图 2-58 所示，显示刚才设置备份的情况，确定无误后，单击"开始备份"按钮，系统开始备份。在备份过程中，可以看到进度指示条，如图 2-59 所示。备份结束后给出备份完毕信息，并且在 F 盘上创建"WindowsImageBackup"文件夹。

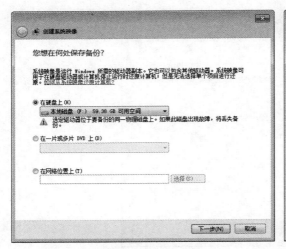

图 2-56　选择保存系统映像的位置

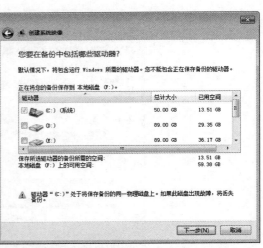

图 2-57　选择需要保存映像的驱动器

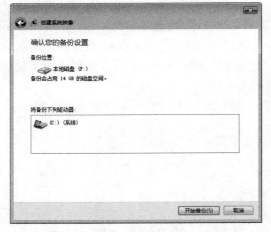

图 2-58　"确认备份设置"对话框

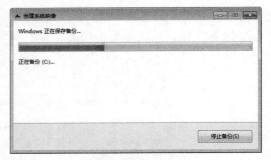

图 2-59　备份进度指示条

（2）文件备份

Windows 7 允许对文件夹、库等数据文件备份，默认情况下，系统将定期创建备份，用户可以更改计划，并且可以随时手动创建备份。设置备份后，Windows 7 系统将跟踪新增或修改的文件或文件夹，并将它们添加到用户的备份中。

创建文件备份的操作步骤为：

如果以前从未使用过 Windows 备份，需要先设置备份情况。在图 2-55 中，选择"设置备份"，出现启动备份对话框，稍等，打开"选择要保存备份的位置"对话框，如图 2-60 所示。选择要保存备份的位置后，按"下一步"按钮，选择"让 Windows 选择"或者"让我选择"，然后按照向导中的步骤操作。用户如果选择"让 Windows 选择"选项，Windows 将备份保存在库、桌面和默认 Windows 文件夹中的数据文件，并且还创建一个系统映像，用于在计算机无法正常工作时将其还原；用户如果选择"让我选择"选项，则用户可以自由选择需要备份的库、文件夹，以及是否在备份中包含系统映像。

图 2-60　"选择要保存备份的位置"对话框

如果以前已经设置了文件备份，现在想更改原来的设置情况，例如要保存备份的位置、需要备份的内容等，则在图 2-55 中，选择"更改设置"。下一步的操作与上面相同。

如果以前设置了文件备份，到时间时系统会自动备份，默认的备份时间是每周日的 19 点，用户可以更改自动备份的时间。用户也可以单击"立即备份"手动创建备份。

注意最好不要将文件备份到安装了 Windows 系统文件的硬盘中，防止因系统故障而损坏备份文件。

（3）从备份还原文件

用户可以还原丢失、受到损坏或意外更改的备份版本的文件，也可以还原个别文件、文件组或者已经备份的所有文件。

从备份还原文件的操作步骤为：

在图 2-51 中，单击"从备份还原文件"，弹出如图 2-61 所示的窗口。如果要还原文件，单击"还原我的文件"按钮；如果要还原所有用户的文件，单击"还原所有用户的文件"。然后弹出"还原文件"对话框，用户可以浏览文件或文件夹，再按照向导中的步骤操作。

若要浏览具体的文件，应单击"浏览文件"按钮，按"浏览文件夹"按钮只能查看文件夹的情况，不能查看具体的文件。

2.6.3　用户账户和安全

Windows 7 允许多个用户登录，不同的用户可以有不同的个性化设置，各用户在使用公共系统资源的同时，可以设置富有个性的工作空间。切换用户账户的时候不需要重新启动计算机，只要在切换用户窗口中更改用户登录，或者在注销中切换即可，不用关闭所有程序就可以快速切换到另一个用户账户。

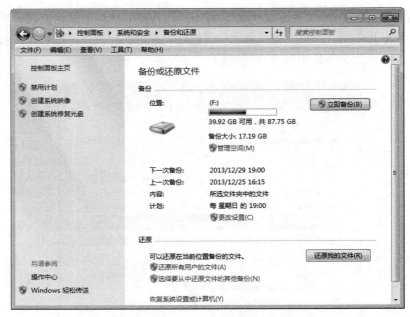

图 2-61 "备份或还原文件"窗口

单击"控制面板"窗口（见图 2-50）中的"用户账户和家庭安全"，得到图 2-62 所示的窗口。

图 2-62 "用户账户和家庭安全"窗口

1. 创建新用户

在图 2-62 中，单击"添加或删除用户账户"链接，打开如图 2-63 所示的"管理账户"窗口，单击"创建一个新账户"，打开如图 2-64 所示的"创建新账户"窗口，输入新账户的名称，设置账户类型为"标准用户"或"管理员"，然后单击"创建账户"按钮，完成新账户创建。

2. 删除用户账户

当某个账户不再需要时，可从图 2-63 所示的窗口中单击要删除的用户，弹出"更改账户"窗口，如图 2-65 所示，单击"删除账户"命令，出现"删除账户"窗口，如图 2-66 所示，在其中选择"删除文件"或者"保留文件"按钮，紧接着弹出"确认删除"窗口，如图 2-67 所示，按下"删除账户"按钮，即可将该账户删除。

图 2-63　"管理账户"窗口

3. 更改用户账户设置

在图 2-65 所示的"更改账户"窗口中，单击"更改账户名称"链接，输入新的账户名称，单击"更改名称"按钮即可。

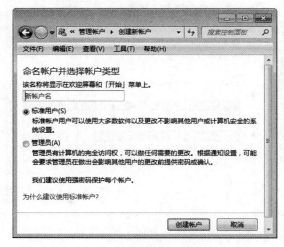

图 2-64　"创建新账户"窗口

图 2-65　"更改账户"窗口

单击"创建密码"，可以为本账户创建密码。如果已经创建了密码，此按钮变为"更改密码"，单击此按钮可以更改新密码。

如果已经创建了密码，单击"删除密码"按钮，会删除密码。

单击"更改图片"按钮，用户可以选择一个新的登录图标。

单击"设置家长控制"按钮，可以限制儿童使用计算机的时段、可以玩的游戏类型以及可以运行的程序。当"家长控制"阻止了对某个游戏或程序的访问时，将显示一个通知声明已阻止该程序。孩子可以单击通知中的链接，请求获得该游戏或程序的访问权限。家长可以通过输入账户信息来允许其访问。若要为孩子设置家长控制，家长需要有一个自己的管理员用户账户。家长控制只能应用于标准用户账户，因此，受家长控制的孩子账户要设置为标准用户账户。

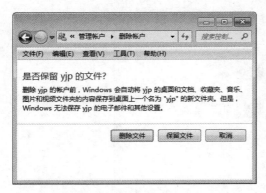

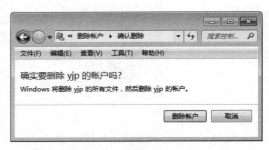

图 2-66 　"删除账户"窗口 　　　　　　　　　　图 2-67 　"确认删除"窗口

设置家长控制的操作步骤为：

在图 2-62 中，单击"为所有用户设置家长控制"按钮；或者在图 2-65 中，单击"设置家长控制"按钮。在弹出的窗口中，选择一个受家长控制的用户账户，弹出如图 2-68 所示的"用户控制"窗口，分别设置孩子账户的时间限制、可以玩的游戏、允许和阻止的特定程序。图 2-69 为"时间限制"窗口。

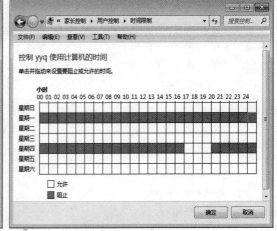

图 2-68 　"用户控制"窗口 　　　　　　　　　　图 2-69 　"时间限制"窗口

2.6.4 　外观和个性化

Windows 7 允许用户通过更改计算机的主题、颜色、声音、桌面背景、屏幕保护程序和字体大小等来对系统进行外观和个性化设置。

单击"控制面板"窗口（见图 2-50）中的"外观和个性化"链接，得到如图 2-70 所示的"外观和个性化"窗口。

1. 更改桌面主题

主题是计算机上的图片、颜色、声音的组合，包括桌面背景、窗口颜色、声音和屏幕保护程序方案。Windows 7 提供了多个主题，能够满足不同用户的喜好。在图 2-70 中，单击"更改主题"链接，弹出如图 2-71 所示的"个性化"窗口，单击喜欢的某个主题即可。

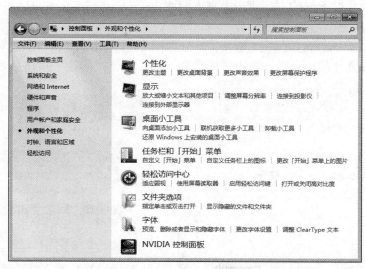

图 2-70　"外观和个性化"窗口

图 2-71　"个性化"窗口

2. 更改桌面背景

在图 2-70 中，单击"更改桌面背景"链接，或者在图 2-71 中，单击"桌面背景"链接，弹出如图 2-72 所示的"桌面背景"窗口。在"图片位置（L）"处单击下拉列表按钮选择要使用图片的文件夹，选中所需图片，单击"保存修改"按钮即可完成设置。若用户要选择自己的图片作为桌面背景，可以单击"浏览"按钮，找到图片所在文件夹，按下"确定"按钮，选中的文件夹下的图片便显示出来，选中需要的图片，再单击"保存修改"按钮即可。

另外还可以在磁盘上找到需要设置为背景的图片，用鼠标右击该图片，在弹出的快捷菜单中选择"设置为桌面背景"命令，可将该图片设置为桌面背景。

单击"图片位置（P）"处的下拉列表按钮，在列表框中选择填充、适应、拉伸、平铺和居中等方式，使图片以不同的方式显示为桌面背景。

3．更改窗口颜色

在图 2-71 中，单击"窗口颜色"链接，打开如图 2-73 所示的"窗口颜色和外观"对话框，在"项目"中选择具体的项目后，再设置颜色和字体，按下"确定"按钮后设置生效。

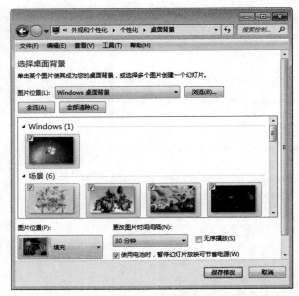

图 2-72　"桌面背景"窗口　　　　　　　　图 2-73　"窗口颜色和外观"对话框

4．更改声音效果

在图 2-70 中，单击"更改声音效果"，或者在图 2-71 中，单击"声音"链接，打开如图 2-74 所示的"声音"对话框，可选择系统提供的声音方案，用户也可以自己创建声音方案。

自己创建声音方案的方法为：选择"程序事件"中的某一事件，再在"声音"下拉列表框中为该事件选择一种声音。为多个事件设置声音后，单击"另存为"按钮，为该方案命名后保存。

5．更改屏幕保护程序

当用户暂时不使用计算机时，可以使用屏幕保护程序将屏幕内容屏蔽掉，保护个人隐私，这样也可以减少耗电，保护显示器。

更改屏幕保护程序的操作步骤为：在图 2-70 中，单击"更改屏幕保护程序"链接，或者在图 2-71 中，单击"屏幕保护程序"链接，弹出如图 2-75 所示的"屏幕保护程序设置"对话框。在"屏幕保护程序"下拉列表框中选择一种样式，在"等待"文本框中输入屏幕保护程序生效的时间，还可以按"预览"按钮预览效果。

6．调整屏幕分辨率

屏幕分辨率指显示器上显示的像素数量，分辨率越高，显示器的像素就越多，屏幕区域就越大，可以显示的内容就越多，反之则越少。

调整屏幕分辨率的操作步骤为：在图 2-70 中，单击"显示"下的"调整屏幕分辨率"链接；或者在图 2-50 中，单击"外观和个性化"下的"调整屏幕分辨率"链接；或者在桌面空白处右击，在弹出的快捷菜单中选择"屏幕分辨率"，弹出如图 2-76 所示的"屏幕分辨率"窗口。单击"分辨率"下拉列表框，从中选择一种分辨率，单击"确定"按钮完成设置。

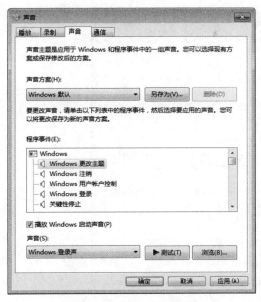

图 2-74 "声音"对话框

图 2-75 "屏幕保护程序设置"对话框

7. 指定文件单击或双击打开

默认情况下，双击打开文件、程序、文件夹，也可以改变为单击打开。单击图 2-70"文件夹选项"下的"指定单击或双击打开"链接，弹出如图 2-77 所示的"文件夹选项"对话框，在"常规"选项卡中，指定打开项目的方式为单击打开或双击打开，单击"确定"按钮即可。

图 2-76 "屏幕分辨率"窗口

图 2-77 "文件夹选项"对话框

2.6.5　硬件和声音

单击"控制面板"窗口（见图 2-50）中的"硬件和声音"链接，得到如图 2-78 所示的"硬件和声音"窗口。该窗口主要完成添加设备和对打印机、声音、电源、显示等主要设备的管理。

图 2-78　"硬件和声音"窗口

1．设备管理器

使用设备管理器可以查看和更改设备属性，安装和更新硬件设备的驱动程序，配置设备和卸载设备。所有设备都通过一个称为"设备驱动程序"的软件与 Windows 通信。

设备管理器的打开方法有：

方法 1：在图 2-78 中，单击"设备和打印机"下的"设备管理器"链接，弹出如 2-79 所示的"设备管理器"窗口。

方法 2：在图 2-51 中，单击"系统"下的"设备管理器"链接。

方法 3：右击桌面上的"计算机"图标，在弹出的快捷菜单中选择"属性"命令，弹出如图 2-52 所示的"系统"窗口，在左窗格中单击"设备管理器"链接。

（1）查看设备信息

使用设备管理器，可以看到硬件配置的详细信息，包括其状态、正在使用的驱动程序及其他信息。单击某类设备前面的三角符号，会展开显示此类型下的设备。右击要查看的设备，在弹出的快捷菜单中选择"属性"命令，在"常规"选项卡上，"设备状态"区域显示该设备当前所处状态的描述。在"驱动程序"选项卡上，显示已经安装的驱动程序的信息，单击"驱动程序详细信息"按钮，可以查看更详细的驱动程序信息。

图 2-79　"设备管理器"窗口

设备管理器中有些设备前面有红色的叉号，表示该设备已被停用；黄色的问号表示该硬件未能被操作系统识别；黄色的感叹号表示该硬件未安装驱动程序或者驱动程序安装不正确。

（2）安装设备及其驱动程序

当插入即插即用设备时，Windows 7 系统会自动为此设备安装驱动程序。它首先检查驱动程序存储处，在这里包含了大量的预先安装的设备驱动程序，如果在这里没有发现，并且计算机已连接到 Internet，它将检查 Windows Update 站点，查看是否有该设备的驱动程序。如果有，将下载并安装驱动程序。

如果安装了非即插即用设备，将会弹出如图 2-80 所示的对话框，提示找不到此设备的驱动程序，并且在图 2-79 中显示未知设备，用黄色叹号标识出来。

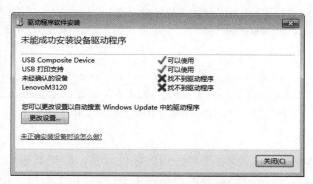

图 2-80　"未能成功安装设备驱动程序"对话框

在图 2-79 所示的未知设备上右击，在弹出的快捷菜单中选择"更新驱动程序软件"，弹出如图 2-81 所示的"更新驱动程序软件"对话框。如果选择"自动搜索更新的驱动程序软件"，将在计算机和 Internet 上查找相关设备的最新驱动软件；如果选择"浏览计算机以查找驱动程序软件"，会弹出如图 2-82 所示的"浏览计算机上的驱动程序文件"对话框，可以按"浏览"按钮，选择硬件设备驱动程序文件存放的路径。也可以选择"从计算机的设备驱动程序列表中选择"选项进行驱动程序安装。单击"下一步"按钮，再按照安装向导操作即可。

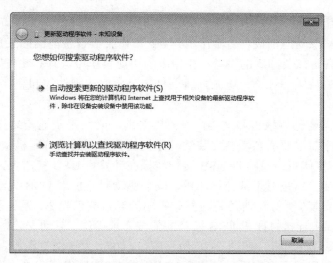

图 2-81　"更新驱动程序软件"对话框

如果知道要安装的硬件的类型和型号，并想从设备列表中选择该设备，可以选择"从计算机的设备驱动程序列表中选择"选项。

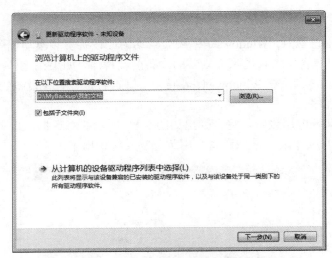

图 2-82　"浏览计算机上的驱动程序文件"对话框

（3）卸载硬件设备

对于安装错误的驱动程序，或者不再使用的硬件设备，应把其驱动程序卸载，

卸载即插即用设备，只需将要卸载的设备从 USB 接口拔下即可。但是尽量不要直接拔下该设备，应该按下"任务栏"通知区域中的"安全删除硬件并弹出媒体"按钮，从弹出的菜单中选择"弹出 Flash Disk"命令，如图 2-83 所示。接着出现如图 2-84 所示的"安全地移除硬件"对话框，然后可以拔下该设备。

图 2-83　安全删除硬件并弹出媒体菜单

图 2-84　"安全移除硬件"提示框

卸载非即插即用设备，首先要在图 2-79 所示的"设备管理器"窗口卸载对应的驱动程序，然后再从计算机中移除对应的硬件。操作步骤为：单击某类设备前面的三角符号，会展开显示此类型下的设备。右击需要卸载的设备，在弹出的快捷菜单中选择"卸载"命令，即可将硬件的驱动程序卸载，最后关闭计算机电源，将硬件拔除，完成硬件的卸载。

2．添加打印机

许多应用程序需要打印报告和文档，在打印之前，必须正确地安装打印机驱动程序。在安装打印机驱动程序前，要清楚需要安装的打印机的生产厂商及打印机型号。

对于 USB 接口打印机，直接将 USB 接口线插在计算机 USB 接口上，打印机驱动基本上就会自动识别并安装。但是对于部分打印机，安装驱动时会出现 USB 无法被识别的情况，进而导致打印机驱动安装失败。这时可将将打印机驱动光盘放入光驱，运行驱动安装程序。在此过程中，如果程序要求连接打印机 USB 接口的就按要求操作。驱动安装完成后，重启计算机。

对于非 USB 接口打印机，在图 2-78 所示窗口，单击"添加打印机"链接，出现图 2-85 所示的选择打印机类型对话框，系统可以添加本地非 USB 接口打印机，也可以添加网络或蓝牙打印机。选择"添加本地打印机"选项，出现如图 2-86 所示的"选择打印机端口"对话框，在"使用现有的端口"选项选择一种打印端口，例如 LPT1：（打印机端口），按"下一步"按钮，出现如图 2-87 所示的"安装打印机驱动程序"对话框。

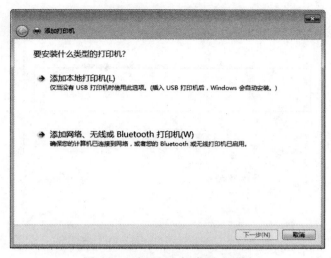

图 2-85　选择打印机类型对话框

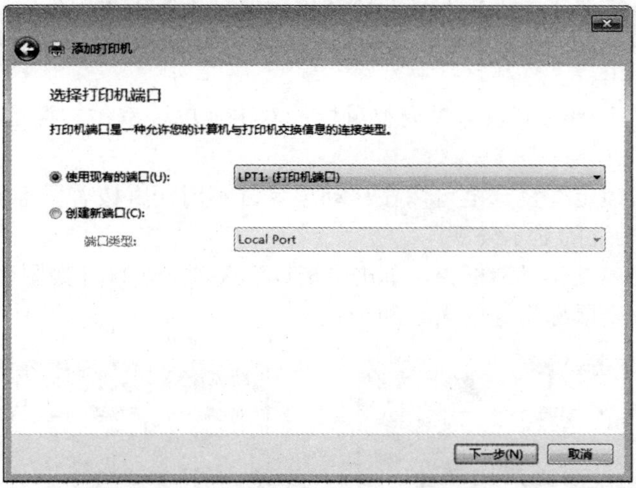

图 2-86　"选择打印机端口"对话框

　　在左窗格中选择打印机的生产厂商，右窗格会自动显示该生产厂商所有型号打印机，选择需要安装的打印机型号。如果 Windows 7 没有提供该型号的打印机驱动程序，可以按"从磁盘安装"按钮，再按提示操作。在图 2-87 中，按"下一步"按钮，提示用户输入打印机名称，默认打印机名称，按"下一步"按钮，系统开始安装该型号打印机驱动程序。安装完毕，提示是否共享该打印机。选择完毕，提示是否打印测试页，以测试打印机是否正常工作。按"完成"按钮完成打印机的驱动程序安装。

　　安装打印机驱动程序，并不一定需要把打印机连接在计算机上，可以仅安装其驱动程序。

　　3. 鼠标的设置

　　在 Windows 操作中，离开鼠标几乎寸步难行，用户可以根据个人的喜好、习惯设置鼠标。

　　在图 2-78"硬件和声音"窗口中，单击"鼠标"链接，打开如图 2-88 所示的"鼠标属性"对话框。

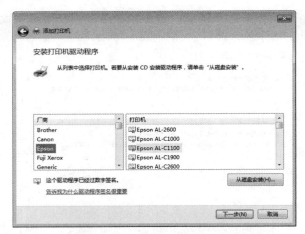

图 2-87 "安装打印机驱动程序"对话框

（1）鼠标的设定

默认情况下，左键为主要键，右键为次要键，适合于右手型用户。在图 2-88 所示的"鼠标键"选项卡中，选中"切换主要和次要的按钮"复选框可以切换左键为次要键、右键为主要键，以适合于左手型用户。

拖动"双击速度"中的滑块可以调整鼠标的双击速度，双击右面的文件夹图标可以检验设置的速度。

选中"启用单击锁定"复选框可以在移动项目时不用一直按着鼠标键就可实现。

（2）设置鼠标指针的显示外观

在图 2-88 "鼠标属性"对话框中，单击"指针"选项卡，打开如图 2-89 所示鼠标"指针"对话框，用户可以改变鼠标指针的大小和形状。

图 2-88 "鼠标属性"对话框

图 2-89 鼠标"指针"对话框

操作步骤为：在"方案"下拉列表框中选择一种系统自带的指针方案，然后在"自定义"列表框中，选中要选择的鼠标样式，单击"浏览"按钮，打开"浏览"对话框，选择一种喜欢的鼠标指针样式，单击"打开"按钮，即可将所选样式应用到所选鼠标指针方案中。单击"确定"按钮使设置生效。

（3）设置鼠标的移动方式

在图 2-88 "鼠标属性"对话框中，单击"指针选项"选项卡，出现如图 2-90 所示鼠标"指针选项"对话框，用户可以设置鼠标的移动方式。

在"移动"区域内，可以拖动滑块调整鼠标指针移动的速度。

选中"自动将指针移动到对话框中的默认按钮"复选框，则在打开对话框时，鼠标指针会自动放在默认按钮上。选中"显示指针轨迹"复选框，在移动鼠标时会显示指针的移动轨迹，拖动滑块可调整轨迹的长短。

4. 声音的设置

在图 2-78 "硬件和声音"窗口中，单击"调整系统音量"链接，打开如图 2-91 所示的"音量合成器"对话框，其中"设备"控制着系统的主音量，系统声音或其他如千千静听、视频播放的声音均可分别调节，做到在不同的系统中使用不同的音量。这一特征改变了以前 Windows 版本中音量的统一控制，更具个性化。

图 2-90　鼠标"指针选项"对话框

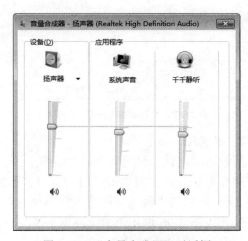

图 2-91　"音量合成器"对话框

2.6.6　时钟、语言和区域

单击"控制面板"窗口（见图 2-50）中的"时钟、语言和区域"链接，打开图 2-92 所示的"时钟、语言和区域"窗口，可以设置时间和日期，更改语言、输入法和键盘布局等。

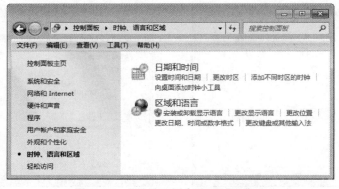

图 2-92　"时钟、语言和区域"窗口

1．设置日期和时间

单击图 2-92 中的"设置时间和日期"链接，打开如图 2-93 所示的"日期和时间"对话框。在"日期和时间"选项卡中，单击"更改日期和时间"按钮，打开如图 2-94 所示的"日期和时间设置"对话框，用户可以修改日期和时间。

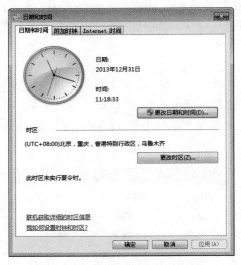

图 2-93　"日期和时间"对话框　　　　图 2-94　"日期和时间设置"对话框

2．设置输入法

用户可以对输入法进行相关的设置。

操作方法为：在图 2-92"时钟、语言和区域"窗口单击"更改键盘或其他输入法"，打开如图 2-95 所示的"区域和语言"对话框，在"键盘和语言"选项卡中，单击"更改键盘"按钮，打开如图 2-96 所示的"文本服务和输入语言"对话框，在"常规"选项卡中即可对输入法进行添加、删除等操作。

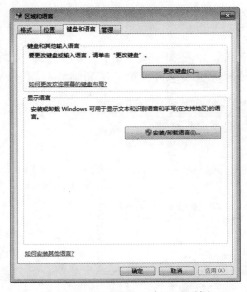

图 2-95　"区域和语言"对话框　　　　图 2-96　"文本服务和输入语言"对话框

3．设置桌面小工具

Windows 7 中包含称为"小工具"的小程序，这些小程序可以提供即时信息以及可轻松访问常用工具的途径。

打开"小工具"窗口的方法为：

单击图 2-70"外观和个性化"窗口中的"向桌面添加小工具"链接；或者单击图 2-92"时钟、语言和区域"窗口的"向桌面添加时钟小工具"；或者在桌面空白处右击，在弹出的快捷菜单中选择"小工具"命令，打开如图 2-97 所示的"小工具"窗口。

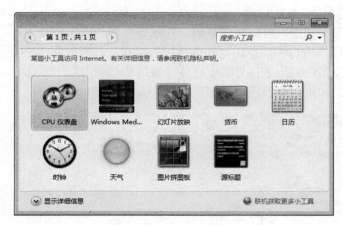

图 2-97　"小工具"窗口

用户双击窗口中的小工具图标，即可在桌面添加相应的小工具。例如双击时钟图标，在桌面上会出现一个时钟。

如果鼠标指向桌面小工具，则在其右上角附近出现"关闭"按钮和"选项"按钮。单击"关闭"按钮可删除桌面小工具。

2.6.7　程序

用户使用计算机的主要目的之一就是在计算机上运行各种程序。单击"控制面板"窗口（见图 2-50）中的"程序"，打开如图 2-98 所示的"程序"窗口。

图 2-98　"程序"窗口

1. 安装应用程序

对于需要安装的软件，可以运行安装文件进行安装。安装文件的名字一般为 setup、install 等。找到安装程序所在的位置并双击安装程序即可安装。

在程序安装过程中，可能会出现一个选择是否同意接受软件许可协议条款的选项，选择同意接受软件许可协议条款，才能单击"下一步"按钮继续安装。还可能需要用户提供产品密钥、设置安装路径等，用户只需要按照提示信息操作便可完成安装。有些应用程序安装完毕，需要重新启动计算机才能生效。也有不用安装便可直接运行应用的程序，称为"绿色软件"。

2. 卸载应用程序

如果不再使用某个程序，可以从计算机上卸载该程序。操作步骤为：

在图 2-98"程序"窗口中，单击"卸载程序"链接，打开如图 2-99 所示的"卸载或更改程序"窗口。在该窗口中列出了计算机中已经安装的全部应用程序，选择需要卸载的程序后，单击"卸载"按钮，即可卸载该应用程序。

图 2-99　"卸载或更改程序"窗口

除了卸载选项外，某些程序还包含更改或修复程序选项，但许多程序只提供卸载选项。若要更改程序，单击"更改"或"修复"。

有的应用程序安装后自带了卸载程序，这时可以在"开始"菜单→"所有程序"中找到该卸载程序，运行后卸载该应用程序。用户应尽量使用应用程序自带的卸载程序卸载。

3. 打开或关闭 Windows 功能

Windows 附带的某些程序和功能必须打开才能使用。多数程序安装后自动处于打开状态，有一些则处于关闭状态，这两种状态可以互换。例如，用户不希望别人用自己的计算机玩 Windows 7 系统自带的一些游戏，可以将其关闭。

在 Windows 的早期版本中，要关闭某个功能，必须将其从计算机上卸载。在 Windows 7 中，只能将其关闭，不能将其卸载，关闭后，这些功能仍存储在硬盘上，需要时可以重新打开它们。

操作方法如下：

在图 2-98"程序"窗口中，单击"打开或关闭 Windows 功能"，打开如图 2-100 所示的

"Windows 功能"窗口。若要打开某个 Windows 功能，则选中该功能左侧的复选框；若要关闭某个 Windows 功能，清除该复选框，单击"确定"按钮后即可生效。例如，取消"游戏"组件左边的复选框后，在"开始"菜单中，"游戏"中的内容为空。

图 2-100　"Windows 功能"窗口

第 3 章　Word 2010 中文字处理

3.1　Office 2010 概述

Office 2010 概述

从 WordStar 到 Office 组件，微软系列办公软件的发展历经了二十多个年头，有效提高了办公效率。微软系列办公软件的发展历程如下：

1979 年 Micro Pro 公司推出字处理软件的先锋产品 WordStar，立即以它强大的文字编辑功能征服了用户。同年秋天，VisiCale 电子表格软件上市。由于 WordStar 的普及和推广，大大的提高办公效率，促进全世界的办公文秘人员的办公自动化进程。也就在这一年，微软从 WordStar 身上看到了字处理软件所拥有的广阔市场，比尔·盖茨将微软开发的这款字处理软件命名为 Microsoft Word，开始了字处理软件的市场争夺，电子表格软件 Lotus 1-2-3 发布。

1990 年微软公司完成了 Word 1.0 版本开发，成为文字处理软件销售的市场主导产品。

1993 年微软又把 Word 6.0 和 Excel 5.0 集成在 Office 4.0 套装软件内，使其能相互共享数据，极大地方便了用户的使用。它具有的功能包括：所见即所得、直观的操作界面、多媒体混排、强大的制表功能、丰富的帮助功能、强大的打印功能。

1999 年 Microsoft Office 2000 中文版正式发布。这个版本全面面向 Internet 设计，强化了 Web 工作方式，运用了突破性的智能化中文处理技术，是第三代办公处理软件的代表产品。

2003 年 Microsoft Office 2003 在北京正式发布。这次微软提出了新的叫法，即微软办公系列。严格的说 Office 2003 只是办公系列的核心内容，除此之外还包括 2003 版本的 Visio、FrontPage、Publisher 和 Project 等。

2010 年 Microsoft Office 2010，是微软推出新一代办公软件，Office 2010可支持 32 位和 64 位 vista 及 Windows 7，仅支持 32 位 Windows XP，不支持 64 位 XP。

Office 2010所包括的全部家庭成员则有：Microsoft Access 2010，Microsoft Word 2010，Microsoft Excel 2010，Microsoft Outlook 2010，Microsoft PowerPoint 2010，Microsoft Publisher 2010，Microsoft SharePoint Workspace 2010 和 Office Communicator 2010 等。

3.2　Word 2010 概述

3.2.1　字处理软件的发展

Word 2010 是微软开发的 Office 2010 办公组件之一，主要用于文字处理工作。Word 主要版本有：1989 年推出的 Word 1.0 版、1992 年推出的 Word 2.0 版、1994 年推出的 Word 6.0 版、1995 年推出的 Word 95 版、1997 年推出的 Word 97 版、2000 年推出的 Word 2000 版、2002 年推出的 Word XP 版、2003 年推出的 Word 2003 版、2007 年推出的 Word 2007 版、2010 年推出

的 Word 2010、2013 年推出的 Word 2013 版是最新版本（于 2013 年 1 月 26 日上市）。

Microsoft Word 2010 是当前的主流版本，它提供了世界上最出色的功能，其增强后的功能可创建专业水准的文档，可以更加轻松地与他人协同工作并可在任何地点访问用户的文件。

Word 2010 旨在提供优秀的文档格式设置工具，利用它可以更轻松、高效地组织和编写文档，并使这些文档唾手可得，无论何时何地灵感迸发，都可捕获这些灵感。

3.2.2　Word 2010 的功能

Word 2010 是微软办公系列套件中重要的组件。Word 2010 运行在 Windows 操作系统之下，是目前功能最强大的文字处理软件之一。其新增功能有如下 10 种：

1．发现改进的搜索与导航体验

在 Word 2010 中，可以更加迅速、轻松地查找所需的信息。利用改进的新"查找"体验，可以在单个窗格中查看搜索结果的摘要，并单击以访问任何单独的结果。改进的导航窗格会提供文档的直观大纲，以便于对所需的内容进行快速浏览、排序和查找。

2．与他人协同工作，而不必排队等候

Word 2010 重新定义了人们可针对某个文档协同工作的方式。利用共同创作功能，可以在编辑论文的同时，与他人分享自己的观点。也可以查看正与用户一起创作文档的他人的状态，并在不退出 Word 的情况下轻松发起会话。

3．几乎可从任何位置访问和共享文档

在线发布文档，然后通过任何一台计算机或 Windows 电话对文档进行访问、查看和编辑。借助 Word 2010，可以从多个位置使用多种设备尽情体会非凡的文档操作过程。

Microsoft 2010 Word Web App。当用户离开办公室、出门在外或离开学校时，可利用 Web 浏览器来编辑文档，同时不影响用户查看体验的质量。

Microsoft Word Mobile 2010。利用专门适合于用户 Windows 电话的移动版本的增强型 Word，保持更新并在必要时立即采取行动。

4．向文本添加视觉效果

利用 Word 2010，可以像应用粗体和下划线那样，将诸如阴影、凹凸效果、发光、映像等格式效果轻松应用到文档文本中。可以对使用了可视化效果的文本执行拼写检查，并将文本效果添加到段落样式中。现在可将很多用于图像的相同效果同时用于文本和形状中，从而使用户能够无缝地协调全部内容。

5．将文本转换为醒目的图表

Word 2010 提供了使文档增加视觉效果的更多选项。从众多的附加 SmartArt 图形中进行选择，从而只需键入项目符号列表，即可构建精彩的图表。使用 SmartArt 可将基本的要点句文本转换为引人入胜的视觉画面，以更好地表达用户的观点。

6．为文档增加视觉冲击力

利用 Word 2010 中提供的新型图片编辑工具，可在不使用其他照片编辑软件的情况下，添加特殊的图片效果。可以利用色彩饱和度和色温控件来轻松调整图片。还可以利用所提供的改进工具来更轻松、精确地对图像进行裁剪和更正，从而有助于用户将一个简单的文档转化为一件艺术作品。

7．恢复用户认为已丢失的工作

在某个文档上工作片刻之后，如果用户在未保存该文档的情况下意外地将其关闭，没有关系。利用 Word 2010，可以像打开任何文件那样轻松地恢复最近所编辑文件的草稿版本，即使用户从未保存过该文档也是如此。

8. 跨越沟通障碍

Word 2010 有助于用户跨不同语言进行有效地工作和交流。比以往更轻松地翻译某个单词、词组或文档。针对屏幕提示、帮助内容和显示，分别对语言进行不同的设置。利用英语文本到语音转换播放功能，为以英语为第二语言的用户提供更多帮助。

9. 将屏幕截图插入到文档

直接从 Word 2010 中捕获和插入屏幕截图，以快速、轻松地将视觉插图纳入到用户的文档中。如果使用已启用 Tablet 的设备（如 Tablet PC-平板电脑 或 wacom tablet-数位板），则经过改进的工具使设置墨迹格式与设置形状格式一样轻松。

10. 利用增强的用户体验完成更多工作

Word 2010 可简化功能的访问方式。新的 Microsoft Office Backstage 视图将替代传统的"文件"菜单，用户只需单击几次鼠标即可保存、共享、打印和发布文档。利用改进的功能区，可以更快速地访问常用命令，方法为：自定义选项卡或创建用户自己的选项卡，从而使用户的工作风格体现出用户的个性化经验。

3.2.3　Word 2010 的启动和退出

1. 启动 Word 2010

启动 Word 2010 一般常用以下两种方法：

（1）利用菜单方式

单击任务栏中的"开始"按钮，选择"所有程序"菜单的下级菜单"Microsoft Office"下的"Microsoft Word 2010"程序项，启动 Word 2010。

（2）利用快捷图标方式

利用建立快捷方式，在桌面上建立 Word 图标，然后双击该图标即可启动 Word 2010。

2. 退出 Word 2010

退出 Word 2010 可采用下列方法之一：

①在"文件"菜单中执行"退出"命令。

②直接按 Alt＋F4 组合键。

③双击 Word 2010 工作窗口左上角的 图标。

④双击 Word 2010 工作窗口右上角的关闭按钮（"X"）。

如果在退出 Word 2010 之前工作文档还没有存盘，在退出时，系统将弹出一个对话框（如图 3-1），询问是否保存该文档，用户可根据需要选择。

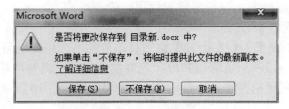

图 3-1　退出保存对话框

3.2.4　Word 2010 的窗口组成

Word 2010 启动后，出现在我们面前的是 Word 2010 的窗口，它由标题栏、菜单栏、工具栏、标尺、编辑区、滚动条、状态栏等组成，如图 3-2 所示。

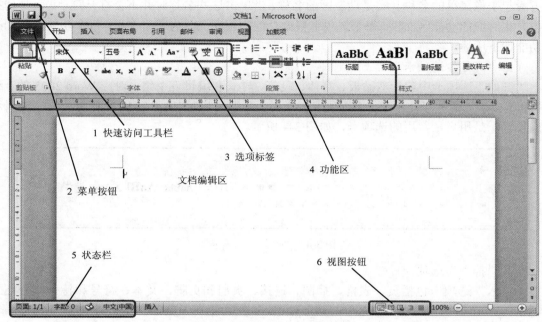

图 3-2　Word 2010 窗口的组成

1．快速访问工具栏

Word 2010文档窗口中的"快速访问工具栏"用于放置命令按钮，使用户快速启动经常使用的命令。默认情况下，"快速访问工具栏"中只有数量较少的命令，用户可以根据需要添加多个自定义命令。

2．标题栏

显示当前文档的名字。上图是一个新文档。所以看到的是系统缺省建立的"文档1"文件名。

3．文件菜单按钮

相对于Word 2007的Office 按钮，Word 2010中的"文件"按钮更有利于Word 2003用户快速迁移到 Word 2010。"文件"按钮是一个类似于菜单的按钮，位于 Word 2010 窗口左上角。单击"文件"按钮可以打开"文件"面板，包含"信息"、"最近"、"新建"、"打印"、"共享"、"打开"、"关闭"、"保存"等常用命令，如图 3-3 所示。

4．选项标签

它与其他软件中的"菜单"作用相同。Word 2010 的选项标签包含八个选项。单击选项，可以弹出功能区。

5．功能区

工作时需要用到的命令位于此处。它与其他软件中的"菜单命

图 3-3　文件菜单按钮

令选项"或"工具栏"作用相同。

Microsoft Word 从 Word 2007 升级到 Word 2010，其最显著的变化就是使用"文件"按钮代替了 Word 2007 中的 Office 按钮，使用户更容易从 Word 2003 和 Word 2000 等旧版本中转移。另外，Word 2010 同样取消了传统的菜单操作方式，而代之于各种功能区。在 Word 2010 窗口上方看起来像菜单的名称其实是功能区的名称，当单击这些名称时并不会打开菜单，而是切换到与之相对应的功能区面板。每个选项卡根据功能的不同又分为若干个组，每个功能区所拥有的功能如下所述：

（1）"开始"选项卡

"开始"选项卡中包括剪贴板、字体、段落、样式和编辑五个组，对应 Word 2003 的"编辑"和"段落"菜单部分命令。该选项卡主要用于帮助用户对 Word 2010 文档进行文字编辑和格式设置，是用户最常用的选项卡，如图 3-4 所示。

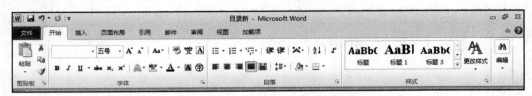

图 3-4　"开始"选项卡

（2）"插入"选项卡

"插入"选项卡包括页、表格、插图、链接、页眉和页脚、文本、符号和特殊符号几个组，对应 Word 2003 中"插入"菜单的部分命令，主要用于在 Word 2010 文档中插入各种元素，如图 3-5 所示。

图 3-5　"插入"选项卡

（3）"页面布局"选项卡

"页面布局"选项卡包括主题、页面设置、稿纸、页面背景、段落、排列几个组，对应 Word 2003 的"页面设置"菜单命令和"段落"菜单中的部分命令，用于帮助用户设置 Word 2010 文档页面样式，如图 3-6 所示。

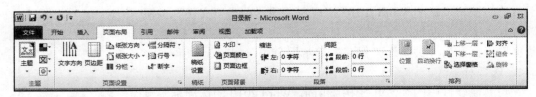

图 3-6　"页面布局"选项卡

（4）"引用"选项卡

"引用"选项卡包括目录、脚注、引文与书目、题注、索引和引文目录几个组，用于实现在 Word 2010 文档中插入目录等比较高级的功能，如图 3-7 所示。

图 3-7　"引用"选项卡

（5）"邮件"选项卡

"邮件"选项卡包括创建、开始邮件合并、编写和插入域、预览结果和完成几个组，该功能区的作用比较专一，专门用于在 Word 2010 文档中进行邮件合并方面的操作，如图 3-8 所示。

图 3-8　"邮件"选项卡

（6）"审阅"选项卡

"审阅"选项卡包括校对、语言、中文简繁转换、批注、修订、更改、比较和保护几个组，主要用于对 Word 2010 文档进行校对和修订等操作，适用于多人协作处理 Word 2010 长文档，如图 3-9 所示。

图 3-9　"审阅"选项卡

（7）"视图"选项卡

"视图"选项卡包括文档视图、显示、显示比例、窗口和宏几个组，主要用于帮助用户设置 Word 2010 操作窗口的视图类型，以方便操作，如图 3-10 所示。

图 3-10　"视图"选项卡

（8）"加载项"选项卡

"加载项"选项卡包括菜单命令一个分组，加载项是可以为 Word 2010 安装的附加属性，如自定义的工具栏或其他命令扩展。"加载项"功能区则可以在 Word 2010 中添加或删除加载项，如图 3-11 所示。

图 3-11　"加载项"选项卡

6. 状态栏

在屏幕底端显示有关执行过程中的选定命令或操作的信息。

7. 视图按钮

Word 2010 中提供了多种视图模式供用户选择，这些视图模式包括"页面视图"、"阅读版式视图"、"Web 版式视图"、"大纲视图"和"草稿视图"等五种视图模式。用户可以在"视图"功能区中选择需要的文档视图模式，也可以在 Word 2010 文档窗口的右下方单击视图按钮选择视图。

3.3　文档的基本操作

3.3.1　创建文档

启动 Word 2010 后，系统自动打开一个名为"文档 1"的空文档，并在标题栏上显示"文档 1－Microsoft Word"，用户可以直接输入内容并进行编辑、设置和排版，文档的实际名字等保存时再根据用户的需要确定。

若已打开 Word 2010，在"文件"菜单下选择"新建"项，在右侧点击"空白文档"按钮如图 3-12，或者使用快捷键 Ctrl＋N，就可以成功创建一个新的空白文档。

图 3-12　新建空白文档

3.3.2　打开文档

在"文件"菜单下点击"打开"按钮，使用 Ctrl＋O 组合键，就可打开一个已创建的文档。

如图 3-13 所示。

在弹出的"打开"对话框中，选择要打开文件的磁盘及路径，单击该文件名后点击"打开"按钮即可。如图 3-14 所示。

图 3-13　文件菜单打开选项　　　　　　　　图 3-14　"打开"对话框

3.3.3　保存文档

1. 保存未命名

在"文件"菜单下单击"另存为"选项，如图 3-15 所示。

在弹出的"另存为"对话框中，选择保存的路径、修改文件名后单击"保存"命令按钮即可，如图 3-16 所示。

图 3-15　"另存为"选项　　　　　　　　图 3-16　"另存为"对话框

2. 保存已命名

保存已命名文档大致有两种方式：

方法一：在"文件"菜单下点击"保存"选项，如图 3-17 所示。

在弹出对话框中选择保存的路径、修改文件名后点击"保存"命令按钮即可。

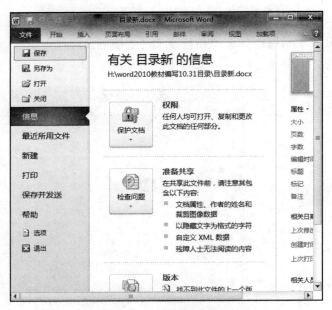

图 3-17　文件菜单保存选项

方法二：直接按快捷键 Ctrl+S，就可以调出上图，之后按照方法一中的操作即可。

3. 保存其他类型

默认情况下，Word 2010 文档类型为"Word 文档"，后缀名是".docx"；系统还可以提供用户选择 Word 2010 以前的版本，如 Word 97-2003 文档，即 2010 版本是向下兼容以往版本的；用户从保存类型下拉列表可以看到系统提供的存储类型是相当多的，有 PDF、XPS、RTF、纯文本、网页等类型。如图 3-18 所示。

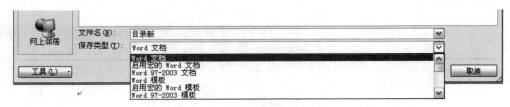

图 3-18　"保存类型"列表

4. 自动保存

Word 2010 默认情况下每隔 10 分钟自动保存一次文件，用户可以根据实际情况设置自动保存时间间隔，操作步骤如下所述：

①打开 Word 2010 窗口，依次单击"文件"菜单下的"选项"命令，如图 3-19 所示。

②在打开的"Word 选项"对话框中切换到"保存"选项卡，在"保存自动恢复信息时间间隔"编辑框中设置合适的数值，并单击"确定"按钮，如图 3-20 所示。

3.3.4　保护文档

在工作中我们会处理许多机密的文档，这就需要用到加密功能。

首先在"文件"菜单中默认打开的"信息"命令面板中，单击"保护文档"按钮，在弹出的选项中选择"用密码进行加密"项，如图 3-21 所示。

图 3-19　文件菜单选项命令

图 3-20　"保存"选项卡

图 3-21　保护文档按钮下的选项

在弹出的"加密文档"窗口中输入密码，如图 3-22 所示。

在下次启动该文档时就会出现图 3-23 中的现象，只有输入密码后才能正常打开。

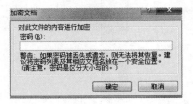

图 3-22   "加密文档"对话框

图 3-23   密码对话框

3.3.5   关闭文档

Word 2010 关闭当前正在编辑的文档，有如下几种方法：

①在"文件"菜单中执行"退出"命令。

②单击文档编辑窗右上角的关闭（"X"）按钮。

③双击 Word 2010 文档窗口菜单栏左面控制按钮。

如果在退出 Word 2010 之前工作文档还没有存盘，在退出时，系统将出现一个对话框，询问是否保存该文档，在对话框中选择"是"，将保存当前文档并退出 Word；选择"否"，将直接退出 Word，不保存当前编辑的文档；选择"取消"，将取消刚才的退出操作，继续进行文档的编辑工作。

3.4   文档的编辑

3.4.1   确定插入点位置

Word 2010 含有"即点即输"功能，即在空白页面插入点的任意位置双击就可以输入文本，Word 2010 会自动在该点与页面起始处插入回车符，使用方便快捷。"即点即输"功能只有在 Web 版式视图和页面视图下才能使用。

插入点的定位有很多种其他方法：

（1）利用鼠标定位

用鼠标在任意位置单击，可将插入点定位在该位置。

（2）使用键盘定位

使用键盘可以方便地定位文档，大大提高工作效率。键盘定位文档的操作很多，表 3-1 就是一些常见的键盘命令及使用方法。

表 3-1   常见键盘命令及用法

键盘命令	可执行的操作
↑ ↓	分别向上、下移动一行
← →	分别向左、右移动一行
PageUp、PageDown	上翻、下翻若干行
Home、End	快速移动到当前行首、行尾
Ctrl＋Home、Ctrl＋End	快速移动到文档开头、文档末尾

键盘命令	可执行的操作
Ctrl＋↑、Ctrl＋↓	在各段落的段首间移动
Shift＋F5	光标移到上次编辑所在位置

（3）使用滚动条定位

可以用鼠标点击垂直滚动条或水平滚动条来上、下、左、右快速移动文档的位置。滚动箭头分别表示上移、下移、左移、右移一行；分别表示上翻、下翻一页；单击垂直滚动条间的浅灰色区域可向上或向下滚动一屏。

3.4.2　文本录入

两种录入状态："插入"和"改写"状态。"插入"状态是指键入的文本将插入到当前光标所在的位置，光标后面的文字将按顺序后移；"改写"状态是指键入的文本把光标后的文字按顺序覆盖掉。打开 Word 2010 文档窗口后，默认的文本输入状态为"插入"状态。

"插入"和"改写"状态的切换可以通过以下两种方法来实现：

①右击状态栏空余处，弹出的快捷菜单—自定义状态栏上的选定或取消"改写"标记，可以在两种方式间切换。

②依次单击"文件"→"选项"按钮，在打开的"Word 选项"对话框中切换到"高级"选项卡，然后在"编辑选项"区域选中"使用改写模式"复选框，并单击"确定"按钮即切换为"改写"模式。如果取消"使用改写模式"复选框并单击"确定"按钮，即切换为"插入"模式。如图 3-24 所示。

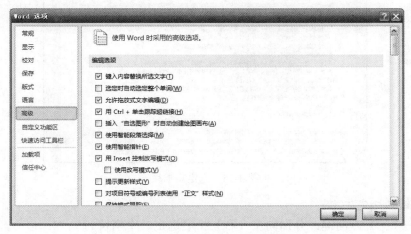

图 3-24　Word "高级" 选项对话框

3.4.3　选定文本

在 Word 工作环境下的一大特点是：首先"选中"，然后操作，即当需要对文档的某一部分进行操作时，首先选定该部分，然后再进行各种操作。选定的文本按反显模式显示—黑底白字而不是标准的白底黑字（如果用的是缺省颜色），或称高亮显示，如图 3-25 所示。选定操作可以通过鼠标、也可以通过键盘实现。

1. 使用鼠标选择文本

用鼠标选择文本的操作方法如表 3-2 所示。

表 3-2　鼠标选择文本的操作方法

选定的范围	使用鼠标操作方法
字或词	双击该字或词
图形	单击图形
小块文本	按动鼠标左键从起始位置拖动到终止位置
大块文本	先用鼠标左键在起始位置单击一下，然后按住 Shift 键的同时，单击文本的终止位置，则之间的文本被选中
一行	鼠标移至页左选定栏，鼠标指针变成向右箭头后单击
一句	按住 Ctrl 键的同时，单击句中的任意位置
一段	鼠标移至页左选定栏，鼠标指针变成向右箭头后双击，或在段落内的任意位置快速三击
整篇文档	鼠标移至页左选定栏，鼠标指针变成向右的箭头，快速三击；或鼠标移至页左选定栏，按住 Ctrl 的同时单击鼠标；还可以用 Ctrl＋A 组合键选定整篇文档
矩形块	按住 Alt 键的同时，按住鼠标向下拖动可以纵向选定一矩形块文本
放弃选定	单击编辑窗口的任意处

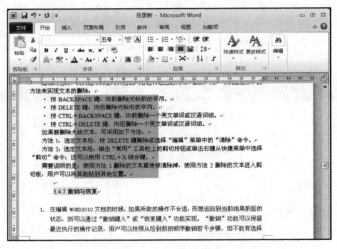

图 3-25　选定矩形块

2. 使用键盘选定文本

Shift＋←（→）方向键：分别向左（右）扩展选定一个字符。

Shift＋↑（↓）方向键：分别由插入点处向上（下）一行扩展选定。

Ctrl＋Shift＋Home：从当前位置扩展选定到文档开头。

Ctrl＋Shift＋End：从当前位置扩展选定到文档结尾。

Ctrl＋A 或 Ctrl＋5（数字小键盘上的数字键 5）：选定整篇文档。

3.4.4　移动文本

在文本编辑过程中，常需移动文本位置。可通过以下方法实现：

1. 使用 Windows 剪贴板

①选取欲移动的范围；

②单击开始功能区上的"剪切"图标按钮，或使用 Ctrl＋X 组合键，剪切的范围会暂存于剪贴板上。

③把鼠标指针在要放置复制内容的位置上单击，即将插入点移至该位置上。

④单击常用工具栏上的"粘贴"按钮，或使用 Ctrl＋V 组合键则暂存在剪贴板上的内容会移动到该位置上。

2. 用拖动鼠标方法

①选取欲移动的范围。

②将鼠标移到被选择的内容处，按下鼠标左键。

③拖动虚线插入点到目标处后，松开鼠标左键。

3.4.5　复制文本

1. 使用 Windows 剪贴板

①选取欲复制的范围。

②单击开始功能区上的"复制"图标按钮，或使用 Ctrl＋C 组合键，则复制的范围会暂存于剪贴板上。

③把鼠标指针在要放置复制内容的位置上单击，即将插入点移至该位置上。

④单击开始功能区中的"粘贴"图标按钮，或使用 Ctrl＋V 组合键暂存于剪贴板上的内容会复制到该位置上。

2. 用拖动鼠标方法

①选取欲复制的范围。

②先按住 Ctrl 键，再将鼠标移到被选择的内容处，按下鼠标左键。

③拖动虚线插入点到目标处后，先松开鼠标左键，再松开 Ctrl 键。

3. 以键盘操作

①将光标停在欲复制内容的起始位置。

②按下 Shift＋方向键，选取要复制的内容。

③按下 Shift＋F2 键，状态栏会出现"复制到何处?"。

④将光标移到目标位置上，再按下 Enter 键即可。

3.4.6　删除文本

编辑文档时，经常需要对文档的内容进行适当的剪切、删改，用户可以通过以下的方法来实现文本的删除：

①按 Backspace 键，向前删除光标前的字符。

②按 Delete 键，向后删除光标后的字符。

③按 Ctrl＋Delete 键，向后删除一个英文单词或汉语词组。

如果要删除大块文本，可采用如下方法：

方法 1：选定文本后，按 Delete 键删除。

方法 2：选定文本后，单击"开始"功能区上的剪切按钮或单击右键从快捷菜单中选择"剪切"命令；还可以使用 Ctrl＋X 组合键。

需要说明的是：使用方法 1 删除的文本直接被清除掉，使用方法 2 删除的文本进入剪切板，用户可以将其粘贴到其他位置。

3.4.7　撤销与恢复

在编辑 Word 2010 文档的时如果所做的操作不合适，而想返回到当前结果前面的状态，则可以通过"撤销"功能实现。"撤销"功能可以保留最近执行的操作记录，用户可以按照从后到前的顺序撤销若干步骤，但不能有选择地撤销不连续的操作。用户可以按下 Crtl+Z 组合键执行撤销操作，也可以单击"快速访问工具栏"（图 3-26）中的"撤销"按钮。

图 3-26　"撤销"按钮

执行撤销操作后，还可以将 Word 2010 文档恢复到最新编辑的状态。当用户执行一次"撤销"操作后，用户可以按下 Ctrl+Y 组合键执行恢复操作，也可以单击"快速访问工具栏"中已经变成可用状态的"恢复"按钮，如图 3-27 所示。

图 3-27　"恢复"按钮

3.4.8　查找与替换

使用 Word 2010 的查找和替换功能，不仅可以查找和替换字符，还可以查找和替换字符格式（例如查找或替换字体、字号、字体颜色等格式），操作步骤如下所述：

①打开 Word 2010 文档窗口，在"开始"选项卡的"编辑"分组中依次单击"查找"→"高级查找"按钮，如图 3-28 所示。

图 3-28　"高级查找"按钮

②在打开的"查找和替换"对话框中单击"更多"按钮，以显示更多的查找选项，如图 3-29 所示。

图 3-29　"更多"按钮

③在"查找内容"编辑框中单击鼠标左键，使光标位于编辑框中。然后单击"查找"区域的"格式"按钮，如图 3-30 所示。

④在打开的格式菜单中单击相应的格式类型（例如"字体"、"段落"等），单击"字体"命令，如图 3-31 所示。

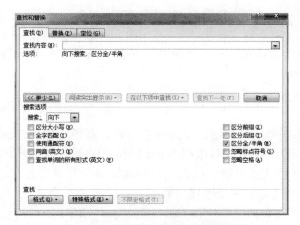

图 3-30　"查找和替换"高级选项

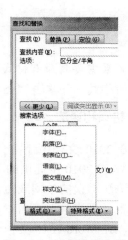

图 3-31　搜索格式选项

⑤打开"查找字体"对话框，可以选择要查找的字体、字号、颜色、加粗、倾斜等选项。选择"加粗"选项，并单击"确定"按钮，如图 3-32 所示。

图 3-32　"查找字体"对话框

⑥返回"查找和替换"对话框，如图3-33所示，单击"查找下一处"按钮将按格式查找。

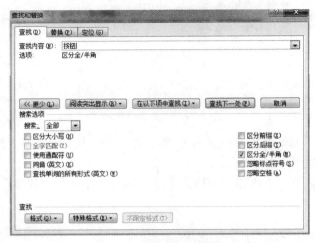

图3-33　"查找下一处"按钮

提示：如果需要将原有格式替换为指定的格式，可以切换到"替换"选项卡。然后指定想要替换成的格式，并单击"全部替换"按钮。

3.4.9　拼写和语法

在Word 2010文档中经常会看到在某些单词或短语的下方标有红色、蓝色或绿色的波浪线，这是由Word 2010中提供的"拼写和语法"检查工具根据Word 2010的内置字典标示出的含有拼写或语法错误的单词或短语，其中红色或蓝色波浪线表示单词或短语含有拼写错误，而绿色下划线表示语法错误（当然这种错误仅仅是一种修改建议）。

用户可以在Word 2010文档中使用"拼写和语法"检查工具检查Word文档中的拼写和语法错误，操作步骤如下所述：

①打开Word 2010文档窗口，如果看到该Word文档中包含有红色、蓝色或绿色的波浪线，说明Word文档中存在拼写或语法错误。切换到"审阅"选项卡，在"校对"分组中单击"拼写和语法"按钮，如图3-34所示。

图3-34　单击"拼写和语法"按钮

②打开"拼写和语法"对话框，保证"检查语法"复选框的选中状态。在错误提示文本框中将以红色、绿色或蓝色字体标示出存在拼写或语法错误的单词或短语。确认标示出的单词或短语是否确实存在拼写或语法错误，如果确实存在错误，在"输入错误或特殊用法"文本框中进行更改并单击"更改"按钮即可。如果标示出的单词或短语没有错误，可以单击"忽略一次"或"全部忽略"按钮忽略关于此单词或词组的修改建议。也可以单击"词典"按钮将标示出的单词或词组加入到Word 2010内置的词典中，如图3-35所示。

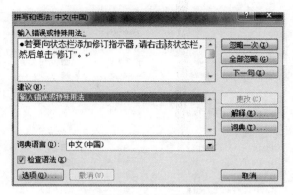

图 3-35　"忽略一次"按钮

③完成拼写和语法检查，在"拼写和语法"对话框中单击"关闭"或"取消"按钮即可。

3.4.10　字数统计

用 Word 写了一篇文字，字数比较多，想知道有多少字，可通过"字数统计"功能实现。单击"审阅"选项卡，在"校对"选项组中可以找到"字数统计"功能。

选择"字数统计"，此时就会弹出图 3-36 所示的窗口，在"统计信息"里面，我们可以一目了然的看到当中的页数、字数、字符数、段落、行数等统计信息。

图 3-36　"字数统计"对话框

3.4.11　批注与修订

1. 对相关文字添加批注

（1）添加批注

选中要插入批注的字，将光标置于需要添加批注的地方，然后点击"审阅"选项卡批注分组下的"新建批注"然后输入批注内容就可以了。如图 3-37 所示。

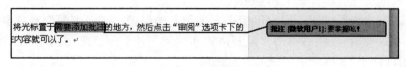

图 3-37　添加批注

（2）修改批注

在批注位置上双击，进入修改状态 ，直接输入要修改的批注内容即可。

（3）修改批注的颜色

"审阅"选项卡下单击"修订"下拉按钮，弹出的列表中选择"修订选项"，弹出"修订选项"对话框，在批注选项处，单击下拉按钮，选择用户需要的颜色，最后单击"确定"按钮。如图 3-38 所示。

（4）删除批注

在"审阅"选项卡批注分组中，单击"删除" 旁边的下拉箭头，然后单击"删除文档中的所有批注"。

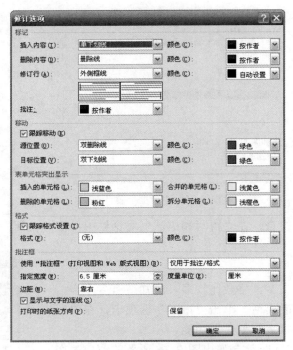

图 3-38　"修订选项"对话框

2. 自定义状态栏

用户可以自定义状态栏，向其添加一个用来告知用户修订是打开状态还是关闭状态的指示器。在打开修订功能的情况下，用户可以查看在文档中所做的所有更改。当用户关闭修订功能时，用户可以对文档进行任何更改，而不会对更改的内容做出标记。

（1）打开修订

在"审阅"选项卡上的"修订"组中，单击"修订"图标。

提示：若要向状态栏添加修订指示器，请右击该状态栏，然后单击"修订"。单击状态栏上的"修订"指示器可以打开或关闭修订。

如果"修订"命令不可用，用户可能必须关闭文档保护。在"审阅"选项卡上的"保护"组中，单击"限制编辑"，然后单击"限制格式和编辑"任务窗格底部的"停止保护"。

（2）关闭修订

当关闭修订时，用户可以修订文档而不会对更改的内容做出标记。关闭修订功能不会删除任何已被跟踪的更改。

在"审阅"选项卡上的"修订"组中，单击"修订"图标，即可关闭修订功能。

如果用户只想要取消修订，而不是关闭此功能的话，请使用"更改"选项卡上"修订"组中的"接受"和"拒绝"命令。

3.4.12　多窗口编辑

Word 2010 具有多个文档窗口并排查看的功能，通过多窗口并排查看，可以对不同窗口中的内容进行比较。在 Word 2010 中实现并排查看窗口的步骤如下所述：

①打开两个或两个以上 Word 2010 文档窗口，在当前文档窗口中切换到"视图"选项卡。然后在"窗口"分组中单击"并排查看"命令，如图 3-39 所示。

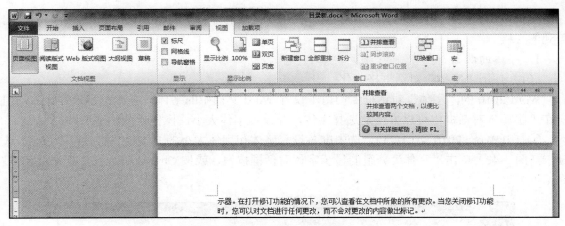

图 3-39　选择"并排查看"

②在打开的"并排比较"对话框中，选择一个准备进行并排比较的 Word 文档，并单击"确定"按钮，如图 3-40 所示。

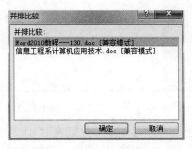

图 3-40　"并排比较"对话框

③在其中一个 Word 2010 文档的"窗口"分组中单击"同步滚动"按钮，则可以实现在滚动当前文档时另一个文档同时滚动，如图 3-41 所示。

图 3-41　"同步滚动"按钮

提示：在"视图"功能区的"窗口"分组中，还可以进行诸如新建窗口、拆分窗口、全部重排等 Word 2010 窗口相关操作。

3.5　文档的格式化

3.5.1　字符的格式化

字符的格式化，是指对文档中字符的字体、字形、字号、颜色及间距等进行选择和设定，它是文档编辑中的一项重要工作。采用 Word 2010 提供的多种字符格式化的手段，可以编排出美观的文档。

1. 字体的设置

（1）使用"字体"对话框格式化

Word 2010 的"字体"对话框专门用于设置 Word 文档中的字体、字形、字号等选项，用户在"字体"对话框中可以方便地选择字体，并设置字体大小，操作步骤如下所述：

①打开 Word 2010 文档窗口，选中准备设置字体和字体大小的文本块。然后在"开始"选项卡（图 3-42）单击"字体"分组的显示字体对话框按钮，或按 Ctrl+D 组合键，打开"字体"对话框。

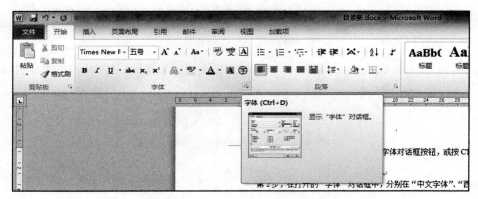

图 3-42　单击"字体"显示按钮

②在打开的"字体"对话框中（图 3-43），分别在"中文字体"、"西文字体"和"字号"下拉列表中选择合适的字体和字号，或者在"字号"编辑框中输入字号数值。设置完毕单击"确定"按钮即可。

图 3-43　"字体"对话框

（2）用"开始"选项卡的功能区

选定要格式化的文本后，可以直接单击"功能区"中的"字体颜色"工具按钮 和来设置文本的颜色、字体、字形、字号、加粗、倾斜、下划线等。

这种方法快捷方便，但不能设置特殊效果。

　　字号大小有两种表示方式，分别用"号"和"磅"为单位。以"号"为单位的字号中，初号字最大，八号字最小；以"磅"为单位的字号中，72 磅最大，5 磅最小。当然我们还可以输入比初号字或 72 磅字更大的特大字，现实生活中我们经常需要这样特大的文字，文字的磅值最大可以达到 1638 磅。图 3-44 所示的是 260 磅的特大字。格式化成特大字的方法是：先选定要格式化的文本，在"开始"功能区的"字号"文本框中输入"260"后，按回车键即可。

图 3-44　特大字的设置

2．字符间距

　　字符间距是指字符之间的距离。有时会因为文档设置的需要而调整字符间距，以达到理想的效果。

（1）使用"字体"对话框格式化

　　在"开始"选项卡单击"字体"分组的显示字体对话框按钮，或按 Ctrl+D 组合键，在弹出的"字体"对话框中选"高级"选项卡，如图 3-45 所示，可以根据需要进行设置。

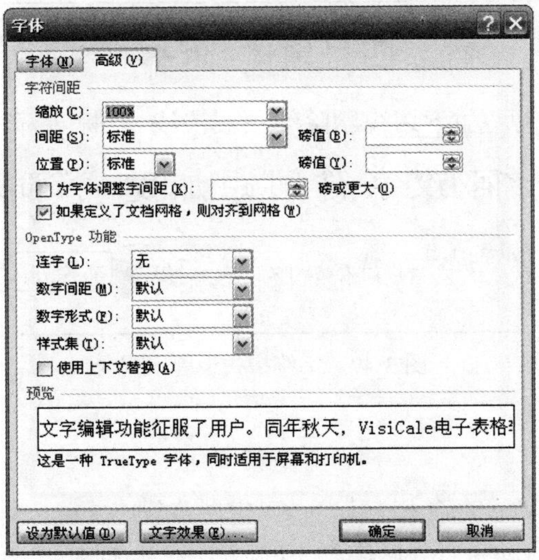

图 3-45　"字体"高级选项

- 间距：可以设置字间距为标准或紧缩、加宽，例如：
  - ➤ 字符间距加宽 1 磅：计算机文化基础
  - ➤ 标准字符间距：计算机文化基础
  - ➤ 字符间距紧缩 1 磅：计算机文化基础
- 位置：可以设置字符位置的高低。下面第 1 个和第 3 个"计算机文化基础"分别在标准位置上提升和降低了 4 磅：
  - ➤ 计算机文化基础计算机文化基础（标准）计算机文化基础

（2）用"开始"选项卡段落分组调整字符间距

使用"段落"分组上的工具按钮 ✕ ·，可以设置字符的缩放比例。方法是：单击右边的下拉按钮 ✕ ·，弹出如图 3-46 所示下拉列表，选择字符缩放下的合适比例，或者单击"其他"按钮，弹出"字体"对话框，根据需要进行缩放、间距等的设置。图 3-47 给出的是字符格式设置的演示示例。

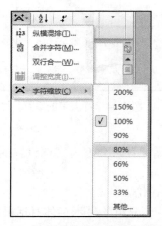

图 3-46　使用段落分组调整字符缩放

五号普通文字**四号黑体** **隶书**　　**字符加粗**

倾斜<u>加下划线</u>~~删除线~~　　<u>波浪线</u>　　上标 下标

字 符 缩 放 字 符 间 距 加 宽　字符间距紧缩

字符位置提升字符位置降低字符底纹字符加边框

图 3-47　字符格式设置示例

3.5.2　段落的格式化

所谓"段落"，是指在文章的输入（或修改）中两次键入 Enter（回车键）之间的所有字符。在输入中到每行行末时会自动换行，这样产生的回车称为软回车。在段落格式化时，软回车会根据格式的需要插入或删除，而通过键入 Enter 来结束一个段落称为硬回车，这时自动加上段

落结束标记 "↵"。该标志是否在屏幕上显示出来，可以通过选择 "开始" 选项卡段落分组中的 "显示/隐藏编辑标记" 来设置 .⌐ 。

　　段落的格式化是指段落前后的间距的大小、行距大小、段落的缩进、段落编号和项目符号等属性的设置，以达到文档版面布局均匀、页面美观、层次清晰的效果。

　　在选定段落时，可以只选一个段落，也可以一次选多个段落。由于在段落标记中包含了本段落的所有格式化要素，所以选定时也应将段落标记选上，以免在移动或复制时使之失去原有的段落格式。当一次选定多个段落时，所进行的段落格式化操作作用于所选的各个段落。当未作段落选择时，只对当前（插入点所在的）段落格式化。

　　设置段落格式的方法是：

　　单击 "开始" 选项卡下的 "段落" 按钮，或者在文档中右击，弹出的快捷菜单中单击段落选项，打开如图 3-48 所示的对话框，在对话框中有三个选项卡，分别是 "缩进和间距"、"换行和分页" 和 "中文版式"。下面主要介绍 "缩进和间距" 选项卡。

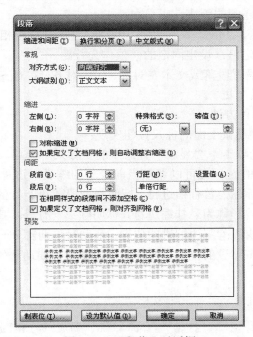

图 3-48　"段落" 对话框

　1. 用段落对话框调整缩进和间距

　　在 "缩进和间距" 选项卡中，可以进行缩进、间距和对齐方式等多项设置。用户应先了解缩进的度量单位，它的常用度量单位主要有四种：厘米、磅、英寸和毫米。度量单位的设定可以通过 "文件" 菜单中的 "选项" 命令，打开 "Word 选项" 点击选项中的 "高级"，拖动滑块到 "显示"，再把 "度量单位" 改成用户实际需要的，如图 3-49 所示。

● 缩进：可以将选定的段落左、右边距缩进一定的字符数。
● 特殊格式：特殊格式中有 "无"、"悬挂缩进" 和 "首行缩进" 三种形式：
　➢ 无：无缩进形式；
　➢ 悬挂缩进：是指段落中除了第一行之外，其余所有行缩进一定值；
　➢ 首行缩进：段落中的第一行缩进一定值，其余行不缩进。

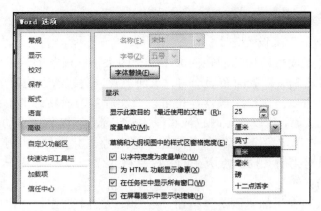

图 3-49 度量单位的设定

- 间距：可以在段前、段后分别设置一定的空白间距，通常以"行"或"磅"为单位。
- 行距：指行与行之间的距离：
  - ➤ 单倍、1.5 倍、2 倍、多倍行距：分别设定标准行距相应倍数的行距；
  - ➤ 最小值、固定值：设定固定的磅值作为行距。
- 对齐方式：可以设置段落或文本左对齐、居中对齐、右对齐、两端对齐、分散对齐等。

2．用标尺调整段落的缩进

标尺的显示/隐藏有两种方法：

（1）通过单击右侧滚动条上面的标尺按钮实现；

（2）单击"视图"选项卡下"显示"分组中的"标尺"选项。

用窗体中水平标尺上的游标也可以调整当前段落的缩进，这种方法快捷、直观。标尺上有三个游标：左上方的游标称为首行缩进符，标明当前段落第一行的起始位置。左下方的游标分为两部分：上部分的三角形称为悬挂缩进符，标明除第一行外，其余行缩进的位置；下部分的矩形称为左缩进符，标明段落左边缩进的位置，拖动时这两部分一起移动。右边下方的游标称为右缩进符，标明段落右缩进的位置。各种游标的使用需要动手做一做，才能熟练应用。如图 3-50 所示。

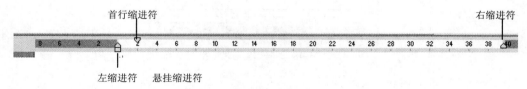

图 3-50 标尺

3．使用功能区中的"开始"选项卡

使用"开始"选项卡可以快速进行格式化操作，方便快捷。对齐方式可以使用"段落"分组的工具按钮 ▤ ▤ ▤ ▤ ▤ 进行设置，这些按钮从左到右分别时：左端对齐、居中、右对齐、两端对齐和分散对齐。可以使用"段落"分组上的 ▤ 和 ▤ 工具按钮来减少和增加缩进量，每按一次减少或增加一个字符。

3.5.3 分栏

分栏指将文档中的文本分成两栏或多栏，是文档编辑中的一个基本方法，频繁用于排版工作中。具体操作步骤如下所述：

选中所有文字或选中要分栏的段落，在 Word 界面单击"页面布局"选项卡，在页面设置选项中单击"分栏"按钮，出来的分栏列表可根据自己需要的栏数进行选择，如图 3-51 所示。

如果需要更多的栏数，单击"更多分栏"按钮，在栏数中设置需要的数目，上限为 11，如图 3-52 所示。如果想要在分栏时加上分隔线，请在分栏对话框将"分隔线"选项勾上即可。

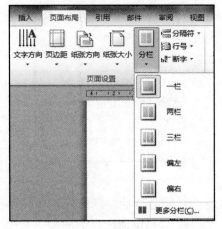

图 3-51　"分栏"列表

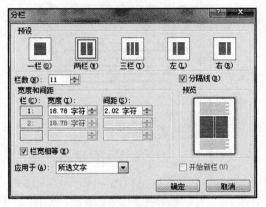

图 3-52　"分栏"对话框

图 3-53 所示为将段落分两栏、加分割线后的分栏效果。

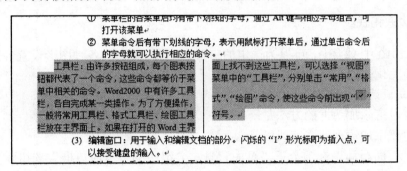

图 3-53　分两栏加分割线

3.5.4　项目符号和编号

使用项目符号和编号，可以使文档有条理、层次清晰、可读性强。项目符号使用的是各类符号，而编号使用的是一组连续的数字或字母，出现在段落前。

1. 项目符号的使用方法

①将鼠标定位在要插入项目符号的位置。

②单击 Word 2010 "开始"标签中"段落"组中的"项目符号"右侧的下拉箭头，选择已有的项目符号或者选择"定义新项目符号"，弹出如图 3-54 所示的对话框。

③选择合适的项目符号定义好格式后，单击"确定"按钮。

2. 编号的使用方法

①将鼠标定位在要插入编号的位置。

②单击 Word 2010 "开始"标签中"段落"组中的"编号"右侧的下拉箭头，选择已有的编号类型，如图 3-55 所示。

图 3-54　"定义新项目符号"对话框

图 3-55　编号库

如果插入的是项目符号，则在该段落结束回车后，系统会自动在新的段落前插入一个同样的项目符号；如果插入的是编号，则在该段落结束回车后，系统会根据前面插入的编号样式自动在新的段落前插入一个连续的字母或数字。系统还会自动调整所有项目符号或编号的位置缩进相同。如果编号不是从头开始，可通过图 3-55 中的"设置编号值"选项进行设置。

3.5.5　边框和底纹

在 Word 2010 中文版中，可以为选定的字符、段落、页面及各种图形设置各种颜色的边框和底纹，从而美化文档。

1. 文字或段落的边框

为文字或段落添加边框的方法是：

①先选定要添加边框的文字或段落。

②单击"页面布局"选项卡下"页面背景"分组中的"页面边框"按钮弹出"边框和底纹"对话框，如图 3-56 所示。

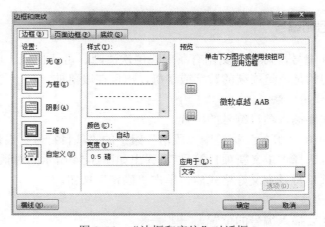

图 3-56　"边框和底纹"对话框

③在"边框"选项卡中，分别设置边框的样式、线型、颜色、宽度、应用范围等，应用范围可以是选定的"文字"或"段落"。

2. 页面边框

Word 2010 可以为整个页面添加一个页面边框，不仅可以设置普通的边框，还可以添加艺术型的边框，使文档变得活泼、美观、赏心悦目！

页面边框的设置与文字、段落边框的设置相似，只是页面边框增加了一个"艺术型"下拉列表，从中可以选择漂亮的页面边框，从右边的"预览"中就可以看到页面边框的效果。

设置页面边框效果的方法是：

①单击"页面布局"选项卡下的"页面背景"分组中的"页面边框"按钮，弹出"边框和底纹"对话框。

②单击"页面边框"选项卡，如图 3-57 所示，分别设置边框的样式、线型、颜色、宽度、应用范围等，如果要使用"艺术型"页面边框，可以单击"艺术型"右边的箭头，从下拉列表中进行选择后单击"确定"按钮，应用范围是"整篇文档"。

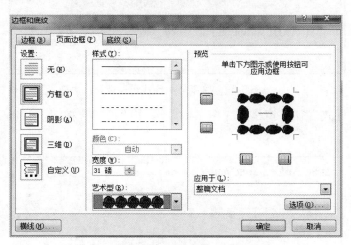

图 3-57　"页面边框"选项卡

3. 底纹

在"边框和底纹"对话框中还有一个"底纹"选项卡，可以给选定的文本添加底纹。设定文字或段落底纹的方法是：

①单击"页面布局"选项卡下的"页面背景"分组中的"页面边框"按钮，弹出"边框和底纹"对话框。

②单击"底纹"选项卡，如图 3-58 所示。

③分别设定填充底纹的颜色、图案和应用范围等。

3.5.6　样式

在 Word 2010 的"样式"窗格中可以显示出全部的样式列表，并可以对样式进行比较全面的操作。在 Word 2010"样式"窗格中选择样式的步骤如下所述：

①打开 Word 2010 文档窗口，选中需要应用样式的段落或文本块。在"开始"功能区的"样式"分组中单击显示样式窗口按钮，如图 3-59 所示。

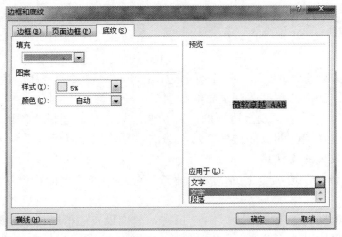

图 3-58　"底纹"选项卡

图 3-59　单击显示样式窗口按钮

②在打开的"样式"任务窗格中（图 3-60）单击"选项"按钮，弹出"样式窗格选项"对话框。

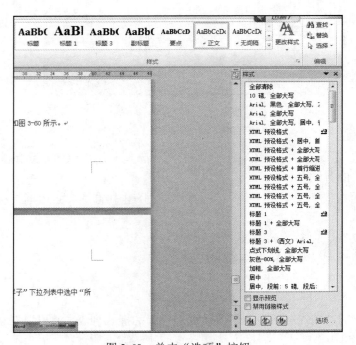

图 3-60　单击"选项"按钮

③"样式窗格选项"对话框中，在"选择要显示的样式"下拉列表中选中"所有样式"选项，并单击"确定"按钮，如图 3-61 所示。

图 3-61 "样式窗格选项"对话框

④返回"样式"窗格，可以看到已经显示出所有的样式。选中"显示预览"复选框可以显示所有样式的预览。

⑤在所有样式列表中选择需要应用的样式，即可将该样式应用到被选中的文本块或段落中，如图 3-62 所示。

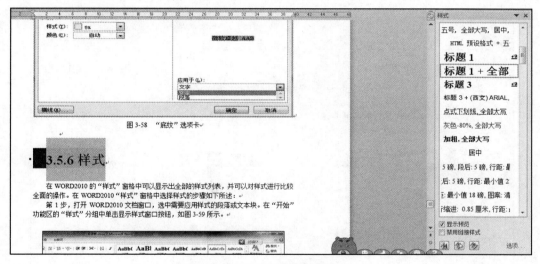

图 3-62 选择需要应用的样式

3.5.7 模板

除了通用型的空白文档模板之外，Word 2010 中还内置了多种文档模板，如博客文章模板、书法字帖模板等。另外，Office.com 网站还提供了证书、奖状、名片、简历等特定功能模板。借助这些模板，用户可以创建比较专业的 Word 2010 文档。在 Word 2010 中使用模板创建文档的步骤如下所述：

①打开 Word 2010 文档窗口，依次单击"文件"→"新建"按钮。

②在打开的"新建"面板中，用户可以单击"博客文章"、"书法字帖"等 Word 2010 自带的模板创建文档，还可以单击 Office.com 提供的"名片"、"日历"等在线模板。例如单击"样本模板"选项，如图 3-63 所示。

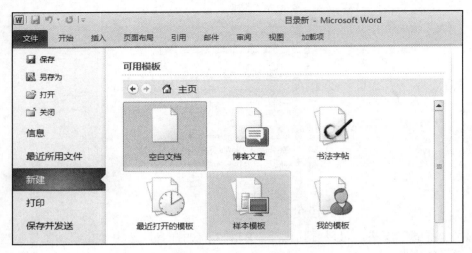

图 3-63 　"新建"文件

　　③打开"样本模板"列表页，单击合适的模板后，在"新建"面板右侧选中"文档"或
"模板"单选框（本例选中"基本简历"选项），然后单击"创建"按钮，如图 3-64 所示。

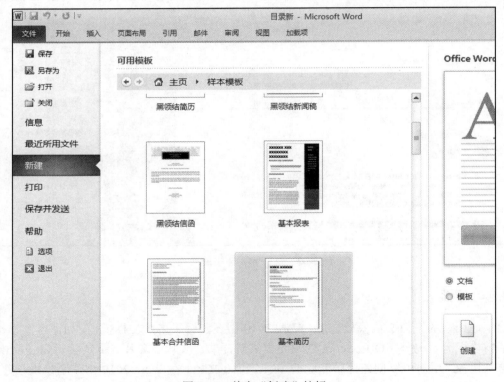

图 3-64 　单击"创建"按钮

　　④打开创建的文档，用户可以在该文档中进行编辑，如图 3-65 所示。

　　提示：除了使用 Word 2010 已安装的模板，用户还可以使用自己创建的模板和 Office.com
提供的模板。在下载 Office.com 提供的模板时，Word 2010 会进行正版验证，非正版的 Word 2010
版本无法下载 Office Online 提供的模板。

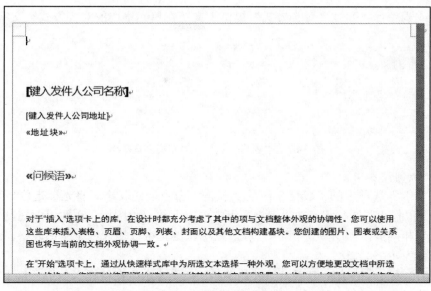

图 3-65　"基本简历"文档

3.6　Word 2010 的表格

表格是建立文档时常用的一种表达方式，它以行和列的形式组织信息，结构严谨、效果直观，使得数据结构简明而清晰。

3.6.1　创建和绘制表格

在 Word 2010 中可以建立一个空表，然后将文字或数据填入表格单元格中，或将现有的文本转换为表格。

在文档插入表格后，选项区会增加一个"表格工具"选项卡，下面有"设计"和"布局"两个选项，分别有不同的功能。

1. 表格工具概述

如图 3-66 所示为"表格工具"→"设计"选项卡功能区，有"表格样式选项"、"表格样式"、"绘图边框"3 个组，"表格样式"提供了 141 种内置表格样式，提供了非常方便地绘制表格及设置表格边框和底纹的命令。

图 3-66　"表格工具"→"设计"选项卡

如图 3-67 所示为"表格工具"→"布局"选项卡功能区，有"表"、"行和列"、"合并"、"单元格大小"、"对齐方式"和"数据"6 个组，主要提供了表格布局方面的功能。例如，在"表"组中可以方便地查看与定位表对象，在"行和列"组则可以方便地在表的任意行（列）

的位置增加或删除行（列），"对齐方式"提供了文字在单元格内的对齐方式、文字方向等。

图 3-67　"表格工具"→"布局"选项卡

2. 拖拉法创建表格

使用"插入"选项卡的"表格"组的"表格"命令创建表格。将光标定位到需要添加表格处，切换到"插入"选项卡，在"表格"组中单击下拉三角图标，在面板中拖动光标至所需要的表格行数和列数，如图 3-68 所示，释放鼠标左键就可以插入一个空白表格。这种方法添加的最大表格为 10 列 8 行。

Word 2010 还允许在表格中插入另外的表格，把光标定位在待插入的单元格中，执行相应的插入表格的操作，可将表格插入到相应的单元格中。

3. 对话框法创建表格

将光标定位到需要添加表格处，切换到"插入"选项卡，在"表格"组中单击下拉三角图标，在面板中单击"插入表格"命令，打开图 3-69 所示的"插入表格"对话框，在对话框中按需要输入"列数"、"行数"的数值及相关参数，单击"确定"按钮，即可插入一个空白表格到文档中。

图 3-68　拖拉法创建表格

图 3-69　"插入表格"对话框

4. 绘制法创建表格

将光标定位到需要添加表格处，切换到"插入"选项卡，在"表格"组中单击下拉三角图标，在面板中单击"绘制表格"命令，鼠标会变成铅笔状，可以在文档中任意绘制表格。展开"表格工具"→"设计"选项卡功能区，可以利用其中的命令按钮设置表格边框线的样式、粗细、颜色等，还可以擦除绘制错误的表格线。这种通过手动绘制空白表格的方法，特别适合于不太规范的表格的创建。

5. 快速法创建表格

将光标定位到需要添加表格处，切换到"插入"选项卡，在"表格"组中单击下拉三角图标，移动鼠标到面板上的"快速表格"命令，弹出"内置表格样式列表"面板，单击某一个内置表格样式即可插入该格式的表格。此时一般需要删除原有数据，重新输入用户自己的数据。

6. 组合符号法创建表格

将光标定位到需要添加表格处，输入一个"+"号（代表列分隔线），然后输入若干个"-"号（"-"号越多代表该列越宽），再输入一个"+"号和若干个"-"号如此反复（图 3-70）。最后再输入一个"+"号，然后按 Enter 键，如图 3-71 所示，一个一行多列的空白表格插入到文档中。

图 3-70　组合符号　　　　　　　　图 3-71　用组合符号插入表格

3.6.2　编辑表格

1. 选取

单元格就是表格中的一个小方格，一个表格由一个或多个单元格组成。单元格就像文档中文字一样，无论要对它进行何种操作，首先都必须选中它。这是一个指定操作对象的过程。

（1）"选取"按钮选取

将插入点置于表格任意单元格中，出现"表格工具"→"布局"选项卡，在"表"组单击"选择"按钮，在弹出的面板中单击相应按钮完成对单元格、列、行或整个表格的选取。

（2）"选取"命令选取

将插入点定位到要选择的行、列或表格中的任意单元格，右键单击，在弹出快捷菜单中选择"选择"命令，单击相应菜单项即可完成对单元格、列、行或者整个表格的选取。

（3）"鼠标"操作选取

①选一个单元格：把光标放到单元格的左边框线右侧，鼠标指针随即变成黑色箭头形状，按下左键即可选取一个单元格，拖动可选取多个。

②选一行表格：在左边文档的选定区单击，即可选取表格的一行单元格，拖动可选取多行。

③选一列表格：把光标移到某一列的上边框，当鼠标指针变为向下的黑色箭头时，单击鼠标即可选取该列，拖动可选取多列。

④选取整个表格：将插入点置于表格任意单元格中，待表格的左上角出现了一个带方框的十字标记时，将鼠标指针移到该标记上，单击鼠标即可选取整个表格。

2. 插入单元格、行或列

创建一个表格后，要增加单元格、行或列，无需重新创建，只要在原有的表格上进行插入操作即可。插入的方法是选定单元格、行或列，右键单击，在快捷菜单中选择"插入"菜单，再选择插入的项目（表格、行、列、单元格）。同样也可以在"表格工具"→"布局"选项卡，单击"行和列"组中相应的按钮来实现。

3. 删除单元格、行或列

选定了表格或某一部分后，右键单击，在快捷菜单中选择删除的项目（表格、行、列、单元格）即可。也可在图 3-72 所示的"行和列"组中单击"删除"按钮，在出现图 3-73 所示的列表中单击相应按钮来完成。

图 3-72　"行和列"组

图 3-73　"删除"列表

4. 合并与拆分单元格

（1）合并单元格

合并单元格是指选中两个或多个单元格，将它们合成一个单元格，其操作方法为选择要合并的单元格，单击鼠标右键，选择"合并单元格"命令，即可将单元格进行合并。也可在"表格工具"→"布局"选项卡中单击"合并"组中的"合并单元格"按钮完成该操作。

（2）拆分单元格

拆分单元格是合并单元格的逆过程，是指将一个单元格分解为多个单元格。其操作方法为选择要进行拆分的一个单元格，单击鼠标右键，选择"拆分单元格"命令，输入将要拆分成的行数和列数，单击"确定"按钮，即可将单元格进行相应拆分。也可在"表格工具"→"布局"选项卡中单击"合并"组中的"拆分单元格"按钮，在弹出图 3-74 所示的"拆分单元格"对话框中完成拆分设置。

5. 调整表格大小、列宽与行高

（1）自动调整表格

①在表格中单击右键，选择"自动调整"命令，弹出图 3-75 所示"自动调整"子菜单，选择"根据内容调整表格"命令，可以看到表格单元格的大小均发生了变化，仅仅能容下单元格中的内容。也可以使用"表格工具"→"布局"选项卡 "单元格大小"组中的"自动调整"命令来完成相应设置。

图 3-74　"拆分单元格"对话框

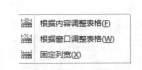

图 3-75　"自动调整"子菜单

②在表格中单击右键，选择"自动调整"命令，弹出图 3-75 所示"自动调整"子菜单，选择"根据窗口调整表格"命令，表格将自动充满整个 Word 2010 窗口。也可以使用"表格工具"→"布局"选项卡"单元格大小"组中的"自动调整"命令来完成相应设置。

③选择"固定列宽"命令，此时向单元格中填写内容，当内容长度超过表格宽度时，会自动加高表格行，而表格列不变。

④设定表格中的多列具有相同的宽度或多行具有相同的高度，选定这些列或行，右键单击，在快捷菜单中选择"平均分布各列"或"平均分布各行"命令，列或行就自动调整为相同

的宽度或高度。也可以使用"表格工具"→"布局"选项卡"单元格大小"组中的"分布列"或"分布行"命令按钮来完成相应设置。

（2）调整表格大小

①表格缩放：将鼠标指针移动到表格右下角的小正方形上，鼠标指针随即会变成一个拖动标记，按下左键，拖动鼠标缩放，即可改变整个表格的大小。

②调整行高或列宽：把鼠标指针移动到表格的框线上，鼠标指针会变成一个两边有箭头的双线标记，这时按下左键拖动鼠标，就可以改变当前框线的位置。

③调整单元格的大小：选中要改变大小的单元格，用鼠标拖动它的框线，改变的只是拖动的框线的位置。

④指定单元格大小、行高或列宽的具体值：选中要改变大小的单元格、行或列，单击右键，选择"表格属性"命令，将弹出图 3-76 所示的对话框，在这里可以设置指定大小的单元格、行高、列宽和表格。也可以使用"表格工具"→"布局"选项卡"表"组中的"属性"按钮，来完成相应的设置。

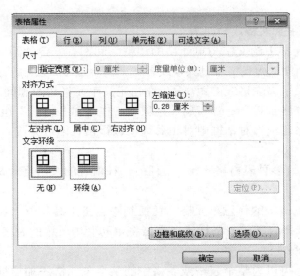

图 3-76　"表格属性"对话框

3.6.3　表格的格式化

为了使创建后的表格达到所需的外观效果，需要进一步对边框、颜色、字体以及文本等进行一定的调整，以美化表格，使表格内容更清晰美观。

1. 改变表格位置和环绕方式

选取整个表格，切换到"开始"选项卡，通过单击"段落"组中的"居中"、"左对齐"、"右对齐"等按钮即可改变表格的位置。

选取整个表格，单击右键，在出现的快捷菜单中选择"表格属性"命令，也可在图 3-76 所示的"表格属性"对话框中完成表格位置的设置，还可以设置文字环绕方式。

光标插入点定位到表格任意单元格内，在展开的"表格工具"→"布局"选项卡中单击"表"组中的"属性"按钮，也可完成表格位置和文字环绕方式的设置。

2．单元格中文字的字体设置

表格中文字的字体设置与文本中的设置方法一样，参照字体的相关设置即可。本节主要介绍文字的对齐方式和文字方向。

（1）文字对齐方式

Word 2010 提供了 9 种不同的文字对齐方式。在"表格工具"→"布局"选项卡下的"对齐方式"组中显示了这 9 种文字对齐方式。默认情况下，Word 2010 表格中的文字在单元格中水平方向居左、垂直方向居上对齐。

选择单元格（行、列或整个表格）内容，单击右键，选择"单元格对齐方式"命令，在出现的子菜单选择相应的对齐方式即可；也可以切换到"开始"选项卡，通过单击"段落"组中的"居中"、"左对齐"、"右对齐"等按钮完成水平方向的设置。

（2）设置文字方向

将插入点置入单元格中，或者选定要设置的多个单元格，单击"表格工具"→"布局"选项卡下的"对齐方式"组中的"文字方向"按钮，可实现文字水平方向和垂直方向之间的切换。

3．设置表格中文字至表格线的距离

表格中每一个单元格中的文字与单元格的边框之间都有一定的距离。默认情况下，字号大小不同，距离也不相同。如果字号过大，或者文字内容过多，影响了表格展示的效果，就要考虑设置单元格中的文字离表格线的距离了。在自定义单元格边距和间距时，首先要选定整个表格，然后切换到"表格工具"→"布局"选项卡，在"对齐方式"组中单击"单元格边距"按钮，在打开的"表格选项"对话框中对相关选项进行设置即可完成。

4．表格自动套用样式

Word 2010 内置了许多种表格格式，使用任何一种内置的表格格式都可以在表格上应用专业的格式设计。

将插入点定位到表格中的任意单元格，切换到"表格工具"→"设计"选项卡，在"表格样式"组中，单击选择合适的表格样式，表格将自动套用所选的表格样式。

5．表格添加边框和底纹

表格在建立之后，可以为整个表格或表格中的某个单元格添加边框或填充底纹。除了前面介绍的使用系统提供的表格样式来使表格具有精美的外观外，还可以通过进一步的设置来使表格符合要求。

Word 2010 提供了两种不同的设置方法：

①选择单元格（行、列或整个表格），单击右键，选择"边框和底纹"命令。弹出"边框和底纹"对话框，如图 3-77 所示。若要修饰边框，打开"边框"选项卡，按要求设置表格的每条边线的样式、颜色、宽度、应用范围等参数，单击"确定"按钮即可（使用该方法可以制作斜线表头）；若要添加底纹，打开"底纹"选项卡，按要求设置颜色和应用范围，单击"确定"按钮即可。

②选中需要修饰的表格的某个部分，单击"表格工具"→"设计"选项卡"表格样式"组中"底纹"按钮（或"边框"按钮）右端的三角按钮，可以显示一系列的底纹颜色（或边框设置），选择相应选项即可。也可在"表格工具"→"设计"选项卡"绘图边框"组单击右下角的小按钮，打开"边框和底纹"对话框完成相应设置。

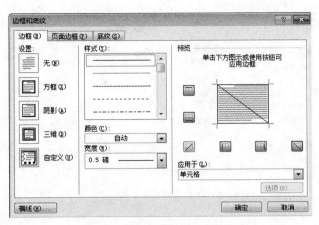

图 3-77　"边框和底纹"对话框

3.6.4　表格的计算

1. 表格计算

Word 2010 的表格中自带了对公式的简单应用，若要对数据进行复杂处理，需要使用后续介绍的 Excel 2010 电子表格。用户可以借助 Word 2010 提供的数学公式运算功能对表格中的数据进行数学运算，包括加、减、乘、除、求和、求平均值等常见运算。操作步骤描述如下：

①在准备参与数据计算的表格中单击计算结果所在单元格。

②在"表格工具"→"布局"选项卡，单击"数据"组中的"公式"按钮，打开"公式"对话框，如图 3-78 所示。

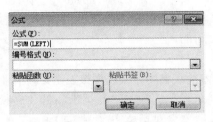

图 3-78　"公式"对话框

③在"公式"编辑框中，系统会根据表格中的数据和当前单元格所在的位置自动推荐一个公式，例如"=SUM（LEFT）"是指计算当前单元格左侧单元格的数据之和，用户可以单击"粘贴函数"下拉三角图标选择合适的函数，例如选择平均数函数 AVERAGE。

④完成公式的编辑后，单击"确定"按钮即可得到计算结果。

2. 表格排序

Word 2010 提供了将表格中的文本、数字或数据按"升序"或"降序"两种顺序排列的功能。"升序"顺序为字母从 A 到 Z，数字从 0 到 9，或最早的日期到最晚的日期。"降序"为字母从 Z 到 A，数字从 9 到 0，或最晚的日期到最早的日期。

在表格中对文本进行排序时，可以选择对表格中单独的列或整个表格进行排序，也可在表格中的单独列中使用多于一个的关键词或值域进行排序。操作步骤描述如下：

①将插入点置于表格中的任意位置。

②切换到"表格工具"→"布局"选项卡，单击"数据"组中的"排序"按钮，弹出"排

序"对话框，如图 3-79 所示。

图 3-79　"排序"对话框

③在对话框中选择"列表"区的"有标题行"单选框，如果选中"无标题行"单选框，则标题行也将参与排序。

④单击"主要关键字"区的下拉三角图标，选择排序依据的主要关键字，然后选择"升序"或"降序"选项，以确定排序的顺序。

⑤若需要次要关键字和第三关键字，则在"次要关键字"和"第三关键字"区分别设置排序关键字，也可以忽略。单击"确定"按钮完成数据排序。

3.6.5　表格与文字的转换

在 Word 2010 中可以利用"表格工具"→"布局"选项卡的"数据"组的"转换为文本"按钮，如图 3-80 所示，方便地进行表格和文本之间的转换，这对于使用相同的信息源来实现不同的工作目标将会是非常有用的。

1. 将表格转换为文本

①将光标置于要转换成文本的表格中，或选择该表格，激活"表格工具"→"布局"选项卡。

②单击"表格工具"→"布局"选项卡"数据"组的"转换为文本"按钮。

③在弹出的"表格转换成文本"对话框中（图 3-81），选择一种文字分隔符，默认是"制表符"，即可将表格转换成文本，效果如图 3-82 所示。

图 3-80　表格的转换功能

图 3-81　"表格转换为文本"对话框

在"表格转换成文本"对话框中提供了 4 种文本分隔符选项，下面分别介绍其功能。

● 段落标记：把每个单元格的内容转换成一个文本段落。

● 制表符：把每个单元格的内容转换后用制表符分隔，每行单元格的内容形成一个文本段落。

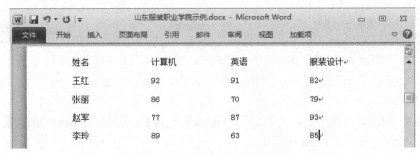

图 3-82　表格转换成文本的效果

- 逗号：把每个单元格的内容转换后用逗号分隔，每行单元格的内容形成一个文本段落。
- 其他字符：在对应的文本框中输入用作分隔符的半角字符，每个单元格的内容转换后，用输入的字符分隔符隔开，每行单元格的内容形成一个文本段落。

2. 将文本转换为表格

Word 2010 可以将已经存在的文本转换为表格。要进行转换的文本应该是格式化的文本，即文本中的每一行用段落标记符分开，每一列用分隔符（如空格、逗号或制表符等）分开。

其操作方法是：

①选定添加了段落标记和分隔符的文本。

②在"插入"选项卡中，单击"表格"组中的"表格"按钮下拉列表框，在弹出的下拉菜单中，单击"文本转换成表格"按钮，弹出如图 3-83 所示的"将文本转换为表格"对话框。

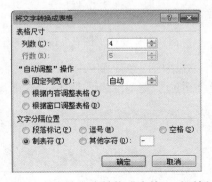

图 3-83　"将文本转换成表格"对话框

③在"表格尺寸"选项组中"列数"文本框中输入所需的列数，如果选择列数大于原始数据的列数，后面会添加空列；在"文字分隔位置"选项组下，单击所需的分隔符选项，如选择"制表符"。

④单击"确定"按钮，关闭对话框，完成相应的转换。

3.6.6　表格生成统计图

Word 2010 可以插入类型多样的图表，利用"插入"选项卡"绘图"组的"图表"按钮可以完成图表的插入。

用户在编辑 Word 2010 文档表格数据时，可以通过图表达到直观、形象、新颖、精巧的视觉效果。Word 2010 文档中的图表功能相对于 Word 2003 的图表工具 Microsoft Graph 而言，应用更灵活，功能更强大。要想充分发挥图表功能，用户应当在 Word 2010 文档中创建图表，而不是在 Word 97～Word 2003 兼容文档中使用图表功能。

图表功能在所有 Office 2010 应用软件（包括 Word 2010、Excel 2010、PowerPoint 2010 等）中都可以使用，其中嵌入 Word 2010、PowerPoint 2010 等文档中的图表均是通过 Excel 2010 进行编辑，因此在非 Excel 的 Office 2010 应用软件中，图表的全部功能均可实现。

1. 创建图表

为了实现数据的图表化分析，可以使用现有数据创建图表。通过 Word 2010 提供的多种图表选项，快速创建图表。步骤如下所述：

第 1 步：打开 Word 文档窗口，将插入点移到表格下方将要插入图表的位置，然后切换到"插入"功能区在"插图"分组中，单击"图表"按钮，如图 3-84 所示。

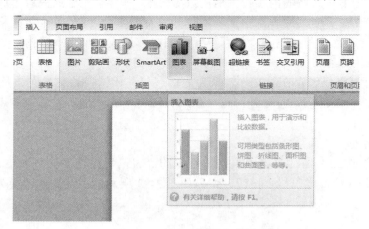

图 3-84　单击"图表"按钮

第 2 步：打开"插入图表"对话框，在左侧的图表类型列表中选择需要创建的图表类型，在右侧图表子类型列表中选择合适的子类型图表，如图 3-85 所示，然后单击"确定"按钮。

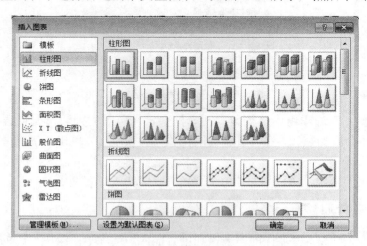

图 3-85　选择图表类型

第 3 步：在并排打开的 Word 窗口和 Excel 窗口中，用户首先需要在 Excel 窗口中编辑图表数据，例如修改系列名称和类别名称，并编辑具体数值。在编辑 Excel 表格数据的同时，Word 窗口中将同步显示图表结果，如图 3-86 所示。

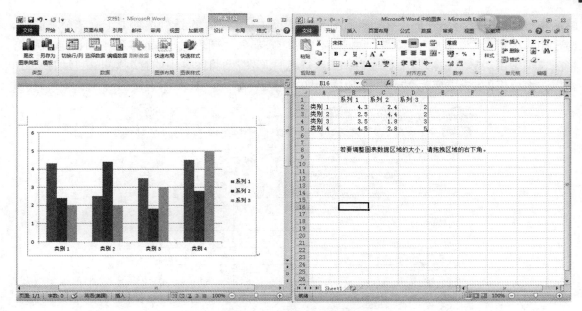

图 3-86　编辑 Excel 数据

第 4 步：完成 Excel 表格数据的编辑后，关闭 Excel 窗口。在 Word 窗口中可以看到已经创建完成的图表，如图 3-87 所示。

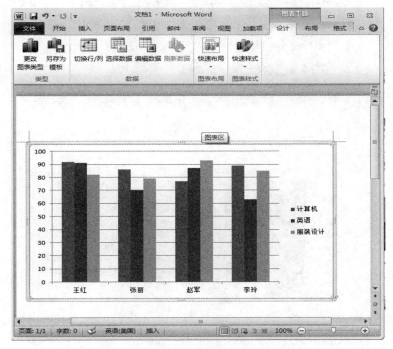

图 3-87　图表创建完成

最终完成的表格图表效果图，如图 3-88 所示。

2. 更改图表的设计

如果对生成的图表不太满意，还可以像在 Excel 中一样，非常方便地对图表进行各种各样的编辑和修改。选定图表后，在自动展开的"图标工具"→"设计"选项卡下有 4 个功能组。选定相应按钮，可以完成"类型"、"数据"、"图表布局"、"图表样式"的多种不同设定。例如，将图表类型由"簇状柱形图"更改为"三维簇状柱形图"，将图表中的行列数据相互切换，图表样式由原来的 26 更换为 27，效果如图 3-89 所示。

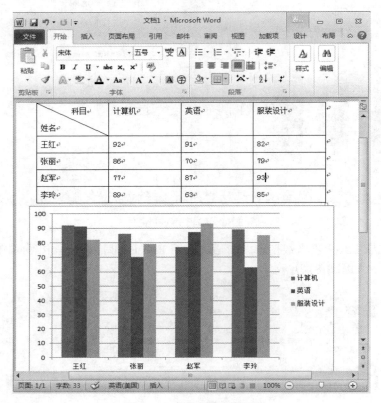

图 3-88　表格图表效果图

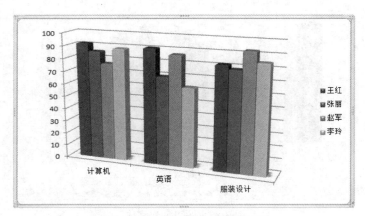

图 3-89　更改"图表设计"效果

3．更改图表的布局

选定图表后，在自动展开的"图标工具"→"布局"选项卡下有 6 个功能组。选定相应按钮，可以完成"当前所选内容"、"插入"、"标签"、"坐标轴、"背景"、"分析"的多种不同设定。例如，在图表上方插入"图表标题"为"学生成绩表"，在下方插入"主要横坐标轴标题"为"科目"，在左侧插入"主要横坐标轴标题"，竖排标题为"成绩"，将"图例"的位置由右侧改为左侧，效果如图 3-90 所示。

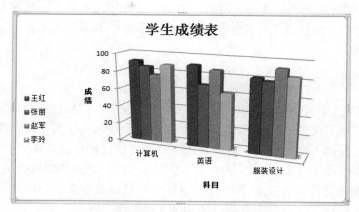

图 3-90　更改"图表布局"效果

4. 更改图表的格式

选定图表后，在自动展开的"图标工具"→"格式"选项卡下有 5 个功能组。选定相应按钮，可以完成"当前所选内容"、"形状样式"、"艺术字样式"、"排列"、"大小"的多种不同设定。例如，将图表"位置"更改为嵌入文本行中、顶端居中、四周型文字环绕；将"形状轮廓"更改为"红色"；将"形状效果"更改为"发光"；将"高度"更改为 10 厘米；将"宽度"更改为 15.3 厘米，效果如图 3-91 所示。

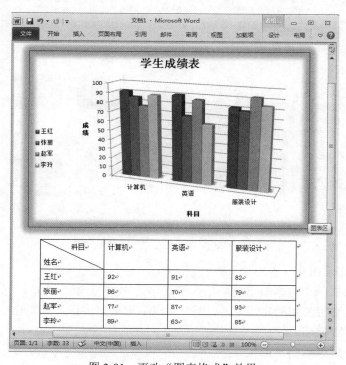

图 3-91　更改"图表格式"效果

3.7　Word 2010 的图形和对象

Word 2010 中能针对形状、图形、图表、曲线、线条和艺术字等图形图像对象进行插入和样式设置，样式包括了渐变效果、颜色、边框、形状和底纹等多种效果，可以帮助用户快速设置上述对象的格式。

3.7.1　插入图形

Word 2010 可在文档中插入图片，图片可以从剪贴画库、扫描仪或数码照相机中获得，也可以从本地磁盘（来自文件）、网络驱动器以及互联网上获取，还可以取自 Word 2010 本身自带的剪贴图片，图片插入在光标处。此外，还可以通过图片的快捷菜单，如"设置图片格式"来调整图片的大小，设置与本页文字的环绕关系等，以取得理想的编排效果。

文档中插入图片的常用方法有两种，一种是插入来自其他文件的图片，另一种是从自带的剪辑库中插入剪贴画，下面分别介绍这两种插入图片的方法。

1. 插入来自文件的图片

用户可以将多种格式的图片插入到文档中，从而创建图文并茂的文档。操作方法是将插入点置于要插入图像的位置，在"插入"选项卡的"插图"组中单击"图片"按钮，打开如图 3-92 所示的"插入图片"对话框，选择图片文件所在的文件夹位置，并选择其中需要插入到文档中的图片，然后单击"插入"按钮即可。

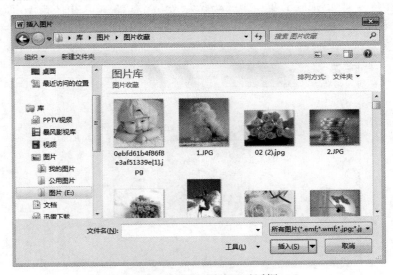

图 3-92　"插入图片"对话框

2. 从剪辑库插入图片（剪贴画）

Word 2010 自带一个内容丰富的剪贴画库，包含 Web 元素、背景、标志、地点、工业、家庭用品和装饰元素等类别的实用图片，用户可以从中选择并插入到文档中。在文档中插入剪贴画，可按如下步骤操作：

①将光标置于要插入图片的位置。

②在"插入"选项卡的"插图"组中单击"剪贴画"按钮，窗口右侧将打开"剪贴画"

任务窗格，如图 3-93 所示。

③在"剪贴画"任务窗格的"搜索文字"文本框中，输入描述要搜索的剪贴画类型的词或短语，或输入剪贴画的部分或完整文件名，如输入"建筑"。

④在"结果类型"下拉列表中选择要查找的剪辑类型。

⑤单击"搜索"按钮进行搜索。

⑥单击要插入的剪贴画，就可以将剪贴画插入到光标所在的位置。

图 3-93　"剪贴画"任务窗格

3.7.2　编辑图形

插入图片后，单击图片可激活，在选项区会自动增加一个"图片工具"→"格式"选项卡，利用上边的"调整"、"图片样式"、"排列"和"大小"4 个组的按钮命令可对图片进行各种设置。也可以通过右键快捷菜单中的"设置图片格式"对话框完成相应的设置。

1．设置图片大小

方法 1：激活图片，在选项区会自动增加一个"图片工具"→"格式"选项卡，在"大小"组命令里有"高度"、"宽度"两个输入框，分别输入高度、宽度值，会发现选中的图片大小立刻得到了相应的调整。

方法 2：用户也可以利用右击图片，在弹出的快捷菜单中，选择"大小和位置"命令，在随后打开的"布局"对话框中，选择"大小"选项卡，直接输入高度、宽度值的方法设置图片的大小。

方法 3：选中要调整大小的图片，图片四周会出现 8 个方块，将鼠标指针移动到控点上，按下左键并拖动到适当位置，再释放左键即可。这种方法只是粗略的调整，精细调整需采用方法 1 或方法 2。

2．裁剪图片

用户可以对图片进行裁剪操作，以截取图片中最需要的部分，操作步骤如下所述：

先将图片的环绕方式设置为非嵌入型，选中需要进行裁剪的图片，在如图 3-94 所示的"图片工具"→"格式"选项卡，单击"大小"组中的"裁剪"按钮。

图 3-94　"图片工具→格式"选项卡

图片周围出现 8 个方向的裁剪控制柄，如图 3-95 所示，用鼠标拖动控制柄将对图片进行相应方向的裁剪，同时可拖动控制柄将图片复原，直至调整合适为止。

鼠标光标移出图片，单击鼠标左键确认裁剪。

也可以在右键快捷菜单中，选择"设置图片格式"命令，在随后弹出的"设置图片格式"对话框中，选择"图片"选项卡，在"裁剪"区直接输入图片的高度值、宽度值完成裁剪操作。

3. 设置正文环绕图片方式

正文环绕图片方式是指在图文混排时，正文与图片之间的排版关系，这些文字环绕方式包括顶端居左、四周型文字环绕等九种。默认情况下，图片作为字符插入到 Word 2010 文档中，用户不能自由移动图片。而通过为图片设置文字环绕方式，可以自由移动图片的位置，操作步骤如下所述：

①选中需要设置文字环绕的图片。

②在"图片工具"→"格式"选项卡中，单击"排列"组中的"位置"按钮，则可以在打开的预设位置列表中选择合适的文字环绕方式。

如果用户希望在 Word 2010 文档中设置更丰富的文字环绕方式，可以在"排列"组中单击"自动换行"按钮，在打开的如图 3-96 所示的下拉列表中选择合适的文字环绕方式。也可以通过右键快捷菜单的"自动换行"来完成相应设置。

图 3-95   裁剪图片效果

图 3-96   "自动换行"列表

Word 2010"自动换行"菜单中每种文字环绕方式的含义如下所述：

①四周型环绕：文字以矩形方式环绕在图片四周。

②紧密型环绕：文字将紧密环绕在图片四周。

③穿越型环绕：文字穿越图片在空白区域环绕图片。

④上下型环绕：文字环绕在图片的上方和下方。

⑤衬于文字下方：图片在下，文字在上，分为两层。

⑥浮于文字上方：图片在上，文字在下，分为两层。

⑦编辑环绕顶点：用户可以编辑文字环绕区域的顶点，实现更个性化的环绕效果。

4. 在文档中添加图片题注

如果 Word 2010 文档中含有大量图片，为了能更好地管理这些图片，可以为图片添加题注。添加了题注的图片会获得一个编号，并且在删除或添加图片时，所有图片编号会自动改变，以保持编号的连续性。在 Word 2010 文档中添加图片题注的步骤如下所述：

①右键单击需要添加题注的图片，在打开的快捷菜单中选择"插入题注"命令；或者单击选中图片，在"引用"选项卡的"题注"组中单击"插入题注"按钮，打开"题注"对话框，如图 3-97 所示。

②在打开的"题注"对话框中，单击"编号"按钮，选择合适的编号格式。

③返回"题注"对话框中，在"标签"下拉列表中选择"图表"标签；也可以单击"新建标签"按钮，在打开的"新建标签"对话框中创建自定义标签（例如第一章），单击"位置"下拉三角图标选择题注放置的位置（如"所选项目下方"），设置完毕后单击"确定"按钮。

图 3-97　"题注"对话框

④在 Word 2010 文档中添加图片题注后，可以单击题注右边部分的文字进入编辑状态，并输入对图片的描述性内容。

5. 在 Word 2010 文档中设置图片透明色

在 Word 2010 文档中，对于背景色只是一种颜色的图片，用户可以将该图片的纯色背景色设置为透明色，从而使图片更好地融入到 Word 文档中。该功能对于设置有背景颜色的 Word 文档尤其适用。在 Word 文档中设置图片透明色的步骤如下所述：

①选中需要设置透明色的图片，切换到如图 3-94 所示的"图片工具"→"格式"选项卡，在"调整"组中单击"颜色"按钮，在打开的颜色模式列表中选择"设置透明色"命令。

②鼠标光标呈现彩笔形状，将鼠标光标移动到图片上并单击需要设置为透明色的纯色背景，则被单击的纯色背景将被设置为透明色，从而使得图片的背景与 Word 2010 文档的背景色一致。

以上介绍的是部分对图片格式的基本操作，如果需要对图像进行其他如删除背景、设置艺术效果、设置样式、调整颜色、填充、设置图片效果（如阴影、三维）等基本操作，可通过如图 3-94 所示的"图片工具"→"格式"选项卡中相关按钮来实现，也可单击右键，在快捷菜单中选择"设置图片格式"命令，在弹出的如图 3-98 所示的"设置图片格式"对话框中进行相关设置。

图 3-98　"设置图片格式"对话框

6. 图文混排

（1）图文混排的功能与意义

图文混排就是在文档中插入图形或图片，使文章具有更好的可读性和更高的艺术效果。

利用图文混排功能可以实现杂志报刊等复杂文档的编辑与排版。

（2）Word 2010 文档的分层

Word 2010 文档分成以下三个层次结构：

①文本层：用户在处理文档时所使用的层。

②绘图层：在文本层之上。建立图形对象时，Word 最初是将图形对象放在该层。

③文本层之下层：可以把图形对象放在该层，与文本层产生叠加效果。

在编辑文稿时，利用这三层，可以根据需要对图形对象在文本层的上下层次之间移动，也可以将某个图形对象移到同一层中其他图形对象的前面或后面，实现意想不到的效果。正是因为 Word 文档具有这种层次特性，才可以方便地生成漂亮的水印图案。

（3）图文混排的操作要点

图文混排操作是文字编排与图形编辑的混合运用，其要点如下：

①规划版面：即首先对版面的结构布局进行规划。

②准备素材：提供版面所需的文字和图片资料。

③着手编辑：充分运用文本框图形对象的操作，实现文字环绕、叠放次序等基本功能。

3.7.3　插入艺术字

Word 2010 提供了一个为文字建立图形效果的功能，可以给文字增加特殊效果，创建出带阴影的、斜体的、旋转的和延伸的文字，还可以创建符合预定形状的文字。这些特殊效果的文字就是艺术字，它是图形对象，结合了文本和图形的特点，具有特殊的视觉效果，可以使文档的内容变得更加生动活泼。Office 艺术字不但可以像普通文字一样设定字体、大小、字形，还能够使文本具有图形的某些属性，如设置旋转、三维、阴影、映像等效果，在 Word、Excel、PowerPoint 等 Office 组件中都可以使用艺术字功能。可以用"绘图工具"→"格式"选项卡"艺术字样式"组中的相关按钮来改变其效果。

用户在 Word 2010 文档中插入艺术字的操作步骤如下所述：

①将插入点光标移动到准备插入艺术字的位置。

②切换到"插入"选项卡，单击"文本"组中的"艺术字"按钮，在打开的艺术字预设样式面板中选择合适的艺术字样式。

③在"编辑艺术字文字"对话框中，直接输入艺术字文本，用户可以对输入的艺术字分别设置字体和字号等。

④在编辑框外任意处单击，即可完成。

3.7.4　编辑艺术字

在文档中输入艺术字后，用户可以对插入的艺术字进一步设置，具体方法如下：

方法 1：选中艺术字后，在文本上单击右键，可在随后弹出的快捷菜单中设置字体、字型、颜色、字号、文字方向等文本性内容。也可以在边框线上单击右键，在随后弹出的快捷菜单中选择"设置形状格式"命令，可设置填充、阴影、三维旋转、图片颜色、艺术效果、裁剪等多种不同效果。

方法 2：利用"开始"选项卡的"字体"组上的相关命令按钮，可设置诸如字体、字号、颜色等格式。

方法 3：选中艺术字后，自动展开如图 3-99 所示的"绘图工具"→"格式"选项卡，利用"艺术字样式"组中的相关按钮，可实现填充效果、文本轮廓、边框效果、阴影、三维旋转、艺术字效果等多种修改或设置。

图 3-99　"绘图工具"→"格式"选项卡

更具体的设置，可参照插入到文档中的其他图形对象的设置方法，例如图形、文本框、SmarArt 和形状等对象，均可以进行编辑和美化处理，使其更符合用户的需求。在 Word 2010 中对这些对象的处理方法类似，下面以处理图形对象为例进行介绍。

1．选定图形对象

在对某个图形对象进行编辑之前，首先要选定该图形对象，方法如下：

● 　如果要选定一个对象，用鼠标单击该对象。此时，该图形周围会出现句柄。

● 　如果要选定多个对象，按住 Ctrl 或 Shift 键，然后用鼠标分别单击要选定的图形。如果某个对象的"文字环绕"设为"嵌入型"，则不能同时选择该对象和其他对象。

● 　若被选定图形比较集中，可以将鼠标指针移到要选定图形对象的左上角，按住鼠标左键向右下角拖动，拖动时会出现一个虚线方框，当把所有要选定的图形对象全部框住后，释放鼠标按键。

2．在自选图形上添加文字

右击自选图形，在快捷菜单中选择"添加文字"命令，即可在插入点处输入文字。对于添加的文字可以进行格式设置，这些文字随图形一起移动。

3．调整图形对象的大小

选定图形对象后，在其拐角和矩形边界会出现尺寸句柄，拖动该句柄即可调整对象的大小。如果要保持原图形的比例，拖动拐角上的句柄时按住 Shift 键；如果要以图形对象中心为基点进行缩放，拖动句柄时按住 Ctrl 键。

4．复制或移动图形对象

在 Word 2010 中，绘制的图形对象出现在图形层，用户可以在文档中任意移动图形对象。选定图形对象后，可以将鼠标左键移到图形对象的边框上（不要放在句柄上），此时鼠标指针会变成四向箭头形状。按住鼠标左键拖动，拖动时会出现一个虚线框，表明该图形将要放置的位置，到达目标位置后释放鼠标按键即可。

在拖动过程中，按住 Ctrl 键，可以将选定的图形复制到新位置。

5．对齐图形对象

使用鼠标移动图形对象，很难使得多个图形对象排列得很整齐。Word 提供了快速对齐图形对象的工具，即选定要对齐的多个图形对象，切换到"绘图工具"→"格式"选项卡，在"排列"组中单击"对齐"按钮，从下拉列表中选择所需的对齐方式，如图 3-100 所示。

6．叠放图形对象

在同一区域绘制多个图形时，后来绘制的图形将覆盖前面的图形。在改变图形的叠放次序时，需选定要移动的图形对象，若该图形被隐藏在其他图形下面，可以按 Tab 键来选定该图形对象，然后在"排列"选项组中单击"上移一层"或"下移一层"按钮。如果要将图形对象置于正文之后，单击"下移一层"右侧的按钮，从弹出的菜单中选择"衬于文字下方"命令。

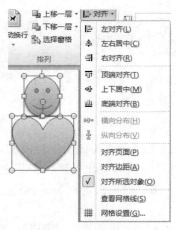

图 3-100　"对齐"下拉菜单

7. 组合多个图形对象

用户可以将绘制好的多个图形组合成一个整体，以便于对它们同步移动或改变大小。组合多个图形对象的方法为：选定要组合的图形对象，在"排列"选项组中单击"组合"按钮，从下拉菜单中选择"组合"命令。

单击组合后的图形对象，再次单击"组合"按钮，从下拉菜单中选择"取消组合"命令，即可将多个图形对象恢复为之前的非组合状态。

8. 图形的旋转与翻转

单击图形，图形上方会出现一个绿色的控制点，用鼠标在此控制点上单击并拖动，所选图形即可绕其中心旋转，直至满意位置松开鼠标即可。如果要进行精确角度的旋转，选中图形并右击，选择快捷菜单中的"其他布局选项"命令，在弹出的"布局"对话框中选择"大小"选项卡，在"旋转"列表框中设置旋转的角度即可；也可以选中图形，然后单击"绘图工具"→"格式"选项卡"排列"组中的"旋转"按钮上的下拉按钮，在弹出的列表中根据需要选择相应的旋转或翻转效果。

3.7.5　绘制图形

图形对象包括形状、图表和艺术字等，这些对象都是 Word 文档的一部分。通过"插入"选项卡的"插图"组中的按钮可以完成插入操作，通过"绘图工具"→"格式"选项卡可以更改和增强这些图形的颜色、图案、边框和其他效果。

1. 插入形状

切换到"插入"选项卡，在"插图"组中单击"形状"按钮，出现"形状"面板（如图3-101 所示），在面板中可以选择线条、基本形状、流程图、箭头总汇、星形与旗帜、标注等图形，然后在绘图起始位置按住鼠标左键，拖动至结束位置就能完成所选图形的绘制。

另外，有关绘图的几点注意事项如下：

①拖动鼠标的同时按住 Shift 键，可绘制等比例图形，如圆角矩形等。

②拖动鼠标的同时按住 Ctrl 键，可绘制以插入点为中心基点的图形对象。

图 3-101　"形状"面板

2. 编辑图形

　　编辑图形主要包括更改图形位置、图形大小，向图形中添加文字，形状填充、形状轮廓、颜色设置、阴影效果、三维效果、旋转和排列等基本操作。

　　①设置图形大小和位置的操作方法是选定要编辑的图形对象，在非"嵌入型"版式下，直接拖动图形对象，即可改变图形的位置，将鼠标指针置于所选图形的四周编辑点上（如图 3-102 所示），拖动鼠标可缩放图形。

　　②向图形对象中添加文字的操作方法是右键单击图片，从弹出的快捷菜单中选择"添加文字"命令，然后输入文字即可，效果如图 3-102 所示。

　　③组合图形的方法是选择要组合的多张图形，单击鼠标右键，从弹出的快捷菜单中选择"组合"菜单下的组合命令即可，效果如图 3-103 所示。

图 3-102　添加文字效果

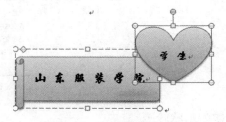

图 3-103　组合图形效果图

3. 修饰图形

如果需要进行图形填充、形状轮廓、颜色设置、阴影效果、三维效果、旋转和排列等基本操作，均可先选定要编辑的图形对象，出现图 3-99 所示的"绘图工具"→"格式"选项卡，选择相应功能按钮来实现。

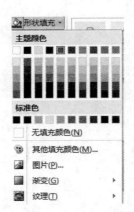

图 3-104　"形状填充"面板　　　　　图 3-105　　"渐变形状填充"面板

（1）形状填充

选择要填充形状的图片，单击"绘图工具→格式"选项卡的"形状填充"按钮，出现图 3-104 所示的"形状填充"面板。如果设置单色填充，可选择面板已有的颜色或单击"其他填充颜色"选择其他颜色；如果设置图片填充，单击"图片"选项，出现"打开"对话框，选择一张图片作为图片填充；如果设置渐变填充，则单击"渐变"选项，弹出图 3-105 所示的面板，选择一种渐变样式即可，也可单击"其他渐变"选项，出现图 3-106 所示"设置形状格式"对话框，选择相关参数设置其他渐变效果。

图 3-106　　"设置形状格式"对话框

（2）形状轮廓

选择要设置形状轮廓的图片，单击"绘图工具"→"格式"选项卡的"形状轮廓"按钮，在出现的面板中可以设置轮廓线的线型、大小和颜色。

（3）形状效果

选择要设置形状效果的图片，单击"绘图工具"→"格式"选项卡的"形状效果"按钮，选择一种形状效果，比如选择"阴影"，如图 3-107 所示"形状效果"面板，再选择一种阴影样式即可。

（4）应用内置样式

选择要套用形状样式的图片，切换到"绘图工具"→"格式"选项卡，在"形状样式"组选择一种内置样式即可应用到图片上。

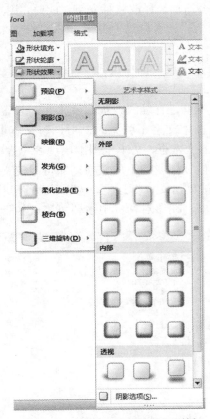

图 3-107　阴影"形状效果"面板

3.7.6　插入文本框

文本框是一种特殊的图形对象，可以被置于页面中的任何位置，主要用于在文档中输入特殊格式的文本。通过使用文本框，用户可以将 Word 文本很方便地放置到 Word 2010 文档页面的指定位置，而不必受段落格式、页面设置等因素的影响，从而进一步增强图文混排的功能和效果。使用文本框还可以对文档的局部内容进行竖排、添加底纹等特殊形式的排版。可以像处理一个新页面一样来处理文本框中的文字，如设置文字的方向、格式化文字、设置段落格式等。文本框有两种，一种是横排文本框，一种是竖排文本框。Word 2010 内置有多种样式的文本框供用户选择使用。

1.　插入文本框

①用户可先插入一个空文本框，再输入文本内容或者插入图片。在"插入"选项卡的"文

本"组中单击"文本框"按钮，选择合适的文本框类型，然后返回 Word 2010 文档窗口，在要插入文本框的位置拖动鼠标至大小适当的文本框后，松开鼠标，即可完成空文本框的插入，然后输入文本内容或插入图片。

②用户也可以将已有内容设置为文本框，选中需要设置为文本框的内容。在"插入"选项卡的"文本"组中单击"文本框"按钮，在打开的文本框面板中选择"绘制文本框"或"绘制竖排文本框"命令，被选中的内容将被设置为文本框。

③如果要手动绘制文本框，在"文本框"下拉菜单中选择"绘制文本框"命令，按住鼠标左键拖动，在文本框的大小合适后，释放鼠标左键。此时，用户可以在文本框中输入文本或插入图片。

2. 设置文本框格式

在文本框中处理文字就像在一般页面中处理文字一样，可以在文本框中设置页边距，也可以设置文本框的文字环绕方式、大小等。

插入文本框后，可以对文本框进行编辑，如改变大小、设置边框和填充颜色等。

在文本框中输入文字，若框中文字不可见时，可调整文本框的大小解决。改变文本框大小的方法是：单击要改变大小的文本框，文本框周围出现 8 个控制点，将鼠标光标移到文本框的任意一个控制点上，然后按住鼠标左键不放并拖动即可改变文本框的大小。

要设置文本框格式时，右键单击文本框边框，选择"设置形状格式"命令，将弹出图 3-108 所示的"设置形状格式"对话框，在该对话框中主要可完成如下设置：

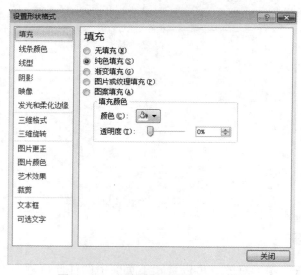

图 3-108　"设置形状格式"对话框

（1）设置文本框的线条和颜色

在"线条颜色"选项卡中可根据需要进行具体的颜色设置。

（2）设置文本框格式内部边距

在"文本框"选项卡的"内部边距"区输入文本框与文本之间的间距数值即可。

若要设置文本框"版式"，右键单击文本框边框，选择"其他布局选项"命令，在打开的"布局"对话框的"版式"选项卡中，进行类似于图片"版式"的设置即可。

另外，如果需要设置文本框的大小、文字方向、内置文本样式、三维效果和阴影效果等其他格式，可单击文本框对象，切换到图 3-99 所示的"绘图工具"→"格式"选项卡，通过相应的功能按钮来实现。

3. 文本框的链接

在使用 Word 2010 制作手抄报、宣传册等文档时，往往会通过多个 Word 2010 文本框来进行版式设计。通过在多个文本框之间创建链接，可以在当前文本框中充满文字后自动转入所链接的下一个文本框中继续输入文字。在 Word 2010 文档中链接多个文本框的步骤如下所述：

①打开 Word 2010 文档窗口，并插入多个文本框。调整好文本框的位置和尺寸，并单击选中第一个文本框。

②在打开的"绘图工具"→"格式"选项卡中，单击"文本"组中的"创建链接"按钮。如图 3-109 所示。

③鼠标指针变成水杯形状，将水杯状的鼠标指针移动到准备链接的下一个文本框内部，单击鼠标左键即可创建链接。

④重复上述步骤可以将第二个文本框链接到第三个文本框，以此类推可以在多个文本框之间创建链接。

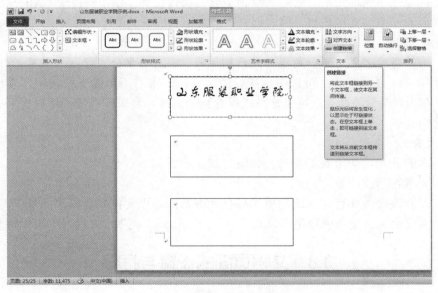

图 3-109　文本框的链接

3.7.7　插入与编辑公式

利用 Word 2010 的公式编辑器可以非常方便地录入专业的数学公式，产生的数学公式可以像图形一样进行编辑和排版操作。Word 2010 提供内置常用数学公式供用户直接选用，同时提供数学符号库供用户构建自己的公式。对自建公式，用户可以保存到公式库，以便重复使用。

1. 插入内置公式

将插入点置于公式插入位置，单击"插入"选项卡，在"符号"组中单击"公式"下拉三角按钮，在出现的列表中单击需要的公式。

2. 创建自建公式

如果需要的公式不是内置公式，则按以下步骤操作：

①插入点移动到待插入公式的位置。

②单击"插入"选项卡"符号"组中的"公式"按钮，此时系统会在窗口顶部显示"公式工具"→"设计"选项卡，同时在文档编辑区显示公式输入框，如图3-110所示。

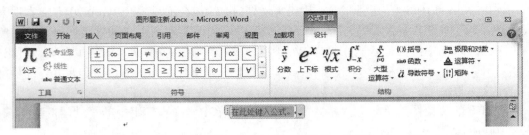

图3-110　"公式工具"→"设计"选项卡

③选择"公式工具"→"格式"选项卡"结构"组中的相应结构模板和"符号"组中相应的符号，输入相关的数字和符号。

④输入完毕，单击公式外任意位置即可完成公式的插入。

也可以使用以下简便方法，将插入点置于公式插入位置，使用快捷键"Alt+="，系统自动在当前位置插入一个公式编辑框，同时展开"公式工具"→"设计"选项卡，单击相应模板和按钮即可在编辑框中编写自建公式。

说明： 如果自建公式与某一内置公式结构相同，可按内置公式插入，然后进行修改。

经常使用某一自建公式，可选中创建好的公式，单击右下角的下拉按钮，在出现的列表中选择"另存为新公式"命令，将自建公式保存到公式库，将来可以像使用内置公式一样方便地使用自建公式。

3．编辑公式

已经输入的公式，如果要重新进行编辑，操作步骤如下：

①单击要编辑修改的数学公式。

②单击要修改的数学符号（或利用光标移动键将插入点定位到要修改的数学符号），然后输入新内容（使用键盘输入或单击"公式工具"→"格式"选项卡"符号"组中的相应符号）。

3.8　文档页面的设置与打印

3.8.1　页眉、页脚和页码的设置

在Word 2010文档排版打印时，通常在每页的顶部和底部加入一些说明性信息，称为页眉和页脚。这些信息可以是文字、图形、图片、日期、时间、页码等。例如我们常见杂志的每页顶部一般都有文章标题、书名等信息，底部一般都打印有日期、页码等信息。页眉和页脚通常用于打印文档。页眉打印在上页边距中，而页脚打印在下页边距中。

在文档中可以自始至终用一个页眉或页脚，也可以在文档的不同部分用不同的页眉和页脚。例如，可以在首页上使用与众不同的页眉和页脚，也可以不使用页眉和页脚，还可以在奇数页和偶数页上使用不同的页眉和页脚，而且文档不同部分的页眉和页脚也可以不同。

1．设置页眉和页脚

（1）创建页眉和页脚

在图 3-111 所示的"插入"选项卡"页眉和页脚"组中，单击"页眉"或"页脚"按钮，在打开的面板中单击"编辑页眉"或"编辑页脚"按钮，定位到文档中的位置，接下来有两种方法可以完成页眉或页脚内容的设置，第一种是从库中添加页眉或页脚内容，另外一种就是自定义添加页眉或页脚内容。设置完单击"页眉和页脚工具"→"设计"选项卡的"关闭页眉和页脚"，即可返回至文档正文。

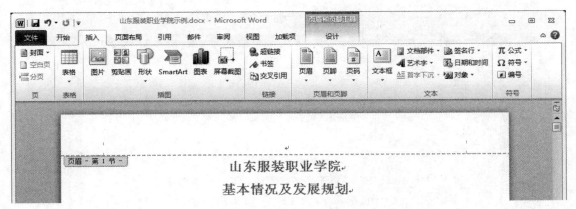

图 3-111　"页眉和页脚"的设置

（2）编辑页眉和页脚

要对已经设置好的页眉和页脚进行修改编辑，可通过以下操作方法实现：单击"插入"选项卡"页眉和页脚"组中的"页眉"按钮（或"页脚"按钮），在出现的列表中选择"编辑页眉"（或"编辑页脚"），或直接双击页眉（或页脚）处，打开页眉和页脚后直接进行相应的修改和编辑即可。

（3）删除页眉和页脚

如果要删除设置好的页眉和页脚，可双击页眉或页脚处，进入之后选中要删除的页眉或页脚内容进行删除操作，或单击"插入"选项卡"页眉和页脚"组中的"页眉"按钮（或"页脚"按钮），在出现的列表中选择"删除页眉"（或"删除页脚"）。

（4）不同页眉和页脚的设置

在文档中可以自始至终使用同一个页眉和页脚，也可以在文档的不同部分使用不同的页眉和页脚。

①设置首页不同的页眉页脚。

操作方法：双击首页的页眉或页脚处，在弹出的"页眉和页脚工具"→"设计"选项卡的"选项"组中选中"首页不同"选项，此时插入点自动定位于首页页眉或页脚处，可输入与其他页不同的页眉或页脚。

②设置奇偶页不同的页眉和页脚。

双击任意一页的页眉或页脚处，在弹出的"页眉和页脚工具"→"设计"选项卡的"选项"组中选中"奇偶页不同"选项，然后分别设置奇数页页眉、页脚和偶数页页眉、页脚。

③设置分节页眉页脚。

1）单击要在其中设置或更改页眉、页脚的页面开头。

2）切换到"页面布局"选项卡，单击"页面设置"组中的"分隔符"，选择"下一页"。

3）双击页眉区域或页脚区域，打开"页眉和页脚工具"→"设计"选项卡，在"设计"

的"导航"组中，单击"链接到前一条页眉"，如图 3-112 所示。

4）选择页眉和页脚，然后按 Delete 键。

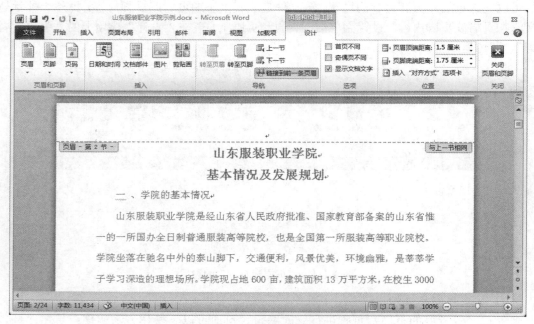

图 3-112　分节的页眉页脚设置

5）若要返回至文档正文，单击"设计"选项卡上的"关闭页眉和页脚"。

由于页眉和页脚在文档分节后默认"与上一节相同"，因而本节的页眉和页脚还会被下面的各节继承。这就需要逐节编辑不同的页眉和页脚。

2．设置页码

页码是页眉和页脚中的一部分，可以放在页眉或页脚中。对于一个长文档，页码是必不可少的，因此为了方便，Word 2010 单独设立了"插入页码"功能。

可以只向文档的某一部分添加页码，也可以在文档的不同部分中使用不同的编号格式。例如，用户可能希望对目录和简介采用 i、ii、iii 编号，对文档的其余部分则采用 1、2、3 编号，而不对索引采用任何页码。

如果用户希望每个页面都显示页码，并且不希望包含任何其他信息（例如，文档标题或文件位置），可以快速添加库中的页码，也可以创建自定义页码。

（1）从库中添加页码

切换到"插入"选项卡，在图 3-113 所示的"页眉和页脚"组中，单击"页码"按钮，选择所需的页码位置，然后滚动浏览库中的选项，单击所需的页码格式即可。若要返回至文档正文，只要单击"页眉和页脚工具"→"设计"选项卡的"关闭页眉和页脚"即可。

（2）添加自定义页码

双击页眉区域或页脚区域，出现"页眉和页脚工具"→"设计"选项卡，在图 3-114 所示的"位置"组中，单击"插入'对齐方式'选项卡"可以设置对齐方式。若要更改页码编号格式，单击"页眉和页脚"组中的"页码"按钮，在"页码"面板中单击"页码格式"命令可以设置格式。设置完成单击"页眉和页脚工具"→"设计"选项卡的"关闭页眉和页脚"即可返回至文档正文。

　　若要选择编号格式或起始编号，单击"页眉和页脚"组中的"页码"，单击"设置页码格式"，再单击所需格式和要使用的"起始编号"，然后单击"确定"按钮。

图 3-113　"页眉和页脚"组

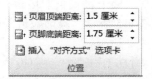

图 3-114　"位置"组

3.8.2　页面设置

　　页面设置主要包括设置纸张大小、页面方向、页边距等内容。页边距是指页面上文本与纸张边缘的距离，他决定页面上整个正文区域的宽度和高度，对应页面的 4 条边共有 4 个页边距，分别是左页边距、右页边距、上页边距和下页边距。Word 2010 默认的页面设置是以 A4（21 厘米×29.4 厘米）为大小的页面，按纵向格式编排与打印文档。如果不合适，可以通过页面设置进行改变。

　　1.　设置纸型

　　纸型是指用什么样的纸张大小来编辑、打印文档，这一点很关键，因为我们打印编辑的文档时，只有根据用户对纸张大小的要求来排版和打印，才能满足用户的要求。设置纸张大小的方法是：切换到"页面布局"选项卡，在图 3-115 所示的"页面设置"组中，单击"纸张大小"按钮，在列表中选择合适的纸张类型。或者，在图 3-115 所示的"页面设置"组中，单击右下角"页面设置"按钮，显示"页面设置"对话框，出现图 3-116 所示的"页面设置"对话框。单击"纸张"选项卡，选择合适的纸张类型。

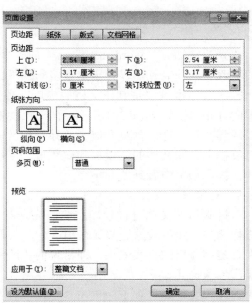

图 3-115　"页面设置"组　　　　　　　　　图 3-116　"页面设置"对话框

2．设置页边距

页边距是指对于一张给定大小的纸张，相对于上、下、左、右四个边界分别留出的边界尺寸。通过设置页边距，可以使 Word 2010 文档的正文部分跟页面边缘保持比较合适的距离。在 Word 2010 文档中设置页面边距有两种方式：

①在图 3-115 所示"页面设置"组中，单击"页边距"按钮，并在打开的常用页边距列表中选择合适的页边距。

②在图 3-116 所示的"页面设置"对话框中，切换到"页边距"选项卡，在"页边距"区域分别设置上、下、左、右的数值。

3．使用分隔符

分隔符是指在节的结尾插入的标记。通过在 Word 2010 文档中插入分隔符，可以将 Word 文档分成多个部分。每个部分可以有不同的页边距、页眉页脚、纸张大小等页面设置。如果不再需要分隔符，可以将其删除，删除分隔符后，被删除分隔符前面的页面将自动应用分隔符后面的页面设置。分隔符分为"分节符"和"分页符"两种。

（1）插入分隔符

将光标定位到准备插入分隔符的位置。在图 3-115 所示的"页面设置"组中单击"分隔符"按钮，在打开的分隔符列表中，选择合适的分隔符即可。

（2）删除分隔符

①打开已经插入分隔符的 Word 2010 文档，在"文件"选项卡中单击"选项"按钮，打开"Word 选项"对话框。

②切换到"显示"选项卡，在"始终在屏幕上显示这些格式标记"区域选中"显示所有格式标记"复选框，并单击"确定"按钮。

③返回 Word 2010 文档窗口，在"开始"选项卡中，单击"段落"组中的"显示/隐藏编辑标记"按钮以显示分隔符，在键盘上按 Delete 键即可删除分隔符。

3.8.3　预览与打印

在新建文档时，Word 对纸型、方向、页边距以及其他选项应用默认的设置，但用户还可以随时改变这些设置，以排出丰富多彩的版面格式。

打印文档可以说是制作文档的最后一项工作，要想打印出满意的文档，就需要设置各种相关的打印参数。Word 2010 提供了一个非常强大的打印设置功能，它可以轻松地打印文档，可以做到在打印之前预览文档、选择打印区域、一次打印多份、对版面进行缩放、逆序打印，也可以指定打印文档的奇数页和偶数页，还可以在后台打印，以节省时间，并且打印出来的文档和在打印预览中看到的效果完全一样。

1．打印预览

对排版后的文档进行打印之前，应先对其打印效果进行预览，以便决定是否还需要对版式进行调整，打印预览是 Word 2010 的一个重要功能。利用该功能，用户观察到的文档效果实际上就是打印出的真实效果，即常说的"所见即所得"，以及时调整页边距、分栏等设置，具体操作步骤描述如下：

①在"文件"选项卡中单击"打印"按钮，打开"打印"面板，如图 3-117 所示。

②在"打印"面板右侧预览区域可以查看 Word 2010 文档打印预览效果，用户所做的纸张方向、页面边距等设置都可以通过预览区域查看效果，还可以通过调整预览区域下面的滑块改

变预览视图的大小。

③若需要调整页面设置，可单击"页面设置"按钮调整到合适打印效果。

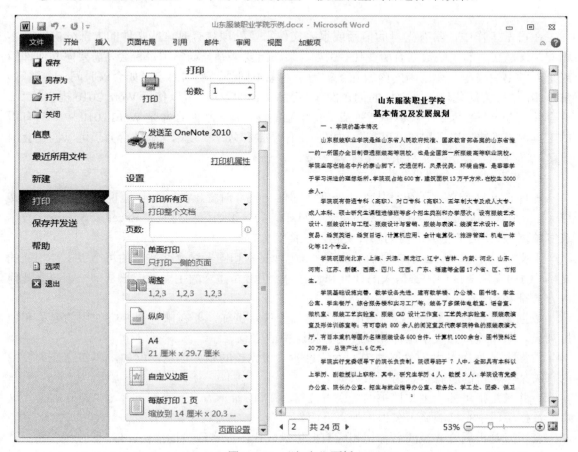

图 3-117　"打印"面板

2．打印文档

打印文档之前，要确定打印机的电源已经接通，并且处于联机状态，已经安装好打印纸。为了稳妥起见，最好先打印文档的一页看到实际效果，确定没有问题后，再将文档的其余部分打印出来，如果用户对文档的打印结果很有把握也可以直接打印。具体打印步骤如下：

①打开要打印的文档。

②打开图 3-117 所示的"打印"面板，在"打印"面板中单击"打印机"下拉三角图标，选择电脑中已经安装的打印机。

③若仅想打印部分内容，在"设置"项选择打印范围，在"页数"文本框中输入页码范围，用逗号分隔不连续的页码，用连字符连接连续的页码。例如，要打印 2，5，6，7，11，12，13，可以在文本框中输入"2，5-7，11-13"。

④如果需要打印多份，在"份数"数值框中设置打印的份数。

⑤如果要双面打印文档，设置"手动双面打印"选项。

⑥如果要在每版打印多页，设置"每版打印页数"选项。

⑦单击"打印"按钮，即可开始打印，直至完成。

3.9 邮件合并

在日常工作中，常有大量的信函或报表文件需要处理。有时这些文件的大部分内容基本相同，只是其中的一些数据有所变化。例如，某部门要举办一场学术报告会，需要向其他部门或个人发出邀请函。邀请函的内容除了被邀请对象不同外，基本内容（如会议时间、主题等）都是相同的。为简化这一类文档的创建操作，提高工作的效率，可以使用 Word 2010 提供的"邮件合并"功能来对每一个被邀请者生成一份单独的邀请函。邮件合并是 Word 2010 中非常有用的工具，正确地加以运用，可以有效地提高工作质量和效率。使用"邮件合并"可以创建套用信函、邮件标签、信封、目录和传真等。

1. 基本概念

邮件合并这个名称最初是从批量处理"邮件文档"时提出的。具体地说，就是在邮件文档（主文档）的固定内容中，合并与发送信息相关的一组通信资料（如 Excel 表、Access 数据表等数据源），批量生成需要的邮件文档，从而大大提高工作效率。

主文档是指在 Word 的邮件合并操作中，所含文本和图形对合并文档的每个版本都相同的文档，例如套用信函中的寄信人的地址和称呼等。通常新建立的主文档应该是一个不包含其他内容的空文档。

数据源是指包含要合并到文档中的信息的文件。例如，要在邮件合并中使用的名称和地址列表。必须连接到数据源，才能使用数据源中的信息。

数据记录是指对应于数据源中一行信息的一组完整的相关信息。例如，客户邮件列表中的有关某位客户的所有信息为一条数据记录。

合并域是指可插入主文档中的一个占位符。例如，插入合并域"城市"，让 Word 插入"城市"数据字段中存储的城市名称，如"济南"。

套用就是根据合并域的名称用相应数据记录取代，以实现成批信函、信封的录制。

适用范围：需要制作的数量比较大且文档内容可分为固定不变的部分和变化的部分（比如打印信封，寄信人信息是固定不变的，而收信人信息是变化的部分），变化的内容来自数据表中含有标题行的数据记录表。

2. 邮件合并方法

邮件合并的基本过程包括以下步骤，只要理解了这些过程，就可以得心应手地利用邮件合并来完成批量作业。"邮件合并向导"用于帮助用户在 Word 2010 文档中完成信函、电子邮件、信封、标签或目录的邮件合并工作，采用分步完成的方式进行，因此更适用于使用邮件合并功能的普通用户。

（1）向导法

下面以使用"邮件合并向导"创建邮件合并信函为例，操作步骤如下所述：

①打开 Word 2010 文档窗口，切换到"邮件"选项卡，在"开始邮件合并"组中单击"开始邮件合并"按钮，从打开的菜单中选择"邮件合并分步向导"命令。

②打开"邮件合并"任务窗格，在"选择文档类型"向导页选中"信函"单选框，并单击"下一步：正在启动文档"超链接。

③在打开的"选择开始文档"向导页中，选中"使用当前文档"单选框，并单击"下一步：选取收件人"超链接。

④打开"选择收件人"向导页，选中"从 Outlook 联系人中选择"，并单击"选择'联系人'文件夹"超链接。

⑤在打开的"选择配置文件"对话框中选择事先保存的 Outlook 配置文件，然后单击"确定"按钮。

⑥打开"选择联系人"对话框，选中要导入的联系人文件夹，单击"确定"按钮。

⑦在打开的"邮件合并收件人"对话框中，可以根据需要取消选中联系人。如果需要合并所有收件人，直接单击"确定"按钮。

⑧返回 Word 2010 文档窗口，在"邮件合并"任务窗格"选择收件人"向导页中单击"下一步：撰写信函"超链接。

⑨打开"撰写信函"向导页，将插入点光标定位到 Word 2010 文档顶部，然后根据需要单击"地址块"、"问候语"等超链接，并根据需要撰写信函内容。撰写完成后单击"下一步：预览信函"超链接。

⑩在打开的"预览信函"向导页可以查看信函内容，单击"上一个"或"下一个"按钮，可以预览其他联系人的信函。确认没有错误后单击"下一步：完成合并"超链接。

⑪打开"完成合并"向导页，用户即可以单击"打印"超链接开始打印信函，也可以单击"编辑单个信函"超链接对个别信函进行再编辑。

在本例中如果想将合并生成的信函直接以电子邮件的形式发给每位被邀请者，可在数据源文件中增加一个"电子邮件地址"列，并输入相应的邮件地址，合并完成后单击"邮件"选项卡中的"完成并合并"按钮，在出现的列表中选择"发放电子邮件"命令，此时会弹出"合并到电子邮件"对话框。在"收件人"下拉列表框中选择"电子邮件地址"，在"主题行"文本框中输入邮件主题，单击"确定"按钮即可自动发送邮件给每位被邀请者。

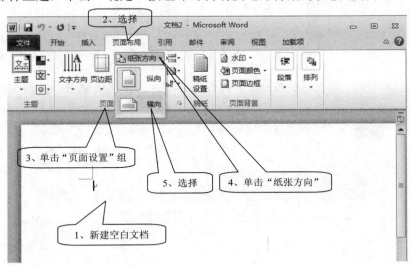

图 3-118　设置文档为横向

（2）自主法

邮件合并不只是可以使用以上模板完成，还可以不受任何模板的约束，根据数据源和主文档自主完成制作的整个过程。以信封为例，叙述步骤如下：

①建立主文档。主文档是指邮件合并内容的固定不变部分，如信函中的通用部分、信封

上的落款等。建立主文档的过程就和平时新建一个 Word 2010 文档一模一样，在进行邮件合并之前它只是一个普通的文档。唯一不同的是，如果正在为邮件合并创建一个主文档，可能需要考虑，这份文档要如何写才能与数据源更完美地结合，满足要求（在合适的位置留下数据填充的空间）。

1）建立空白文档，设置页面方向为横向。单击"页面布局"选项卡"页面设置"组中的"纸张方向"按钮，选择"横向"，如图 3-118 所示。

2）选择信封的尺寸或自定义信封的大小，单击"页面布局"选项卡"页面设置"组中的"纸张大小"按钮，选择其中的一种尺寸或自定义其他页面大小，如图 3-119 所示。

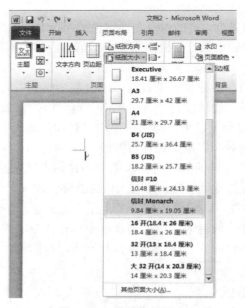

图 3-119　设置信封尺寸

3）建立信封模板，输入不变部分，并排好版，变化部分留出空白，如图 3-120 所示。

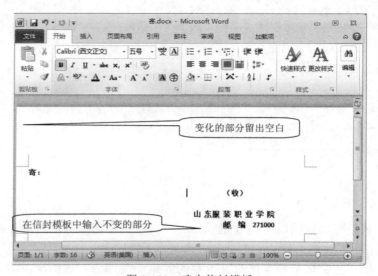

图 3-120　建立信封模板

②准备数据源。新建一个 Excel 文件，在其中输入相关信息，编号、收信人、称呼、省份、收信人地址、收信人邮编、寄信人地址、寄信人邮编等内容，如图 3-121 所示。

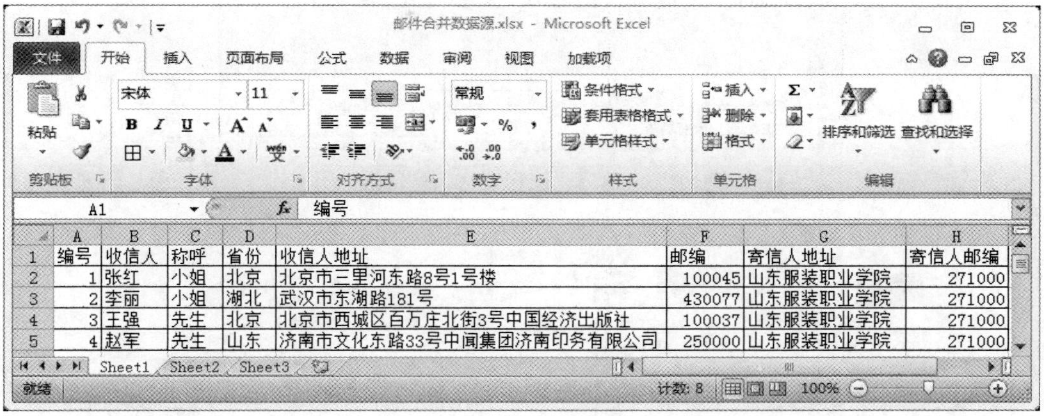

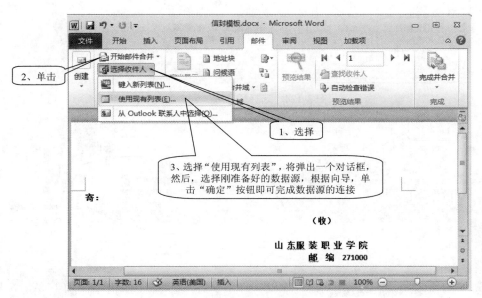

图 3-121　准备数据源

③连接数据源和信封模板。默认情况下，在"选取表格"对话框中连接至数据源。如果已有可使用的数据源（例如 Microsoft Excel 数据表或 Microsoft Access 数据库），则可以直接从"开始邮件合并"选项卡连接至数据源，如图 3-122 所示。

图 3-122　选择连接数据源

在弹出的"选择表格"对话框中单击"确定"按钮，完成数据源的连接，如图 3-123 所示。
④在信封模板中插入域。在信封中插入相应的域，如图 3-124 所示。插入域后，可对插入的内容进行字体、字号等的设置，效果如图 3-125 所示。

图 3-123　"选择表格"对话框

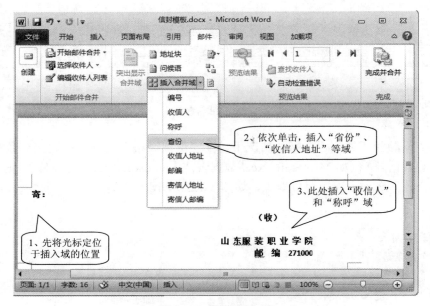

图 3-124　选择插入域

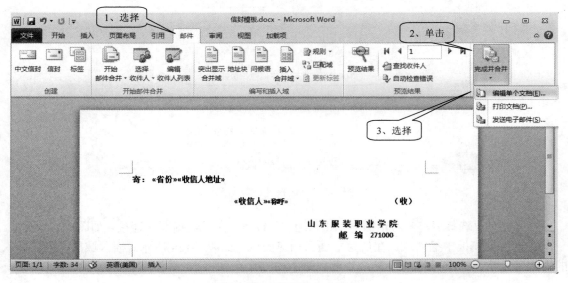

图 3-125　编辑单个文档

⑤将数据源合并到主文档中。利用邮件合并工具，我们可以将数据源合并到主文档中，得到我们的目标文档。合并完成的文档的份数取决于数据表中记录的条数。

单击"邮件"选项卡"完成"组中的"完成并合并"按钮，选择"编辑单个文档"，在图3-126 所示的"合并到新文档"对话框中选择合并记录的方式，最后，单击"确定"按钮完成邮件的合并，效果如图 3-127 所示。

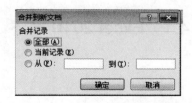

图 3-126　　"合并到新文档"对话框

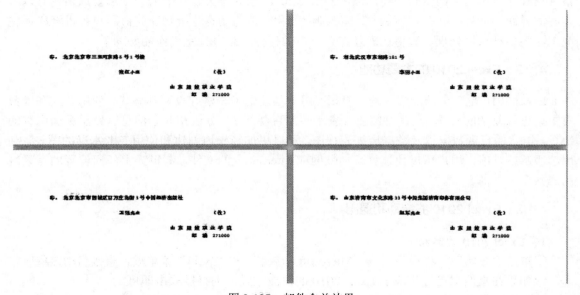

图 3-127　　邮件合并效果

数据源只是提供了批量制作相同类型文档所依据的数据，具体制作出的信函（或信封）样式取决于主文档。在真正提取数据进行邮件合并之前，可以调整文本框的大小、设置文本以及域的字体、字号、段落间距等，也可以取消文本框的使用，所有对主文档格式的设置会作用于后来生成的每一个信函（或信封）。

第 4 章　Excel 2010 电子表格

4.1　Excel 2010 概述

4.1.1　Excel 2010 简介

Excel 2010 是目前世界上最流行的电子表格软件，是一个基于 Windows 环境下的电子表格管理程序。作为美国微软公司出品的 Office 2010 系列办公软件中的一个重要成员，它以其友好的界面、强大的功能、精确的数据处理能力和完善的动态分析功能使得用户可以轻松地完成工作中各种表格处理、数值运算及综合分析的任务，是办公室工作的好助手。

4.1.2　Excel 2010 的主要功能

Excel 2010 是一个功能强大的工具，可用于创建电子表格并设置其格式，使用公式和函数对数据进行复杂的运算，用各种图表来表示数据直观明了，分析和共享信息以做出更加明智的决策，丰富的直观数据以及数据透视表视图，可以更加轻松地创建和使用专业水准的图表。利用超级链接功能，用户可以快速打开局域网或 Internet 上的文件，与世界上任何位置的互联网用户共享工作薄文件。

4.1.3　Excel 2010 的启动和退出

1．Excel 2010 的启动

①单击"开始"→"程序"→"Microsoft Office"→"Excel"菜单项，直接启动该程序。

②如果在桌面上已经生成了 Excel 2010 的快捷方式，则直接双击即可。

③双击已经存在的电子表格文件启动 Excel 2010，同时也打开了该文件。

2．Excel 2010 的退出

①单击"文件"→"退出"命令。

②单击应用程序最右上角的"关闭"按钮。

③双击工作窗口左上角的控制菜单框。

④按下 Alt+F4 快捷键。

如果退出时 Excel 2010 中的工作簿没有保存，Excel 会给出未保存的提示框，选择"是"或"否"都会退出 Excel 2010，选择"取消"则不保存，回到编辑状态。

4.1.4　Excel 2010 的窗口组成

启动 Excel 2010 后可看到它的主界面如图 4-1 所示。

①标题栏。最上端的是标题栏，标题栏左边是 Excel 的控制图标，后面紧跟的是快速访问工具栏，可自行设计个数及显示与否。接着是当前打开的工作簿的名称，默认是工作簿 1，连字符后是当前启动的应用程序的名称"Microsoft Excel"，最右边的三个按钮分别是"最小化"、

"最大化"和"关闭"按钮。

②选项卡。显示所有功能选项，并供切换使用。每个选项卡上的功能又分为若干个组。

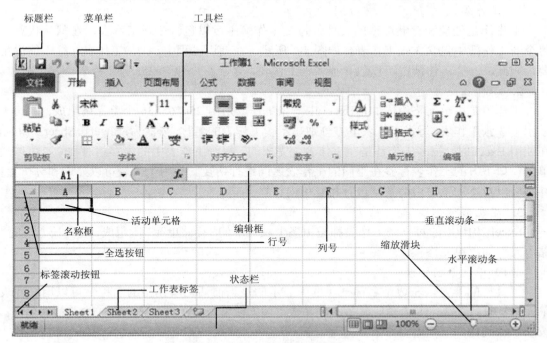

图 4-1　Excel 2010 用户界面

③名称框。显示活动单元格或区域的名称。

④编辑栏。用来输入和显示活动单元格中的数据或公式。

⑤活动单元格。当前可操作其数据或格式的单元格，通过鼠标单击，或用方向键移动输入框，可使一个单元格变为活动单元格。活动单元格的名称会自动显示在名称框中。

⑥行标、列标。行标位于工作表左侧的数字编号区，单击行标可选择工作表上的整行单元格。列标位于工作表上方的字母编号区，单击列标可选择工作表上的整列单元格。

⑦显示比例工具。用于设置表格的显示比例。

⑧全选按钮。单元格名称框下面灰色的小方块儿是"全选"按钮，单击它可以选中当前工作表的全部单元格。

⑨工作表标签。左下边是工作表标签，上面显示的是每个表的名字。每个工作表中的内容互相独立，可以通过单击窗口下方的"标签滚动"按钮在不同的工作表之间进行切换。四个带箭头的按钮是"标签滚动"按钮。单击向右（左）的箭头可以让标签整个向右（左）移动一个位置，单击带竖线的向右（左）箭头，最后（前）一个表的标签就显露了出来；而且这样只是改变工作表标签的显示，当前编辑的工作表是没有改变的。工作表标签可以重命名，方法：双击标签，然后输入新的名称。

⑩滚动条。滚动条分为水平滚动条和垂直滚动条，分别位于工作表的右下方和右侧。当工作表的内容在屏幕上显示不下时，可以通过滚动条使工作表水平或垂直滚动。

⑪状态栏。界面的最下面是状态栏。最右侧是缩放滑块，拖动滑块可改变缩放比例。紧挨的三个按键分别是普通、页面布局和分页预览。

4.1.5 Excel 2010 的基本概念

1. 工作簿

工作簿是处理和存储数据的文件，每个工作簿中可以包含多张工作表，在默认状态下，每个新工作簿中包含 3 张工作表，如图 4-1 所示。在使用过程中，3 张工作表往往不能满足需要，因此，一个工作簿中可以包含很多张工作表，最多可以包含 255 张工作表。

2. 工作表

工作表是由单元格组成的，Excel 中一张工作表是由 256*65536 个单元格组成。图 4-1 中显示了 3 张工作表，每张工作表下方分别显示了工作表的名称，依次为：Sheet1、Sheet2、Sheet3。在使用 Excel 时，很多工作都是在工作表中完成的，每张工作表中的内容相对独立，可以通过单击窗口下方的工作表标签在不同的工作表之间进行切换。使用工作表可以显示和分析数据，并且可以对不同工作表的数据进行相互引用计算。

3. 单元格

Excel 2010 中的每一张工作表都是由多个长方形的"存储单元"所组成，这些长方形的"存储单元"即"单元格"。

（1）单元格名称框

工具栏的下方，左边是名称框，框中显示的是当前活动单元格的名称，可以用名称表示单元格，命名方法：①选择要命名的单元格；②鼠标单击单元格名称框；③输入新的名称；④按回车键确认。

（2）行号和列号

单元格的左侧为行号，从 1 至 256，上部为列号由 26 个英文字母按序排列组合，共 65536 列。列号前行号后组成单元格名称，如"A1"。

（3）行编辑栏

名称框右边是编辑栏，选中单元格后可以在编辑栏中输入单元格的内容，如公式、文字或数据等。在编辑栏中单击准备输入时，名称框和编辑栏中间会出现三个按钮：左边的是"取消"按钮，它的作用是恢复到单元格输入以前的状态；中间的是"输入"按钮，就是确定输入栏中的内容为当前选定单元格的内容；右边是"编辑公式"按钮，单击此按钮可以在单元格中输入公式。

（4）单元格区域

行号和列号交叉点即为单元格区域。如果输入的是字符型或数值型数据，则此区域显示输入值；如果输入的是公式或函数，默认显示计算结果。

4.2 工作簿的基本操作

4.2.1 新建工作簿

新建工作簿即创建 Excel 文档，常用如下两种方法：

①启动 Excel 2010 时，系统将自动产生一个新的工作簿，名称默认为"工作簿 1"。

②在已经启动 Excel 的情况下，单击"文件"→"新建"菜单项，出现下图 4-2 所示窗口。选择"空白工作簿"选项，然后双击；或者单击右侧空白工作簿下方的"创建"按钮。

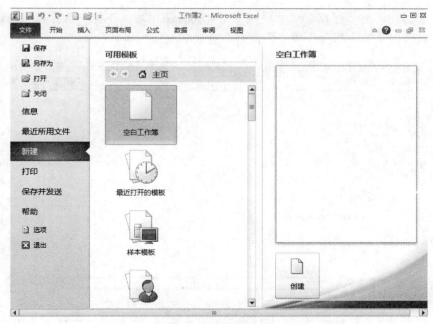

图 4-2　新建工作簿窗口

4.2.2　打开工作簿

打开已有的工作簿，可以先单击"文件"→"打开"菜单项，系统会打开"打开"文件对话框，如图 4-3 所示，选择要打开的文件名后单击"打开"按钮，或直接双击要打开的文件名。

图 4-3　"打开"对话框

4.2.3　保存工作簿

保存工作簿即保存 Excel 文件，常用方法有：

①单击"文件"→"保存"菜单项或"另存为"菜单项，在第一次保存工作簿时，两个菜单项的功能是相同的，都会打开"另存为"对话框，如图4-4所示。

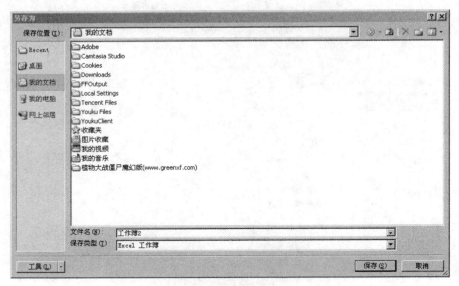

图4-4　"另存为"对话框

"另存为"是将文件以新的文件名保存，如果想将文件以其他类型保存，只需要在"另存为"对话框中的"保存类型"下拉列表框中选择相应的类型。

②单击常用工具栏中的"保存"按钮。

③关闭应用程序窗口或关闭工作簿窗口时，当系统提示"是否保存对'工作簿'的修改"，选择"保存"，如图4-5所示。

图4-5　"提示保存"对话框

4.2.4　保护工作簿

对于工作簿的保护，系统提供了6种不同级别，单击"文件"菜单，选"信息"，则显示当前工作簿详细信息，包括工作簿的保护、检查问题、管理版本、属性、相关日期及相关人员。如图4-6所示。单击"保护工作簿"，会弹出有6种具体保护级别，分别是：标志为最终状态（即只读），用密码进行加密，保护当前工作表，保护工作簿结构，按人员限制权限及添加数字签名，如图4-7所示。

4.2.5　关闭工作簿

①单击"文件"→"退出"命令。②单击应用程序最右上角的"关闭"按钮。③按下Alt+F4快捷键。

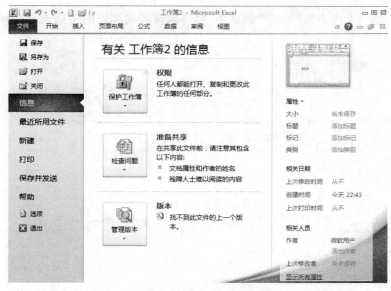

图 4-6　工作簿"信息"窗口

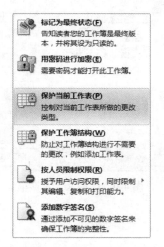

图 4-7　"保护工作簿"列表

如果退出时 Excel 2010 中的工作簿没有保存，Excel 会给出未保存的提示框，选择"保存"或"不保存"都会退出 Excel 2010，选"取消"则回到编辑状态。

4.3　编辑工作表

4.3.1　插入工作表

①可以直接按 Shift+F11。

②单击工作表标签后的"插入工作表"标签，如图 4-8 所示，就可以在工作表最后面插入一个新的工作表，而且会自动把当前编辑的工作表设置为新建的工作表。

③选择某一工作表标签，单击鼠标右键，在弹出的快捷菜单中选"插入"，弹出如图 4-9

所示的对话框，选"工作表"，单击"确定"。则可以在当前编辑的工作表前面插入一张新的工作表。

图 4-8 插入工作表

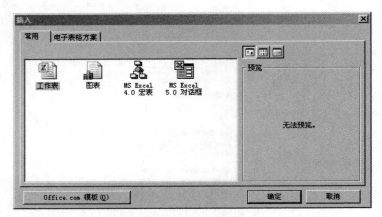

图 4-9 "插入"对话框

4.3.2 删除工作表

选中要删除的工作表标签，右键单击在弹出的快捷菜单中，选择"删除"，就可以把当前选中的工作表删除了。

4.3.3 移动工作表

①在要移动的表的标签上按下鼠标左键，然后拖动鼠标，在我们拖动鼠标的同时可以看到鼠标的箭头上多了一个文档的标记，同时在标签栏中有一个黑色的三角指示着工作表拖到的位置，在目标位置松开鼠标左键，就完成了工作表的移动。如图 4-10 所示。

图 4-10 移动工作表示意图

②在要移动的工作表标签右击，在弹出的快捷菜单上选"移动或复制"，打开图 4-11 所示的"移动或复制工作表"对话框，选定要移动到的工作簿及工作表的位置，单击"确定"。

4.3.4　复制工作表

同移动工作表是相对应的，用鼠标拖动要复制的工作表的标签，同时按下 Ctrl 键，此时，鼠标上的文档标记会增加一个小的加号，现在拖动鼠标到要增加新工作表的地方，我们就把选中的工作表制作了一个副本，如图 4-13 所示。或者在上面的图 4-11 中，选中左下侧的"建立副本"，如图 4-12 所示。

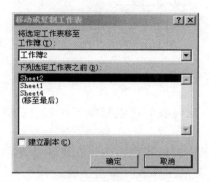

图 4-11　"移动或复制工作表"对话框

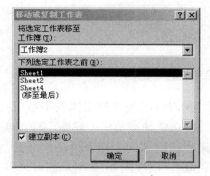

图 4-12　复制工作表

图 4-13　复制工作表示意图

4.3.5　重命名工作表

除了双击工作表的标签栏外，我们还可以右键单击要更改名称的工作表标签，在弹出的菜单中选择"重命名"，然后在标签处输入新的工作表名。

4.3.6　保护工作表

有时我们自己制作的工作表不希望被别人修改，就需要对工作表进行保护。选择"审阅"菜单的"保护工作表"，如图 4-14 所示。或者是右击相应工作表标签，选快捷菜单中"保护工作表"都会出现图 4-15 所示对话框。设置您需要保护的内容，并输入取消保护时的密码，单击"确定"，在弹出的"确认密码"对话框中（如图 4-16）再输入一次密码即可。如果要取消保护，就在当前工作表快捷菜单中选"撤消工作表保护"菜单项，会弹出"撤消工作表保护"对话框，输入密码，单击"确定"按钮就可以了。

图 4-14　"审阅"菜单

图 4-15　"保护工作表"对话框

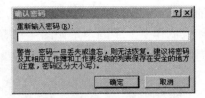

图 4-16　保护工作表对话框

4.3.7　隐藏工作表

有时我们自己制作的工作表不希望被别人看见，这时我们可以隐藏工作表。右击相应工作表标签，选快捷菜单中"隐藏"即可实现。

如果想把隐藏的工作表再还原回去，可在任一工作表标签上右击，在选快捷菜单中选择"取消隐藏"，出现图 4-17 所示的对话框。选中想恢复的工作表并单击"确定"。

图 4-17　"取消隐藏"对话框

4.3.8　选定工作表

工作簿通常由多个工作表组成。想对单个或多个单元格操作必须先选取工作表，工作表的选取可以用鼠标单击工作表的标签来实现。

鼠标单击要操作的工作表标签，该工作表的内容出现工作簿的窗口，标签栏中相应标签变为高亮。当工作表标签过多而在标签栏显示不全时，可通过标签滚动按钮前后翻阅标签名。

选取多个连续的工作表，可先单击第一个工作表，然后按下 Shift 键单击最后一个工作表。选取多个不连续的工作表，可先单击第一个工作表，然后按下 Ctrl 键单击其他工作表。多个选中的工作表组成一个工作组，在标题栏中显示"工作组"字样。

还有一种选择工作表的方法：鼠标右击标签滚动条，将显示工作表标签名称的列表，如图 4-18 所示，在列表中单击要选择的工作表。

图 4-18　工作表列表

4.3.9　工作表窗口操作

1．窗格的拆分

使用视面管理器可以方便地观看工作表的页面效果和分页情况，不过这在表比较小的时候才有用，在表太大时，比例设置小了往往会看不清楚，而我们平时查看的通常都是比较大的工作表，这样就经常遇到的一个困难是表中两个部分的数据进行比较时没有办法同时看到。

对于这种情况，我们可以拆分窗格来解决。单击"视图"菜单的"拆分"窗格项，在工作表当前选中单元格的上面和左边就出现了两条拆分线，整个窗格分成了四部分，而垂直和水平滚动条也都变成了两个，如图 4-19 所示。或者把鼠标指向垂直或水平滚动条两侧小长方形处，鼠标指针会变成 ✛，按下鼠标左键拖动到相应单元格位置后松开，也同样可以拆分。

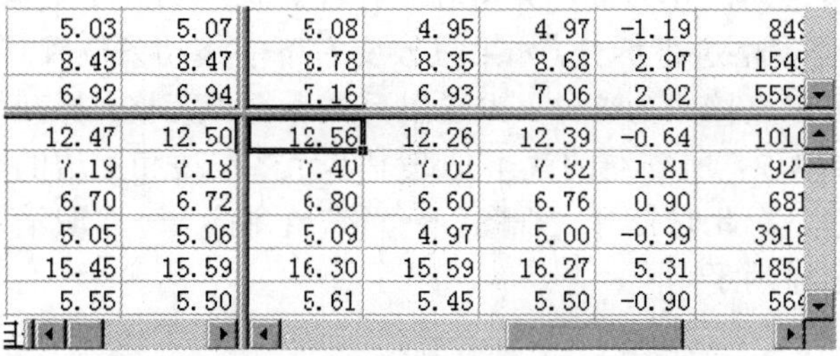

5.03	5.07	5.08	4.95	4.97	-1.19	849
8.43	8.47	8.78	8.35	8.68	2.97	1549
6.92	6.94	7.16	6.93	7.06	2.02	5558
12.47	12.50	12.56	12.26	12.39	-0.64	1010
7.19	7.18	7.40	7.02	7.32	1.81	927
6.70	6.72	6.80	6.60	6.76	0.90	681
5.05	5.06	5.09	4.97	5.00	-0.99	3918
15.45	15.59	16.30	15.59	16.27	5.31	1850
5.55	5.50	5.61	5.45	5.50	-0.90	564

图 4-19　窗格拆分示意图

我们也可以只是水平或垂直拆分窗格，如图 4-20 所示为垂直拆分示意图。

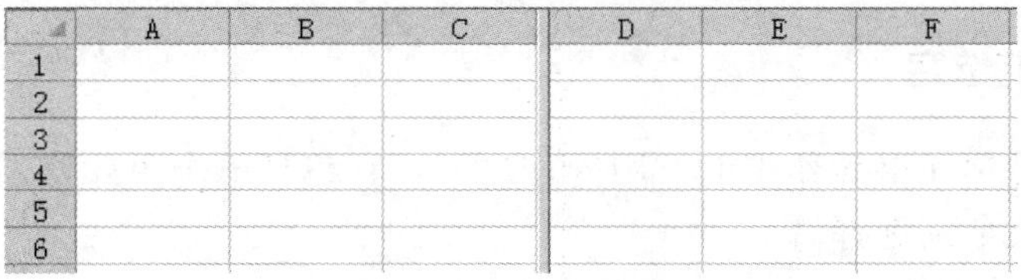

	A	B	C	D	E	F
1						
2						
3						
4						
5						
6						

图 4-20　垂直拆分窗格示意图

拖动上面的垂直滚动条，可以同时改变上面两个窗格中的显示数据；单击左边的水平滚动条，则可以同时改变左边两个窗格显示的数据，这样我们就可以通过这四个窗格查看不同位置的数据了。我们还可以用鼠标拖动这些分隔线，方便的查看相关数据。

取消这些分隔线时，只要双击分割线，就可以撤消窗格的拆分了。或者拖动竖向的分隔线到右边，可以去掉竖向的分隔线，拖动水平的分隔线到表的顶部则可以去掉水平的分隔线。

2. 窗格的冻结

在查看表格时还会经常遇到这种情况：不小心改变了分隔条位置，或者如图 4-19 所示在拖动滚动条查看工作表后面的内容时看不到行标题和列标题，给我们的查阅带来不便。现在我们使用拆分可以解决这个问题，不过还是有缺点，当我们把滚动条拖到一边时会出现表头，看起来感觉不是很好。此时我们打开"视图"菜单，单击"冻结窗格"项，现在窗口中的拆分线就消失了，取而代之的是两条较粗的黑线，如图 4-21 所示，滚动条也恢复了一个的状态，现在单击这个垂直滚动条，改变的只是下面的部分，改变水平滚动条的位置，可以看到改变的只是右边的部分，和拆分后的效果相似，不同的只是不会出现左边和上面的内容了。

除了可以冻结拆分窗格，Excel 2010 还可以冻结首行和首列，给用户查看数据提供了极大方便。如图 4-22 所示。

撤消窗格冻结方法：在"视图"→"冻结窗格"列表中，单击"取消冻结窗格"即可完成撤消。

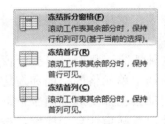

图 4-21 窗格冻结后示意图   图 4-22 "冻结窗格"列表

冻结和拆分的关系密切，互为依托并可独立存在。选中第一个数据单元格，使用"视图"菜单中的"拆分"命令将窗格进行拆分，如果只改变右下的滚动条位置其作用就和冻结相当了，而且我们所做的拆分可以直接成为冻结：先选中另外一个单元格，打开"视图"→"冻结窗格"→"冻结拆分窗格"菜单项，所冻结的就不是选中单元格左边和上边的单元格，而是拆分出来的左边和上边的单元格了；此时打开"视图"→"冻结窗格"→"取消窗口拆分"菜单项，就可以把冻结和拆分一起撤消了。

4.4 单元格的编辑和格式化

4.4.1 单元格的选定

单元格的选择是单元格操作中的常用操作之一，它包括单个单元格、多个单元格的选择、整行、整列的选择及全部选择。

1. 单个单元格的选择

①单击要激活的单元格。

②在名称框中输入要激活的单元格的名称或位置。

③按下"→"、"←"、"↑"、"↓"方向键可以选择当前活动单元格右边、左边、上方和下方的单元格，按下回车键也可选择下方的单元格。

2. 多个单元格的选择

如果选择连续单元格时会遇到要选择的单元格在一屏上无法全部显示的情况，用拖动鼠标的方式又很难准确选择，这时我们可以使用 Shift 键配合鼠标单击来进行单元格的选择。先选中连续区域的开始单元格，按住"Shift"键同时翻动滚动条，单击要选择区域的结束单元格，就可以选中这些单元格了。

如果要选定不连续的多个单元格，就是按住 Ctrl 键，单击要选择的单元格。

3. 整行整列单元格的选择

连续的整行和整列的选择：先单击行号或列号选定单行或单列，按住 Shift 键然后单击连续行或列区域最后一行或一列的行号或列号，或将鼠标指向要选择区域的行号或列号直接拖动。

不连续的整行和整列的选择：方法同上，只需将 Shift 键换成 Ctrl 键。

4. 所有单元格的选择

将鼠标指向工作表左上角行号与列号相交处的"全选"按钮，或按下 Ctrl＋A 组合键。

4.4.2　输入数据

输入数据是建立工作表 Excel 的重要操作之一，可以选中单元格后直接输入文字；或通过编辑栏输入，即选中单元格后在编辑栏中输入数据。Excel 2010 中的数据有四种类型：文本类型、数值类型、逻辑类型和出错值。

1．文本类型

单元格中的文本包含任何字符、数字和键盘符号，每个单元格最多可包含 32010 个字符。如果单元格的列宽容纳不下文本字符串，且相邻单元格无内容的情况下，可占用相邻的单元格。否则，就截断显示。文本输入时默认向左对齐。有些数字如电话号码、邮政编码常当成字符处理，此时只需要在输入的数字前加上一个单引号。

2．数值类型

除了数字 0-9 之外，还可包括+、-、E、e、$、%及小数点（.）和千分位符号（,）等特殊字符。数据默认靠右对齐，如果数据的位数较多，单元格容纳不下时就用科学计数法的方式显示该数据。

日期和时间也是数字，它们有特殊的格式：日期用连字符分隔日期的年、月、日部分，例如，可以键入"2006-9-5"或"5-Sep-06"。时间如果按 12 小时制输入时间，请在时间数字后空一格，并键入字母 A（上午）或 P（下午），例如，9:00P。否则，如果只输入时间数字，Microsoft Excel 将按 AM（上午）PM（下午）处理。如果要输入当前的时间，请按 Ctrl+Shift+:（冒号）。

分数的输入有些特殊，例如果直接输入"2/5"，系统会将其变为"2 月 5 日"，因为这是日期显示的一种类型，解决办法是：先输入"0"，然后输入空格，再输入分数"2/5"。

3．逻辑类型

逻辑数据只有两个值：True 和 False。逻辑值经常用于书写条件公式，一些公式也返回逻辑值。例如，在单元格中输入"=3>5"，回车后单元格中显示逻辑值 False。

4．出错值

在使用公式时单元格中可能出现错误的结果，例如在公式中用一个数除以 0，单元格中就会显示#DIV/0！即出错值。

4.4.3　自动填充

Excel 可以自动输入一些有规律的数据，如等差序列、等比序列及预设序列。

1．填充柄填充

在填充前，要使用"填充柄"。填充柄是位于活动单元格右下角上的一个黑色小方块，将光标指向填充柄位置的时候，光标的形状会变成黑色的十字。

用鼠标拖动进行填充时可以向上、向下、向左、向右进行填充，只要在填充时分别向上、下、左、右拖动鼠标就可以了。如果将"填充柄"向回拖动，可以将单元格自身的内容清除。此填充分为如下几种情况：

①初始值为纯数字或字符，填充相当于数据复制。

②初始值为字符和数字的混合体，填充时字符不变，数字增加。

③按预设的序列填充。如初始值为甲，填充时将产生乙、丙、丁……癸。

填充效果如图 4-23 所示。

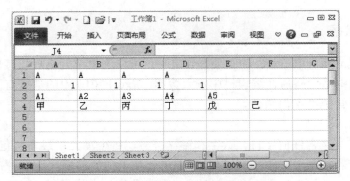

图 4-23　自动填充效果

4.4.4　数据编辑

1. 移动

将已经输入的内容移动到目标单元格中，可以使用剪贴板工具进行剪切和粘贴的方法来完成。也可以选中单元格，将光标移动到该单元格的黑色边框线上，光标的形状会变为 Windows 中常见的箭头形状，拖动鼠标将出现一个虚线框，将其移动到目标位置，松开鼠标也可以实现单元格的移动。

2. 复制

与移动的操作类似，可以使用剪切板工具，只是将剪切操作改为复制。在移动单元格的过程中，按住 Ctrl 键，在光标箭头的右上角会出现一个"+"号，移动到目标位置之后，先松开鼠标再松开 Ctrl 键就可以实现单元格的复制。

单元格的移动和复制既可以对单独的一个单元格进行，也可以对一个单元格区域进行操作。

3. 修改

单击单元格，输入内容时，原单元格内容将被删除，被新输入的内容代替。但有时候我们只是需要修改里面的个别符号，这时我们只要双击单元格，鼠标指针会定位在里面的具体内容上，移动指针到相应位置修改即可。

4. 清除

选中单元格后再单击 Delete 键，即可清除这个单元格中的内容，或者是在单元格上右击鼠标，在弹出的快捷菜单中选择"清除内容"命令。

5. 删除

要删除一个单元格，则在单元格上右击鼠标，在弹出的快捷菜单中选择"删除"命令。在弹出的对话框中选择一种删除形式，然后单击"确定"按钮。

清除与删除的不同在于，清除内容后，原单元格的位置是会保留的，而删除之后原单元格的位置被其他的单元格替代。

4.4.5　单元格的编辑

1. 插入单元格、行、列

在使用表格时，经常会遇到少输入了一个单元格、一行或者一列的情况，需要在相应的位置插入。可以在相应的位置上右击鼠标，选择"插入"命令。会弹出图 4-24 所示的对话框，按需求选择即可。如果想在某行（列）前插入行（列），则可以直接选定行（列）号，单击鼠标右键，在快捷菜单中单击"插入"，就会在相应行（列）上（左）方插入一行（列），此法更为方便。

2. 删除单元格、行、列

在使用表格时我们也经常会遇到多输入了一个单元格、一行或者一列的情况，需要将其删除。可以在相应的位置上单击鼠标右键，选择"删除"命令。会弹出图 4-25 所示的"删除"对话框，按需求选择即可。如果想把某行（列）删除，则可以直接选定行（列）号，单击鼠标右键，在快捷菜单中单击"删除"即可。

3. 行高和列宽

（1）行高和列宽值的设置

在相应行号或列号上右击，在快捷菜单上选行高或列宽，会弹出相应的"行高"或"列宽"对话框，直接在里面填上相应行高或列宽值，如图 4-26 所示默认行高为 19。

图 4-24 "插入"对话框　　图 4-25 "删除"对话框　　图 4-26 "行高"对话框

（2）隐藏行和列

若一个表太长或太宽，我们可以把这个表中的一些行或列隐藏起来以方便查看：隐藏列时选定要隐藏的列，在"视图"菜单上单击"隐藏"命令，就可以把这一列隐藏起来；行的隐藏也是一样的；如果要取消隐藏，只要单击"视图"菜单上的"取消隐藏"命令就可以。

4.4.6　设置单元格格式

工作表建立和编辑后就可以对工作表中单元格的数据进行格式化的设置，使工作表的外观更漂亮，排列更整齐，重点更突出。

单元格格式主要有以下六个方面的内容：数字、对齐、字体、边框、填充及保护。格式的设置有两种方法，选中要进行格式化的单元格后：①使用"开始"→"格式"→"设置单元格格式"。②使用快捷菜单上的"设置单元格格式"命令。都会打开图 4-27 所示的"设置单元格格式"对话框。

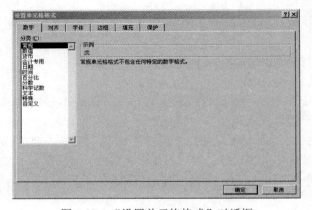

图 4-27 "设置单元格格式"对话框

1. 设置数字格式

单击"设置单元格格式"对话框中的"数字"标签，在对话框左边的"分类"列表中单击数字格式的"类型"，右边显示该类型的格式，在"示例"框中可以预览效果。在格式工具栏中也提供了一些数字格式设置的样式。例如：货币样式、百分比样式，设置数值型数据的小数位数和负数表示形式等，并可把数字当文本处理。

2. 设置对齐格式

单击"设置单元格格式"对话框中的"对齐"标签，显示如图 4-28 所示。

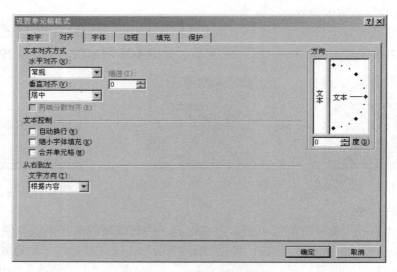

图 4-28　"对齐"格式对话框

单击"水平对齐"列表框的下拉按钮，显示水平对齐方式列表，"水平对齐"方式包括：常规、左缩进、居中、靠左、填充、两端对齐、跨列居中和分散对齐。

单击"垂直对齐"列表框的下拉按钮，显示垂直对齐方式列表，"垂直对齐"方式包括：靠上、居中、靠下、两端对齐和分散对齐。

"文本控制"复选框是用来解决单元格中的文本较长时的方案。"自动换行"是对输入的文本根据单元格列宽自动换行；"缩小字体填充"是减小单元格中字符的大小，使数据的宽度与列宽相同；"合并单元格"是将多个单元格合并为一个单元格，与"水平对齐"方式中的"居中"联合使用可以实现标题居中，相当于"格式"工具栏中的"合并居中"命令。"方向"框用来改变单元格中文字旋转的角度。

3. 设置字体格式

字体格式的设置与 Word 2010 中字体格式设置的方法相同。

4. 设置边框格式

默认情况下表格线都是统一的淡虚线。这种边框打印时不显现，用户可以给它加上一些类型的边框。单击"设置单元格格式"对话框中的"边框"标签，如图 4-29 所示。

选择需要进行格式化的单元格，选择"边框"标签，根据需要选择各个选项。边框线可以设置在所选区域各单元格的上、下、左、右外框和斜线，线条的样式有点虚线、实线、粗实线、双线等，在"颜色"列表框中还可以选择边框的颜色。

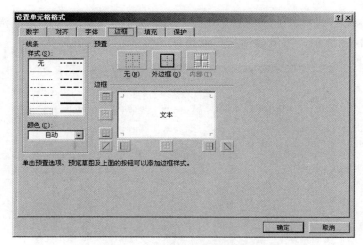

图 4-29　"边框"格式对话框

5. 设置填充格式

图案就是指区域的颜色和阴影，设置合适的图案可以使工作表显得更加漂亮。

单击"设置单元格格式"对话框中的"填充"标签，如图 4-30 所示。

在"填充"格式对话框中可以选择单元格的底纹颜色，单击"图案颜色"下拉列表框按钮，并选择合适的底纹。

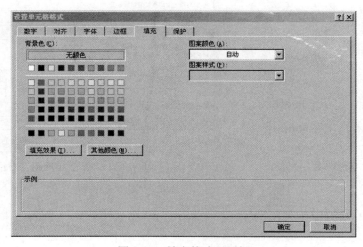

图 4-30　填充格式对话框

6. 设置保护格式

单元格的保护有两种：锁定、隐藏，如图 4-31 所示。只有在工作表被保护时，锁定的单元格或隐藏公式才有效。所以应在保护单元格前先将当前工作表保护。

4.4.7　设置单元格的条件格式

我们通过"开始"→"条件格式"设置单元格的条件格式，如图 4-32 所示。可突出显示符合条件的单元格、设置数据条、按色阶填充列、设置单元格图标等。如果这些还不能满足要求，用户还可自行建立规则。单击"新建规则"，打开"新格式规则"对话框，如图 4-33 所示，详细设置符合条件的格式。可随时清除不用的规则，单击"开始"→"条件格式"→"清除规则"即可，如图 4-34 所示，可清除所选单元格或是整个工作表的格式。

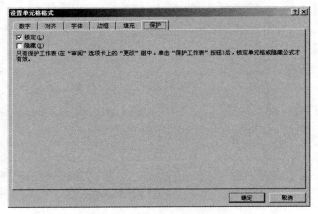

图 4-31　保护格式对话框

图 4-32　"条件格式"列表

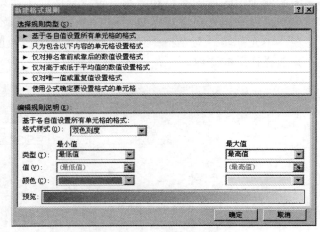

图 4-33　"新格式规则"对话框

图 4-34　"清除规则"列表

4.4.8 套用表格格式

我们除了可以利用上述方法对工作表中的单元格或单元格区域进行格式化，还可以套用 Excel 提供的浅色系、中等深浅和深色系等共计 56 种表格格式。另外，用户还可自行设计，先选择要格式化的单元格或单元格区域，然后选择"开始"→"套用表格样式"，在打开的列表中选择一种合适的格式后单击，如图 4-35 所示。

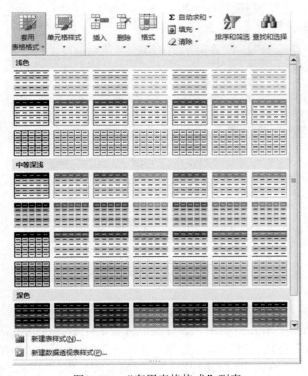

图 4-35 "套用表格格式"列表

如果想取消设置的格式，只需选中相应的单元格或单元格区域，然后选择"开始"→"清除"，在打开的下拉框中单击"清除格式"选项，如图 4-36 所示。

图 4-36 "清除"列表格式

4.4.9 设置单元格样式

选择要设置样式的单元格或单元格区域，然后单击"开始"→"单元格样式"，在打开的窗口中选择一种合适的样式后单击，即可完成设置。如图 4-37 所示。

图 4-37 "单元格样式"窗口

4.5 公式与函数

在 Excel 2010 中，可以利用公式和函数对数据进行分析和计算。公式是函数的基础，它是单元格中的一系列数值、单元格引用、名称或运算符的组合，通过运算可以产生新的值。函数是 Excel 预定义的内置公式，可以进行数学、文本、逻辑的运算或者查找工作表的信息，与直接使用公式进行计算相比较，使用函数进行计算的速度更快，同时减少了错误的发生。

4.5.1 公式的使用

1. 公式的组成

Excel 2010 中的公式主要由等号"="、操作符、运算符组成。公式以"="开始，用于表明之后的字符为公式。紧随等号之后的是需要进行计算的元素（操作数），各操作数之间以运算符分隔。

图 4-38 所示为一常用公式的举例。

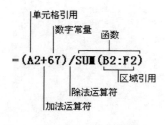

图 4-38 公式举例

2．公式运算符的类型与优先级

（1）公式中的运算符

运算符是指对公式中进行特定运算的符号，在 Excel 2010 中，允许公式使用多种运算符来完成数值计算，主要包括：算术运算符、比较运算符、文本运算符和引用运算符 4 种类型。

算术运算符：用于完成基本运算，例如加法、减法、乘法等等。Excel 2010 中使用的算术运算符有"+"（加）、"-"（减）、"*"（乘）、"/"（除）、"^"（乘方）、"%"（百分号）等。

文本运算符：使用文本运算符"&"可以连接一个或者多个字符，产生一个较长的文本。例如，在一个单元格中输入公式="新年"&"快乐"，生成"新年快乐"。

比较运算符：比较运算符用来比较两个数的大小，当使用比较运算符比较两个数值时，返回的是一个逻辑值：True 或 False，即给出的两个数值的大小是否满足比较运算符的条件。Excel 2010 中的比较运算符有："="（等于）、">"（大于）、"<"（小于）、">="（大于等于）、"<="（小于等于）、"<>"（不等于）。例如，在一个单元格中输入公式"=5>9"，返回的结果是 False。

日期运算符：日期与日期只能相减，结果得到两者之间相差的天数；日期与数值相加减，结果得到另外一个日期。

引用运算符："："是用于将多个单元格进行合并。例如，SUM（A1:A5）表示引用 A1:A5这 5 个单元格中的内容。"，"将多个引用合并为一个引用。例如，SUM（A1：A7，B1：B7）表示分别引用两个单元格区域 A1：A7 以及 B1：B7，共 14 个单元格的内容。

（2）运算符的优先级

Excel 2010 中公式遵循一个特定的语法和次序，最简单的规则就是从左到右计算，先乘除后加减，有括号时先算括号。在 Excel 2010 中没有中括号、大括号的概念，无论多么复杂的运算，用到括号的地方一律用小括号，运算规则是先内后外。

图 4-38 中公式的运算顺序是：①将 A2 单元格中的数值加上 67。②计算 B2 单元格到 F2单元格的和，即 B2+C2+D2+E2+F2。③将①的结果除以②的结果。

3．公式的基本操作

在使用公式时，首先应该掌握公式的基本操作，包括输入、显示、复制以及删除等。

（1）输入公式

在 Excel 2010 中输入公式的方法与输入文本的方法类似，具体操作步骤为：选择要输入公式的单元格，然后在编辑栏中直接输入"="符号，接着输入公式内容，按 Enter 键，即可将公式运算的结果显示在所选单元格中。

例 4-1　在"Sheet1"工作表中 I2 单元格中输入公式，操作步骤如下：

①打开"Sheet1"工作表。

②选择 I2 单元格，然后在编辑栏中（或单元格内）输入公式"=E2+F2+G2+H2"，如图 4-39所示。

③按 Enter 键，即可在 I2 单元格中显示运算结果，如图 4-40 所示。

（2）显示公式

默认设置下，在单元格中只显示公式计算的结果，而公式本身则只显示在编辑栏中。为了方便用户检查公式的正确性，可以设置在单元格中显示公式。

	IF		✗ ✓ fx	=E2+F2+G2+H2					
	A	B	C	D	E	F	G	H	I
1	班级	学号	姓名	性别	语文	数学	英语	生物	总分
2	服工0901	09010101	王伟	男	60	79	80	75	=E2+F2+G2+H2
3	服工0902	09010220	李丽	女	70	69	60	65	
4	服工0903	09010312	詹佳慧	女	85	56	40	90	
5	国贸0901	09020102	方子鸣	男	50	80	79	60	
6	国贸0902	09020203	张毅	男	90	40	51	80	
7	国贸0903	09020323	孙琦	男	85	90	78	68	
8	信息0901	09040120	李慧慧	女	65	75	62	75	
9	信息0902	09040231	徐子陵	男	80	65	70	85	
10	信息0903	09040312	胡风	男	68	30	80	70	
11	艺术0901	09030124	苏小小	女	76	58	50	40	
12	艺术0902	09030213	陈佳佳	女	54	62	50	89	
13	艺术0903	09030315	张大伟	男	40	76	80	51	
14	艺术0904	09030434	李小虎	男	95	54	80	80	
15									

图 4-39　编辑输入公式

	I3		fx						
	A	B	C	D	E	F	G	H	I
1	班级	学号	姓名	性别	语文	数学	英语	生物	总分
2	服工0901	09010101	王伟	男	60	79	80	75	294
3	服工0902	09010220	李丽	女	70	69	60	65	
4	服工0903	09010312	詹佳慧	女	85	56	40	90	
5	国贸0901	09020102	方子鸣	男	50	80	79	60	
6	国贸0902	09020203	张毅	男	90	40	51	80	
7	国贸0903	09020323	孙琦	男	85	90	78	68	
8	信息0901	09040120	李慧慧	女	65	75	62	75	
9	信息0902	09040231	徐子陵	男	80	65	70	85	
10	信息0903	09040312	胡风	男	68	30	80	70	
11	艺术0901	09030124	苏小小	女	76	58	50	40	
12	艺术0902	09030213	陈佳佳	女	54	62	50	89	
13	艺术0903	09030315	张大伟	男	40	76	80	51	
14	艺术0904	09030434	李小虎	男	95	54	80	80	
15									

图 4-40　显示公式计算结果

例 4-2　将上面例子中 I2 单元格中的公式显示，操作步骤如下：

①打开"Sheet1"工作表，选择 I2 单元格。

②打开"公式"选项卡，在"公式审核"组中的单击"显示公式"按钮，如图 4-41 所示，即可设置在单元格中显示公式。

图 4-41　显示公式

（3）复制公式

通过复制公式操作，可以快速地为其他单元格输入公式。复制公式的方法与复制数据的方法相似，在 Excel 2010 中复制公式往往与公式的相对引用结合使用，以提高输入公式的效率，下面举例说明。

例 4-3　将"Sheet1"工作表中 I2 单元格中的公式复制到 I3：I14 单元格区域中，具体操作步骤如下：

①打开"Sheet1"工作表。

②选中 I2 单元格，打开"开始"菜单，在"剪贴板"组中单击"复制"按钮，复制 I2 单元格中的内容。

③选中 I3:I14 单元格区域，在"开始"选项卡的"剪贴板"组中单击"粘贴"按钮，即可将公式复制到 I3：I14 单元格区域。

（4）删除公式

在 Excel 2010 中，当使用公式计算出结果后，则可以设置删除该单元格中的公式，并保留结果，下面举例说明。

例 4-4　删除"sheet1"工作表中 I2 单元格中的公式但保留计算结果，具体操作步骤如下：

①打开"Sheet1"工作表。

②右击"I2"单元格，在弹出的快捷菜单中选择"复制"命令，然后打开"开始"菜单，在"剪贴板"组中单击"粘贴"下的三角按钮，从弹出的菜单中选择"选择性粘贴"命令。

③打开"选择性粘贴"对话框，在"粘贴"选项区域中，选中"数值"单选按钮，如图 4-42 所示。

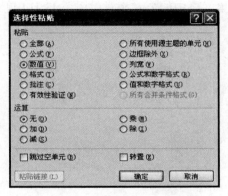

图 4-42　"选择性粘贴"对话框

④单击"确定"按钮，即可删除 I2 单元格中的公式但保留结果，如图 4-43 所示。

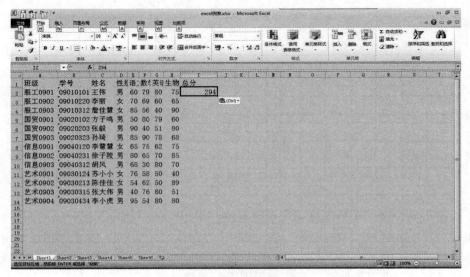

图 4-43　删除公式显示效果

4. 公式与单元格引用

引用是标识工作表的单元格或单元格区域，其作用在于指明公式中使用的数据的位置。通过引用，可在公式中引用工作表不同单元格中的数据，也可引用同一工作薄中不同工作表的单元格。引用分为相对引用、绝对引用和混合引用三种。

（1）相对引用

相对引用包含了当前单元格与公式所在单元格的相对位置。默认设置下，Excel 2010 使用的都是相对引用，当改变公式所在单元格的位置，引用也随之改变。

例 4-5 将"Sheet1"工作表中设置 J2 单元格中的公式为"=（E2+F2+G2+H2）/4"，并将公式相对引用到单元格区域，具体步骤如下：

①打开"Sheet1"工作表

②选定 J2 单元格，在单元格中输入公式"=（E2+F2+G2+H2）/4"，按 Enter 键，显示结果。

③将光标移动至 J2 单元格边框，当光标变为十字形状时，拖动鼠标选择 J3:J14 单元格区域。

④释放鼠标，即可将 J2 单元格中的公式相对引用至 J3:J14 单元格区域中，如图 4-44 所示。

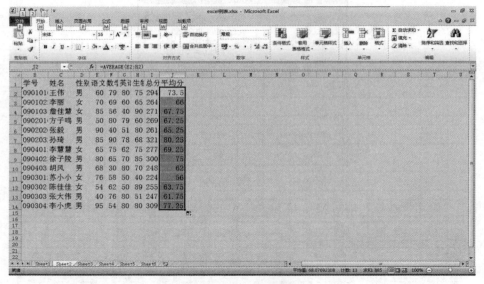

图 4-44　相对引用示例

（2）绝对引用

绝对引用中引用的是公式单元格的精确地址，与包含公式的单元格的位置无关。它在列标和行号前分别加上美元符号"$"，例如，$B$5 表示单元格 B5 绝对引用。

绝对引用与相对引用的区别在于：复制公式时，若公式中使用相对引用，则单元格引用会自动随着移动的位置相对变化；若公式中使用绝对引用，则单元格引用不会发生变化。

（3）混合引用

混合引用指的是在一个单元格引用中既有绝对引用，同时也包含相对引用，即混合引用绝对列和相对行，或绝对行和相对列。绝对引用列采用$B1 的形式，混合引用行采用 A$1 的形式。如果公式所在单元格的位置改变，则相对引用改变，而绝对引用不变。如果多行或多列地复制公式，相对引用自动调整，而绝对引用不做调整。

4.5.2　函数的使用

函数是一些预定义的公式，每个函数由函数名及其参数构成。例如，SUM 函数对单元格或单元格区域进行加法运算。

1．函数的格式

函数的基本格式为：函数名称（参数 1，参数 2…）。其中的参数可以是常量、单元格、区域、区域名或其他函数。函数的结构以函数名称开始，后面是左圆括号、以逗号分隔的参数和右圆括号。如果函数以公式的形式出现，请在函数名称前面键入等号"="。

2．函数的种类

Excel 2010 提供了许多内置函数，为用户对数据进行运算和分析带来了极大方便。这些函数涵盖范围包括：财务、时间与日期、数学与三角函数、统计、查找与引用、数据库和文本等。

（1）常用函数

在 Excel 2010 中，常用函数包括：SUM、AVERAGE、IF、MAX、MIN、SUMIF、COUNT 等。

在函数中最常用的就是 SUM 函数，其作用是返回某一个单元格区域中所有数字之和，例如"=SUM（A1:A5）"，表示对 A1，A2，A3，A4，A5 五个单元格中的值求和。

（2）数学与三角函数

Excel 2010 系统内置的数学和三角函数包括：ABS、ASIN、COMBINE、COSLOG 等。

（3）日期和时间函数

日期和时间函数主要用于分析和处理日期值和时间值，主要包括：DATE、DATEVALUE、DAY、HOUR、TIME、TODAY、WEEKDAY 和 YEAR 等。

（4）统计函数

统计函数用来对数据区域进行统计分析，其中常用的函数包括 AVERAGE、COUNT、MAX 以及 MIN 等。

（5）财务函数

财务函数用于财务的计算，它可以根据利率、贷款金额和期限计算出所要支付的金额。财务函数主要包括：DB、DDB、SYD 以及 SLN 等。

3．插入函数

使用插入函数对话框可以插入 Excel 2010 内置的任意函数，下面通过几个例子介绍函数的使用方法。

例 4-6　求"Sheet1"工作表中各学科的总分。具体操作步骤如下：

①打开"Sheet1"工作表。

②选定"I2"单元格，然后选择"公式"，在"函数库"组中单击"插入函数"按钮，打开的对话框如图 4-45 所示。

③在"或选择类别"下拉列表框中选择"常用函数"选项，然后在"选择函数"列表框中选择"SUM"选项，单击确定，打开"函数参数"对话框，设置 Number1 参数为 E2:H2，如图 4-46 所示。

④单击确定，结果即可出现在 I2 单元格中，如图 4-47 所示。

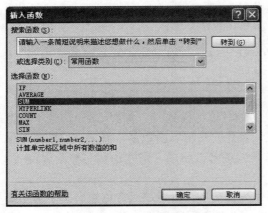

图 4-45　"插入函数"对话框

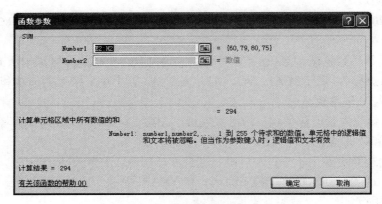

图 4-46　"函数参数"对话框

图 4-47　SUM 求和示例

⑤其余学生的总分，可以使用复制函数的方法得到，具体方法：选中 I2 单元格，将鼠标放在此单元格的右下角，当鼠标变为黑色十字型"+"时，按下鼠标左键向下拖动，直至所有学生的总分全部求得，如图 4-48 所示。

例 4-7　求"Sheet2"工作表中各学科的平均分。具体操作步骤如下：

①打开"Sheet2"工作表。

②选定"J2"单元格，然后选择"公式"，在"函数库"组中单击"插入函数"按钮，打

开图 4-49 所示的对话框。

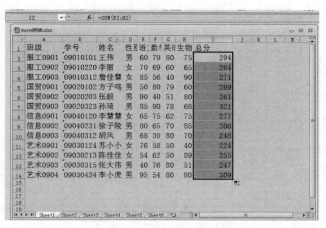

图 4-48　复制求和示例

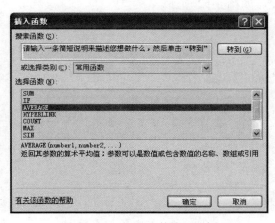

图 4-49　"插入函数"对话框

③在"或选择类别"下拉列表框中选择"常用函数"选项，然后在"选择函数"列表框中选择"AVERAGE"选项，单击确定，打开"函数参数"对话框，设置 Number1 参数为 E2:H2，如图 4-50 所示。

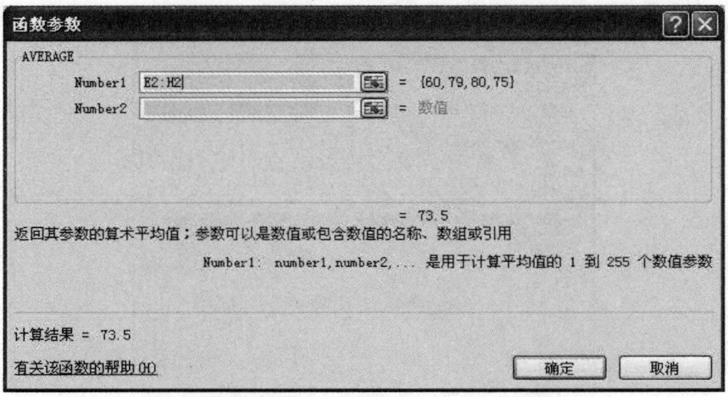

图 4-50　"函数参数"对话框

④单击确定，平均值结果即可出现在 J2 单元格中，如图 4-51 所示。

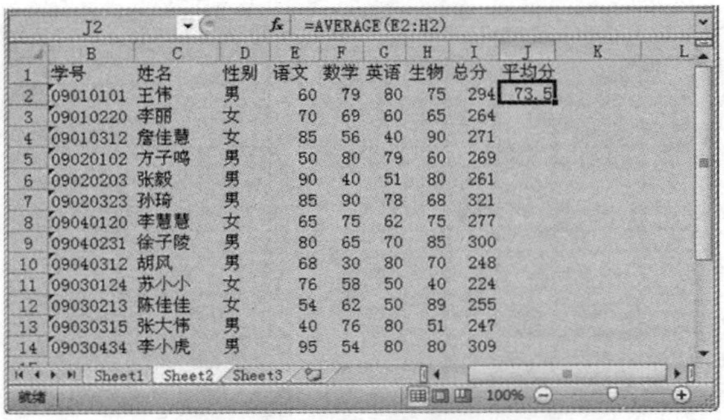

图 4-51　求平均值示例

⑤其余学生的平均分，可以使用复制函数的方法得到，具体方法：选中 J2 单元格，将鼠标放在此单元格的右下角，当鼠标变为黑色十字型"+"时，按下鼠标左键向下拖动，直至所有学生的平均分全部求得，如图 4-52 所示。

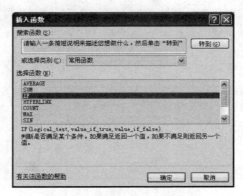

图 4-52　复制平均值示例

例 4-8　求"Sheet3"工作表中学生的等级。具体操作步骤如下：

①打开"Sheet3"工作表。

②选定"K2"单元格，然后选择"公式"，在"函数库"组中单击"插入函数"按钮，打开图 4-53 所示的对话框。

图 4-53　"插入函数"对话框

③在“或选择类别”下拉列表框中选择“常用函数”选项，然后在“选择函数”列表框中选择“IF”选项，单击确定，打开“函数参数”对话框，设置 logical_test 参数为 I2>=260；value_if_ture 为“合格”；value_if_false 为“不合格”，如图 4-54 所示。

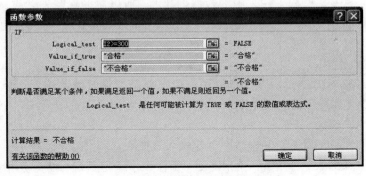

图 4-54　“函数参数”对话框

④单击确定，结果即可出现在 I2 单元格中，如图 4-55 所示。

	A	B	C	D	E	F	G	H	I	J	K
1	班级	学号	姓名	性别	语文	数学	英语	生物	总分	平均分	等级
2	服工0901	090101	王伟	男	60	79	80	75	294	73.5	不合格
3	服工0902	090102	李丽	女	70	69	60	65	264	66	
4	服工0903	090103	詹佳慧	女	85	56	40	90	271	67.75	
5	国贸0901	090201	方子鸣	男	50	80	79	60	269	67.25	
6	国贸0902	090202	张毅	男	90	40	51	80	261	65.25	
7	国贸0903	090203	孙琦	男	85	90	78	68	321	80.25	
8	信息0901	090401	李慧慧	女	65	75	62	75	277	69.25	
9	信息0902	090402	徐子陵	男	80	65	70	85	300	75	
10	信息0903	090403	胡风	男	68	30	80	70	248	62	
11	艺术0901	090301	苏小小	女	76	58	50	40	224	56	
12	艺术0902	090302	陈佳佳	女	54	62	50	89	255	63.75	
13	艺术0903	090303	张大伟	男	40	76	80	51	247	61.75	
14	艺术0904	090304	李小虎	男	95	54	80	80	309	77.25	

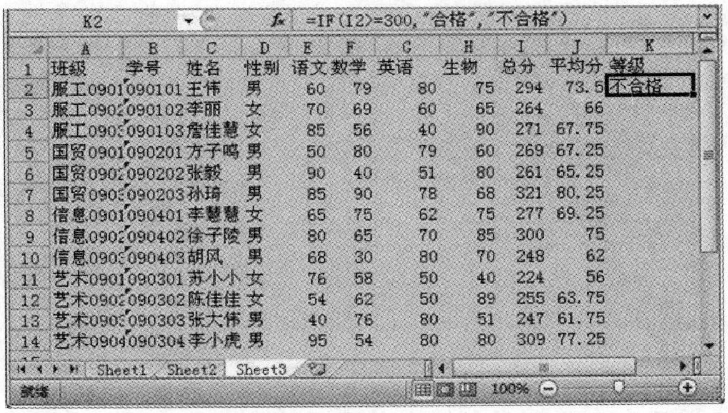

图 4-55　等级显示示例

⑤其余学生的等级，可以使用复制函数的方法得到，具体方法：选中 K2 单元格，将鼠标放在此单元格的右下角，当鼠标变为黑色十字型“+”时，按下鼠标左键向下拖动，直至所有学生的等级全部求得。

4.6　数据的图表化

图表是信息的图形化表示，为了能更加直观地表达表格中的数据，可将数据以图表的形式表示出来。通过图表可以清楚地了解各个数据的大小以及数据的变化情况，方便对数据进行对比和分析。而且还可以为重要的图形部分添加颜色和其他的视觉效果。

4.6.1　图表概述

Excel 2010 内置了多种类型的图表，如柱形图、折线图、饼图、条形图、面积图和散点图等，各种图表各有优点，用户可根据不同的需求选用适当的图表类型。Excel 2010 中的图表分两种，一种是嵌入式图表，它和创建图表的数据源放置在同一张工作表中，打印的时候同时打印；另一种是图表工作表，它是一张独立的图表工作表，打印的时候将会与数据分开打印。无论是哪种图表，创建图表的依据都是工作表的数据。当工作表中的数据发生变化时，图表便会自动更新。

Excel 2010 中图表是根据工作表中的数据创建的，所以在创建图表之前，首先要组织好工作表中的数据，然后创建图表。使用 Excel 2010 提供的图表向导，可以方便、快速地建立一个标准类型或自定义类型的图表。

1. 创建嵌入式图表

插入图表的最基本方法是，首先选择图表所需要的数据区域，然后选择"插入"菜单中的"图表"组或"迷你图"组上某个图表类型，即可在数据所在表中插入一个相应的图表。下面举例说明。

例 4-9 在"学生成绩表"工作薄中创建嵌入式图表，操作步骤如下：

①打开"学生成绩表"工作薄中的 Sheet4 工作表，选定 A2：E9 单元格区域，如图 4-56 所示。

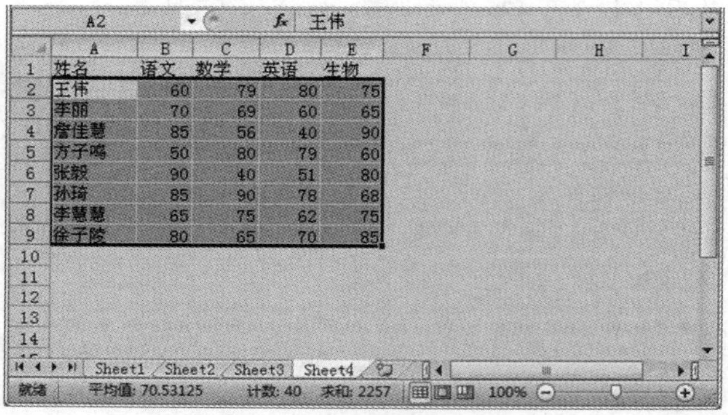

图 4-56　选择数据区域

②选择"插入"菜单，在"图表"组中单击"柱形图"按钮，从弹出列表中的"三维柱形图"选项区域中选择"三维簇状柱形图"样式，如图 4-57 所示。

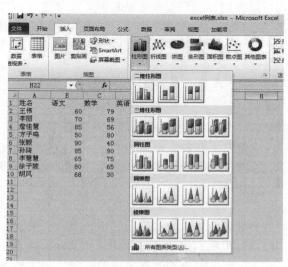

图 4-57　"柱形图"样式

③此时"三维簇状柱形图"将自动插入到工作表中，效果如图 4-58 所示。

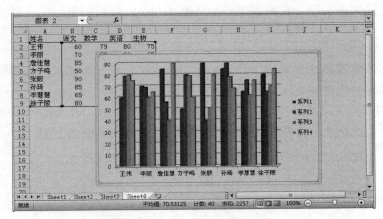

图 4-58　嵌入式图表效果图

2. 创建图表工作表

Excel 2010 默认的图表类型是柱形图，在工作薄中创建图表工作表的方法很简单，先在工作表中选定用于创建图表的数据区，再按 F11 键，便会得到一个图表工作表。下面举例说明。

例 4-10　为"学生成绩表"工作薄中的 Sheet4 工作表中的 A2:E9 单元格区域，创建图表工作表。具体操作步骤如下：

选择图 4-56 中单元格区域，再按 F11 键，便会得到如图 4-59 所示的名为"Chart1"的工作表。

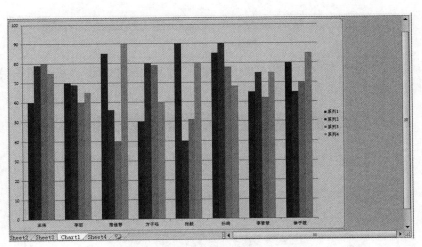

图 4-59　图表工作表

需要注意的是，嵌入式图表和图表工作表之间是可以相互转换的，具体方法是，打开需要转换的图表，选择"图表工具"的"设计"选项卡"位置"组中的"移动图表"，在打开的"移动图表"对话框中进行相应的选择即可。

4.6.2　编辑图表

图表创建完成后，Excel 2010 会自动打开"图标工具"的"设计"、"布局"和"格式"

选项卡。若已经创建好的图表不符合用户要求，Excel 2010 允许在建立图表之后对整个图表进行编辑，如更改图表类型、在图表中添加数据系列、删除数据系列以及设置图表的样式和布局等。

1. 更改图表类型

若图表的类型无法确切地展现工作表数据所包含的信息，如使用折线图来表现数据的走势等，此时就需要更改图表类型。下面举例说明。

例 4-11　将"学生成绩表"工作薄中的图表修改为折线图，具体操作步骤如下：

①打开"学生成绩表"工作薄 Sheet4 工作表，并选定图 4-60 中的图表。

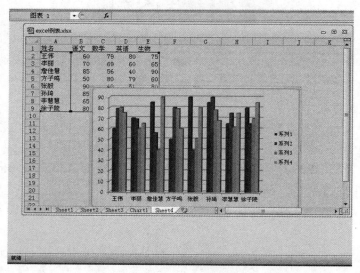

图 4-60　选中图表

②打开"图表工具"的"设计"选项卡，在"类型"组中单击"更改图表类型"按钮，打开"更改图表类型"对话框，如图 4-61 所示。

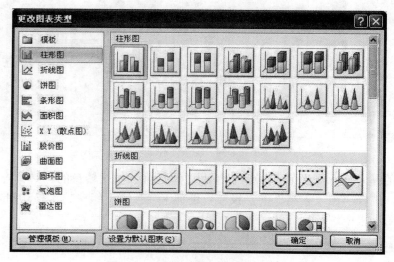

图 4-61　"更改图表类型"对话框

③在左侧的类型列表中选择"折线图"选项，然后在右侧的样式列表框中选择"带数据标记的折线图"样式，如图 4-62 所示。

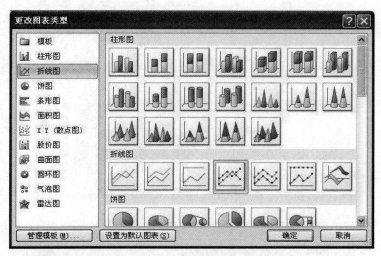

图 4-62　"更改图表类型"折线图

④单击"确定"按钮，即可将图表类型修改为折线图，如图 4-63 所示。

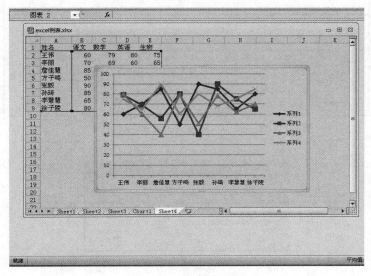

图 4-63　折线图显示

2. 增加数据系列

如果在图表中增加数据系列，可直接在原有图表上增添数据源，具体操作步骤如下：

①选中需要修改的图表，出现"图表工具"功能区，单击"设计"选项卡中的"数据"组中的"选择数据"按钮，如图 4-64 所示。

②弹出"选择数据源"对话框，如图 4-65 所示。

③单击"添加"按钮，弹出"编辑数据系列"对话框，如图 4-66 所示，在系列名称项中设置：政治；在系列值中设置：{70,80,90,60,75,85,80,90}，单击"确定"按钮即可。

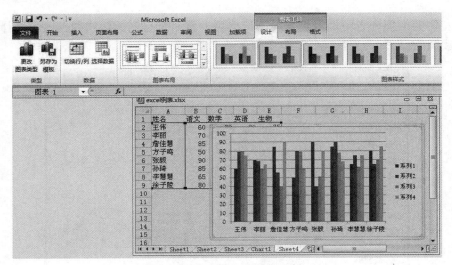

图 4-64　"图表工具"功能区

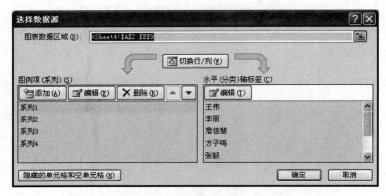

图 4-65　"选择数据源"对话框

图 4-66　"编辑数据系列"对话框

3．删除数据系列

如果在图表中需删除数据系列，可直接在原有图表上删除数据源，操作方法如下。

在"选择数据源"对话框的"图形项"一系列列表框中选中某个系列后，单击"删除"按钮，可删除该数据系列。

4．设置图表的样式和布局

为了让图表更加美观，还可以对图表进行格式化处理。例如对图表标题、数据标签、背景等项进行设置。下面举例进行说明。

例 4-12　为图表添加图表标题、纵横坐标标题和数据标签。操作步骤如下：

（1）添加图表标题

首先选择图表，然后在"图表工具"的"布局"选项卡中"标签"组中的"图表标题"下拉菜单中选择"图表上方"，系统会在图表的上方添加一个标题框，这时再输入标题内容即可。

（2）添加"语文"的数据标签

首先在图表中选择数据系列"语文"，然后在"图表工具"的"布局"选项卡中"标签"组中的"数据标签"下拉菜单中选择"显示"，系统会在"语文"数据系列上添加默认的数据标签，若想自定义数据标签的话，可以在"数据标签"下拉菜单中选择"其他数据标签选项"，然后进行自定义即可。

（3）设置"背景墙"

首先选择图表"背景墙"，然后在"图表工具"的"布局"选项卡中"背景"组中选择"图表背景墙"，在其下拉菜单中选择"其他背景墙选项"，在打开的对话框中进行自定义即可。

4.6.3　插入对象

为了使得图表更加美观，有个性，还可以通过向图表中插入对象，比如插入图片、插入形状、插入文本框等。

如果向图表中插入一张图片，具体操作步骤如下：

打开图表，然后在"图表工具"的"布局"选项卡中"插入"组中选择"图片"，在打开的"插入图片"对话框中选取一图片，单击"插入"即可，对插入的图片还可以进一步调整。

对于在图表中插入形状和文本框等操作与插入图片类似，此处不再赘述。

4.7　数据管理和分析

Excel 2010 中文版具有强大的数据处理功能，用户既能在 Excel 2010 中建立大型的数据表格，也能使用在其他数据表软件中建立的数据表数据，如 Access 2010、FoxPro、SQL Server 等。Excel 2010 中文版为用户提供了许多操作和处理数据的有力工具，如排序、筛选、分类汇总等操作。

4.7.1　数据列表

在 Excel 2010 的工作薄中建立工作表是十分简单的，在工作表中输入数据没有很多的约束条件，但是在 Excel 2010 中，要进行数据排序、筛选数据记录以及分类汇总的操作需要通过"数据列表"来进行，因此在操作前应先创建好"数据列表"，数据列表是一个二维的表格，是由行和列构成的，如图 4-67 所示就是一个数据列表。

下面介绍几个术语：

字段：数据列表的一列称为字段。

记录：数据列表的一行称为记录。

字段名：在数据表的最顶行通常会有字段名，字段名是字段内容的概括和说明。

在建立和使用数据列表时，用户应注意以下几个问题：

①避免在一张工作表中建立多个数据列表。

②数据列表的数据和其他数据之间至少留出一个空白行和一个空白列。

③避免在数据列表的各条记录或各个字段之间放置空白行和空白列。

图 4-67　数据列表

④最好使用列名，而且把列名作为字段的名称。

⑤字段名的字体，对齐方式等格式最好与数据列表中其他数据相区别。

4.7.2　数据排序

在查阅数据的时候，我们有时希望表中的数据可以按一定的顺序排列，以方便查看。数据排序是指按一定规则对数据进行重新整理、排列，这样可以为进一步处理数据做好准备。排序方法是指按照字母的升序或降序、以及数值的升序或降序来重新组织数据，Excel 2010 提供了多种对数据进行排序的方法，用户也可以自己定义排序方法。

1.　简单数据排序

实际运用过程中，用户往往有按一定次序对数据重新排列的要求，比如用户想按总分从高到低的顺序排列数据。对于这种按单列数据排序的要求，用户可以使用简单的数据排序。下面举例说明。

例 4-13　为"Sheet6"工作表中的数据，按照"总分"升序排列。具体操作步骤如下：

①打开"Sheet6"工作表。

②选择"总分"列中的任意一个单元格，如图 4-68 所示。

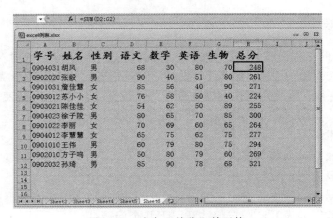

图 4-68　选中"总分"单元格

③选择"数据"菜单中"排序和筛选"组中的"升序"按钮，工作表中的数据将按照总分由低到高的顺序排列。排序结果如图 4-69 所示。

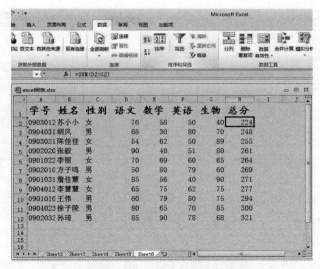

图 4-69　总分"升序"排序结果

2．自定义排序

进行简单排序时，只能使用一个排序条件，在实际操作过程中，对关键字进行排序后，排序结果中有并列记录，这时可使用多条件方式进行排序，下面举例说明。

例 4-14　为"Sheet1"工作表中的数据，首先按照主要关键字"总分"降序排列，总分相同的记录按照次要关键字"语文"升序排列。具体操作步骤如下：

①打开"Sheet1"工作表。

②选择"总分"列中的任意一个单元格。

③选择"数据"菜单中的"排序和筛选"组中的"排序"按钮，如图 4-70 所示，打开"排序"对话框，在"主要关键字"下拉列表中选择"总分"选项，在"排序依据"下拉列表框中选择"数值"选项，在"次序"下拉列表中选择"降序"选项，如图 4-71 所示。

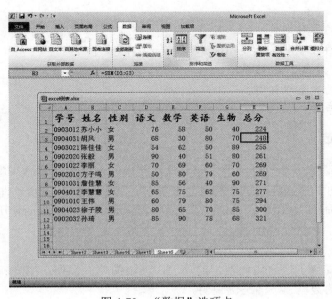

图 4-70　"数据"选项卡

图 4-71　排序"主要关键字"设置

④单击"添加条件"按钮，添加新的排序条件。在"次要关键字"下拉列表框中选择"语文"选项，在"排序依据"下拉列表框中选择"数值"选项，在"次序"下拉列表中选择"升序"选项，如图 4-72 所示。

图 4-72　排序"次要关键字"设置

⑤单击"确定"按钮，即可完成排序。

注意：Excel 2010 在默认排序是根据单元格中的数据进行排序的。在按升序排序时，Excel 使用如下顺序：

①数值从最小的负数到最大的正数排序。

②文本和数字的文本则按从 0—9，a—z，A—Z 的顺序排列。

③逻辑值 False 排在 True 之前。

④所有错误值的优先级相同。

⑤空格排在最后。

4.7.3　数据筛选

当数据表格中记录非常多时，用户如果只对其中的一部分数据感兴趣，可以使用 Excel 2010 筛选数据，即将不感兴趣的记录隐藏起来，只显示感兴趣的、符合条件的记录。Excel 2010 有自动筛选和高级筛选，使用自动筛选是筛选数据表极简便的方法，而使用高级筛选可以设定很复杂的筛选条件，下面分别介绍。

1. 自动筛选

自动筛选功能提供了快速访问数据的功能，通过简单的操作，用户就可以筛选掉那些不想看到或不想打印的数据。下面举例说明。

例 4-15　使用筛选功能将"Sheet1"工作表的性别为"女"的记录筛选出来。具体操作步骤如下：

①打开"Sheet1"工作表。

②选中工作表中的任意一个单元格，打开"数据"菜单，在"排序和筛选"组中单击"筛选"按钮，进入筛选模式，如图 4-73 所示。

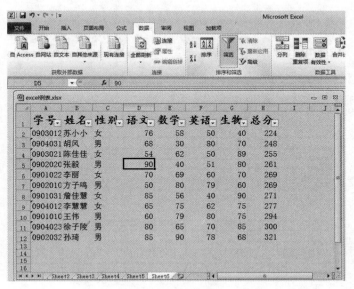

图 4-73　自动筛选

③在"性别"列中单击"性别"标题单元格右侧的下拉列表按钮，在弹出的下拉列表框中的"文本筛选"项中勾选"女"，如图 4-74 所示。

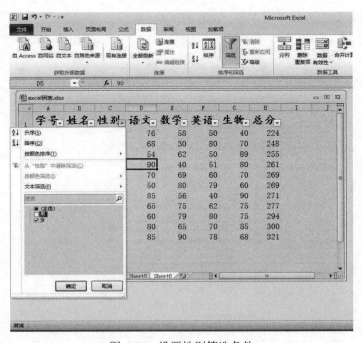

图 4-74　设置性别筛选条件

④单击"确定"按钮，即可完成筛选，筛选结果如图 4-75 所示。

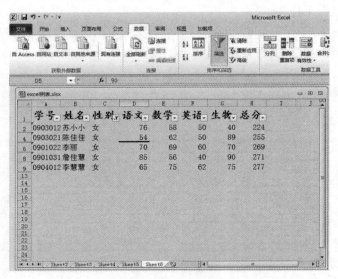

图 4-75　自动筛选结果

例 4-16　使用筛选功能将"Sheet1"工作表的英语成绩大于 60 分的记录筛选出来。具体操作步骤如下：

①打开"Sheet1"工作表。

②选中工作表中的任意一个单元格，选中"数据"菜单，在"排序和筛选"组中单击"筛选"按钮，进入筛选模式。

③单击"英语"列标题单元格右侧的下拉列表按钮，在弹出的下拉列表框中单击"数字筛选"，在弹出的菜单中选择"大于"，如图 4-76 所示。

图 4-76　设置"大于"筛选条件

④在弹出的"自定义自动筛选方式"对话框中输入"60"，如图 4-77 所示。

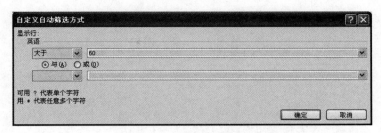

图 4-77　自定义筛选条件

⑤单击"确定"按钮，即可完成筛选，如图 4-78 所示。

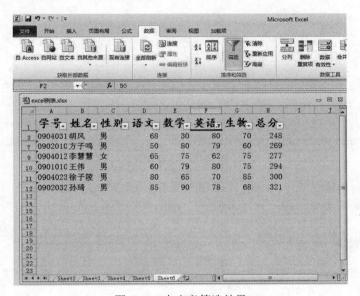

图 4-78　自定义筛选结果

如果要清除筛选设置，单击筛选条件单元格旁边的按钮，在弹出的菜单中选择相应的清除筛选命令即可。

2. 高级筛选

如果数据列表的字段更多，那么使用自动筛选来选出各个字段符合条件的记录将更复杂，但如果掌握了高级筛选的方法，就不会这样麻烦了。下面介绍怎样使用 Excel 2010 的高级筛选。

如果用户要使用高级筛选，一定要先建立一个条件区域。条件区域用来指定筛选的数据必须满足的条件，在条件区域的首行中包含的字段名必须拼写正确，要与数据表中的字段名一致。条件区域中并不要求包含数据列表中所有的字段名，只要求包含作为筛选条件的字段名。

需要注意的是，条件区域和数据列表不能连接，必须用至少一行的空将其隔开。如图 4-79 中建立的一个条件区域。

例 4-17　通过高级筛选选出"sheet1"工作表中英语和数学成绩同时在 70 分以上的所有学生。具体操作步骤如下：

①打开"sheet1"工作表。

②建立条件区域：在工作表的 D16：E17 单元格区域中输入筛选条件，如图 4-79 所示。

图 4-79　条件区域

③单击数据列表中任意单元格（不能单击条件区域与数据列表区域之间的空行）。

④打开"数据"菜单，在"排序和筛选"组中单击"高级"按钮，如图 4-80 所示。

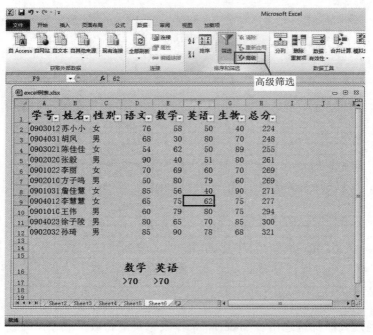

图 4-80　高级筛选

⑤弹出"高级筛选"对话框进行设置，如图 4-81 所示。

图 4-81　"高级筛选"对话框

⑥单击"确定"按钮，即可得到筛选结果，如图 4-82 所示。

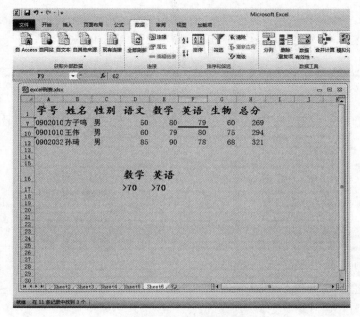

图 4-82　高级筛选结果

如果想清除高级筛选条件，可以直接单击"数据"中"排序和筛选"组中的"清除"按钮，即可重新显示数据列表的全部内容。

4.7.4　分类汇总

前面已经学习了筛选和排序操作，但在数据表格中只知道这些操作是不够的。分类汇总是一种很重要的操作，它是分析数据的一项有力工具，在 Excel 2010 中使用分类汇总可以十分轻松地汇总数据，分类汇总前必须对分类字段进行排序。

1. 简单的分类汇总

简单分类汇总是只对一个字段分类且只采用一种汇总方式的分类汇总。分类汇总前必须对分类字段进行排序。下面举例说明：

例 4-18　以"Sheet1"工作表中的数据为例，统计不同班级的人数。具体操作步骤如下：

①打开"Sheet1"工作表中的数据列表。

②选中数据列表中的"班级"字段名，以"班级"为主关键字进行升序排列，如图 4-83 所示。

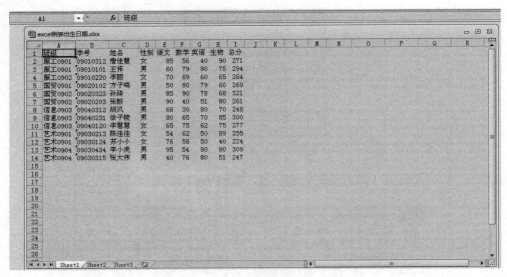

图 4-83   "班级"升序排序

③选中数据列表中任意一个单元格，单击"数据"中"分级显示"组中的"分类汇总"，如图 4-84 所示。

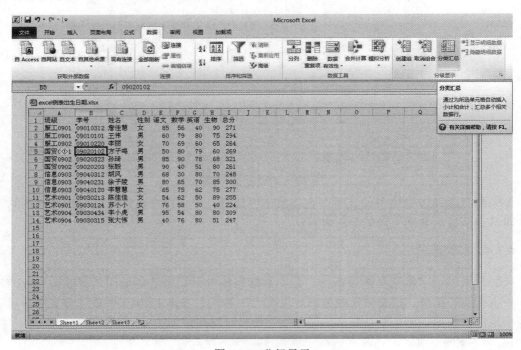

图 4-84   分级显示

④在弹出的"分类汇总"对话框中进行设置，各项设置如图 4-85 所示。

⑤单击"确定"，即可得到分类汇总结果，如图 4-86 所示。

如果要取消分类汇总效果，需要再次打开"分类汇总"对话框，单击"全部删除"按钮即可。

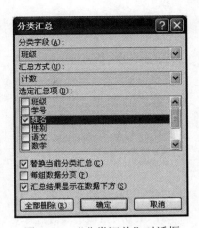

图 4-85　"分类汇总"对话框

2. 创建多级分类汇总

多级分类汇总是指有多个分类字段、或有多个汇总方式、或有多个汇总项的情况，有时是多种情况的组合。下面举例说明。

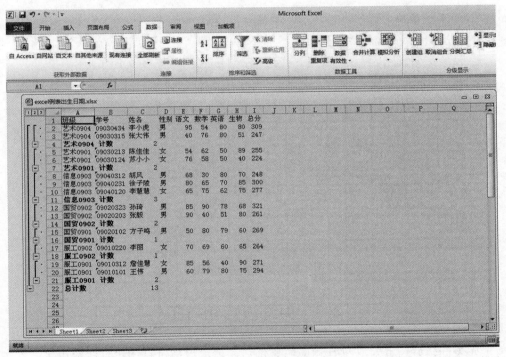

图 4-86　分类汇总结果

例 4-19　在上面例子分类汇总基础上，再找出同一班级中总分最高的。具体操作步骤如下：

①选中数据列表中的任意单元格，单击"数据"菜单，在"分级显示"组中选择"分类汇总"，在弹出的"分类汇总"对话框，设置"汇总方式"为"最大值"，在"选定汇总项"列表框中选择"总分"，取消对"当前分类汇总"复选项的选择，如图 4-87 所示。

②单击"确定"，即可得到分类汇总结果，如图 4-88 所示。

图 4-87　"分类汇总"设置汇总项

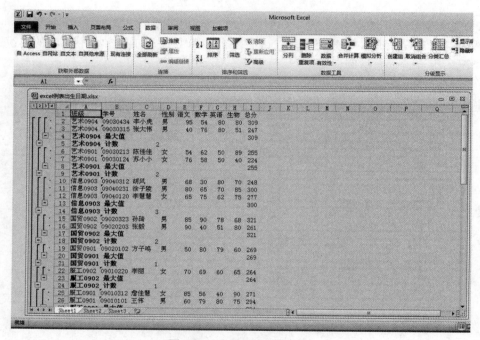

图 4-88　多级分类汇总结果

4.8　页面设置和打印

当工作表创建好、并对其进行相应的修饰后，就可以通过打印机打印输出了。在工作表打印之前，还需要做一些必要的设置，如页面设置、设置页边距、添加页眉和页脚、设置打印区域等。

4.8.1　设置打印区域和分页

1. 设置打印区域

默认情况下，打印工作表时会将整个工作表全部打印输出。如果要打印部分区域或打印整个工作薄，可以通过"文件"菜单下"打印"组中的"设置"选项进行设置。下面举例说明。

例 4-20　打印"Sheet1"工作表中 A1:H12 数据区域，具体操作步骤如下：

①打开"Sheet1"工作表。

②选择 A1:H12 数据区域，如图 4-89 所示。

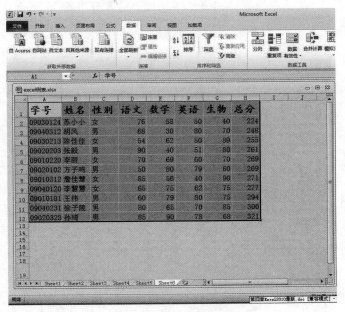

图 4-89　选择数据区域

③单击"文件"菜单，在下拉菜单中单击"打印"，在弹出的子菜单中选择"设置"选项，单击"打印活动工作表"右侧的按钮，在弹出的下拉列表框中选择"打印选择区域"。如图 4-90 所示。

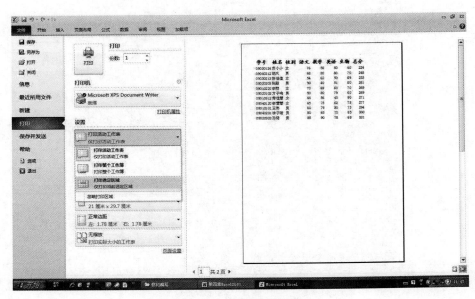

图 4-90　打印选择区域

④单击"打印"即可完成数据区域的打印。

2. 分页

有时工作表中的数据有很多行，在打印的时候需要分为多个页面，分页的方法是：首先选中要分页的位置（比如某一行），如图 4-91 所示，然后在"页面布局"菜单中的"页面设置"组中，单击"分隔符"，在弹出的下拉列表框中选择"插入分页符"，就会在所选位置插入一条如图 4-92 所示的线。

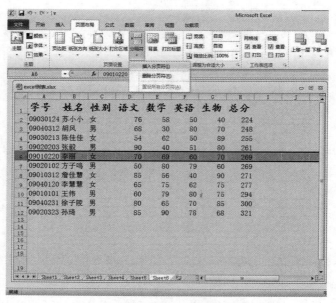

图 4-91　选中分页位置

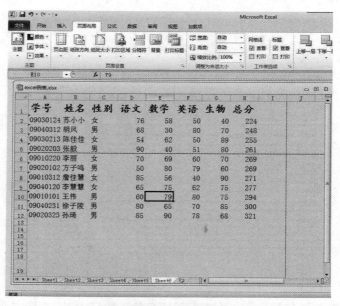

图 4-92　插入分页符

若要取消分页符，可以选中分页符所在的位置，然后单击"分隔符"下拉列表框中的"取消分页符"。

4.8.2　页面设置

1．设置页面

Excel 2010 具有默认页面设置，用户因此可直接打印工作表。如有特殊要求，使用页面设置可以设置工作表的打印方向、缩放比例、纸张大小、页边距等。选择"页面布局"菜单，在"页面设置"组，根据打印要求分别进行设置。

（1）设置页边距

页边距是正文与页面边缘的距离，在 Excel 2010 中设置页边距的操作步骤如下：

①选择"页面布局"菜单，在"页面设置"组中单击"页边距"按钮，从下拉菜单中选择一种页边距方案，如图 4-93 所示。

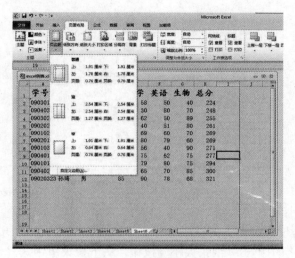

图 4-93　设置页边距

②如果要自定义页边距，选择"自定义边距"命令，打开"页面设置"对话框，如图 4-94 所示。然后切换到"页边距"选项卡，在"上"、"下"、"左"、"右"微调框中调整打印数据与页面边缘之间的距离。

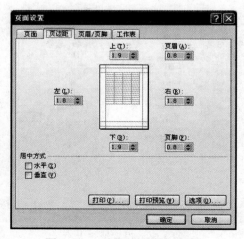

图 4-94　"页面设置"对话框

③单击"确定"按钮，页边距设置完成。

（2）设置纸张方向

设置纸张方向就是设置页面是横向打印还是纵向打印。若工作表的行较多而列较少，使用纵向打印；若工作表的列较多行较少，使用横向打印。设置纸张方向的方法是：在"页面布局"菜单的"页面设置"组中单击"纸张方向"按钮，从下拉菜单中选择"纵向"或"横向"，如图 4-95 所示。

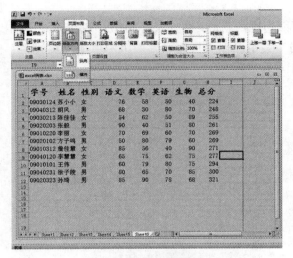

图 4-95　设置纸张方向

（3）设置纸张大小

设置纸张大小就是设置以多大的纸张进行打印，设置纸张大小的步骤如下：

①在"页面设置"组中单击"纸张大小"按钮，从下拉菜单中选择所需的纸张，如图 4-96 所示。

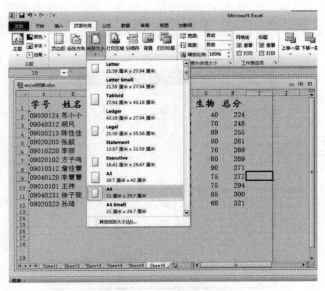

图 4-96　设置纸张大小

②如果要自定义纸张大小，选择"其他纸张大小"命令，打开"页面设置"对话框，切换到"页面"选项卡进行设置，如图 4-97 所示。

图 4-97　自定义纸张大小

（4）设置打印标题

有时打印的每一页都需要有标题，设置方法是：在"页面布局"菜单的"页面设置"组中单击"打印标题"按钮，在弹出的"页面设置"对话框的"工作表"选项中设置打印标题区域，完成后单击"确定"按钮即可。如图 4-98 所示。

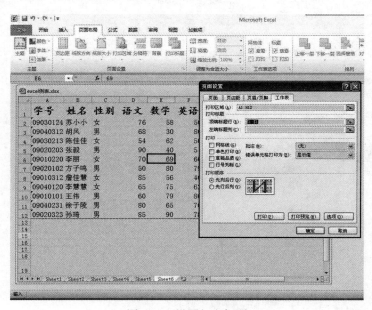

图 4-98　设置打印标题

（5）设置页眉/页脚

在"页面布局"菜单中"页面设置"组的右侧，单击一个"页面设置"小图标，弹出的"页面设置"对话框中选择"页眉/页脚"选项卡，出现如图 4-99 所示的对话框。Excel 2010在页眉/页脚列表框提供了许多定义的页眉、页脚格式。如果用户不满意，可单击"选项"按钮自行定义，在自定义"页眉"对话框中，可输入位置为左对齐、居中、右对齐的三种页眉。例如要定义如图 4-100 所示的页眉可以进行如下操作。

　　①从页眉列表中选择一种相近格式的页眉。

　　②单击"自定义页眉"按钮，打开"自定义页眉"对话框，在该对话框中修改中文本框为"学生成绩表"，如图 4-101 所示，单击"确定"按钮完成设置。

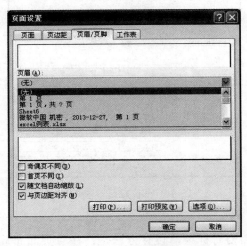

图 4-99　　"页眉/页脚"设置

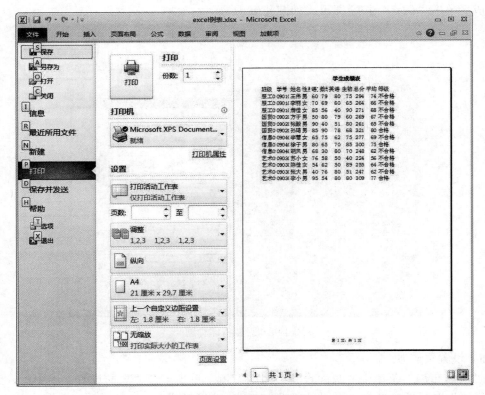

图 4-100　页眉/页脚示例

图 4-101　"页眉"对话框

4.8.3　打印预览和打印

在 Excel 2010 中也采用了所见即所得的技术，用户可以在打印工作表之前，通过打印预览命令在屏幕上观察效果，并进行相应的调整，一旦设置正确即可在打印机上正式打印输出。

1．打印预览

①选择"文件"菜单中的"打印"命令，可以在"打印"选项面板的右侧预览打印效果。

②如果看不清楚预览效果，单击预览页面下方的"缩放到页面"按钮。此时，预览效果比例放大，用户可以拖动垂直或水平的滚动条来查看工作表的内容。

③当工作表有多页时，可以单击"下一页"按钮，预览其他页面。

2．打印

经设置打印区域、页面设置、打印份数、打印预览后，工作表可正式打印了。选择"文件"菜单中的"打印"命令，单击"打印"按钮即可。

第 5 章　PowerPoint 2010 演示文稿

5.1　PowerPoint 2010 概述

PowerPoint 2010 是微软公司研制开发的 Office 办公软件套件中的一种制作演示文稿的办公软件，是最常用的制作多媒体演示文稿的软件。可以通过文字、图形、图像及声音结合在一起直观而形象、简明而清晰的演示。

5.1.1　PowerPoint 2010 简介

PowerPoint 是行业办公方面应用最为广泛的软件，PowerPoint 是现在动画制作效率最高的多媒体，因为使用 PowerPoint 为不同内容设置相同文本格式和动画时，可直接通过幻灯片母版或使用格式刷快速设置相同的效果，提高制作的效率。现在使用 PowerPoint 软件制作演示文稿、动画等已被越来越多的用户接受与认可。因为使用 PowerPoint 软件制作速度快、花费时间少、制作成本比其他软件低。PowerPoint 的应用领域正呈爆炸式增长，政府、企业、团体、个人等都在使用。PowerPoint 在工作总结、项目介绍、会议会展、项目投标、项目研讨、工作汇报、企业宣传、产品介绍、咨询报告、培训课件以及竞聘演说等方面发挥着重要作用。使用 PowerPoint，还有一个好处就是容易修改，用户可根据需要随时对制作的演示文稿进行修改。根据不同的需要选择不同的演示方式，可自动、手动播放，可用鼠标、键盘操作，可在电脑里对着客户面对面沟通，可投到幕布上向众多观众介绍，还可以发到邮箱里让客户自由浏览。使用 PowerPoint 制作的演示文稿，最大的一个特点就是互动性强。它强调与观众间的互动，使观众融入其中，营造一个良好的氛围。

5.1.2　PowerPoint 2010 的主要功能

功能显性化：对齐、填充、项目符号、字号、查找替换、版式、相册、幻灯片编号等，横向分布、一目了然；

保存格式的新突破：PowerPoint 2010 可以将 PPT 保存为 pdf 和视频格式，保存视频格式中可以兼容内部的视频和音频，但不包括 Flash；

新建中的新内容：新建中可以给 PPT 生成不同的内容，还有在样本模板中有一些现成的相册，可以直接运用；

增加节功能：PPT 也可以逻辑管理，在 PowerPoint 2010 中新增了"节"功能，可以按照自己的需要分段；

增加窗格功能：当页面中内容比较多的，可以使用窗格让页面变得简单；

另外，新增的视频和图片编辑功能以及增强功能是 PowerPoint 2010 的新亮点。切换效果和动画运行起来比以往更为平滑和丰富，较低版本艺术字的创新、多种 SmartArt 图形的增加等都是 PowerPoint 2010 这个版本让用户可以更加轻松地广播和共享演示文稿的新特征。

5.1.3 PowerPoint 2010 的启动和退出

1. PowerPoint 2010 的启动

PowerPoint 2010 是随着 Microsoft Office 2010 的安装自动安装到系统中的。启动 PowerPoint 2010 常用的方法是通过"开始"菜单和桌面快捷方式，另外也可通过打开电脑中已经有的文档启动 PowerPoint 2010。

方法 1：通过桌面快捷图标启动。成功安装 Microsoft Office 2010 后，桌面上会出现 Microsoft PowerPoint 2010 快捷图标，如图 5-1 所示，用鼠标直接双击该图标即可启动。

方法 2："开始"菜单启动。左键单击"开始"按钮，在弹出的"开始"菜单中选择"Microsoft Office"组选项，再从子菜单中选择"Microsoft PowerPoint 2010"即可启动。如图 5-2 所示。

图 5-1 Microsoft PowerPoint 2010 快捷图标   图 5-2   "开始"菜单列表

方法 3：通过打开已有的文档启动。在"计算机"或"资源管理器"中找到已经创建的演示文稿，然后双击文档图标即可启动 Microsoft PowerPoint 2010。如图 5-3 所示。

图 5-3   已有的演示文稿

2. PowerPoint 2010 的退出

PowerPoint 2010 的退出方法比较简单，在以下 4 种方法中执行任意一种即可退出：

方法 1：单击 PowerPoint 2010 工作窗口标题栏右侧的关闭按钮 ▨ 退出。

方法 2：在 PowerPoint 2010 工作窗口的"文件"菜单中选择"退出"命令。如图 5-4 所示。

方法 3：单击标题栏左侧图标，在弹出的控制菜单中选择"关闭"命令。如图 5-5 所示。

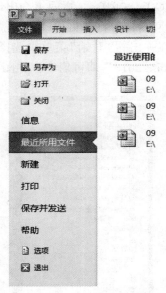

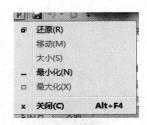

图 5-4　"文件"菜单中"退出"命令　　　　　图 5-5　控制菜单

方法 4：同时按下键盘上的"Alt+F4"组合键。

5.1.4　PowerPoint 2010 的窗口组成

标题栏：位于工作界面的最上方，用于显示当前文档的名称以及控制窗口的大小，单击其左侧的控制菜单图标，在弹出的菜单中可选择相应的命令对窗口进行移动、改变大小、关闭等操作。

功能选项卡：位于标题栏下方，包括"文件"、"开始"等功能选项，每个选项中包括与此相关的所有操作命令。

幻灯片视区：位于工作界面最中间，主要任务是进行幻灯片的制作、编辑和添加各种效果，还可以查看每张幻灯片的整体效果。

大纲视图：位于幻灯片视区的左侧，主要用于显示幻灯片的文本并负责插入、复制、删除、移动整张幻灯片，可以很方便地对幻灯片的标题和段落文本进行编辑。

备注区：位于幻灯片视区下方，主要用于给幻灯片添加备注，为演讲者提供更多的信息。

视图切换按钮：通过视图切换按钮可以在普通视图、幻灯片浏览、阅读视图、幻灯片放映之间切换预览演示文稿。

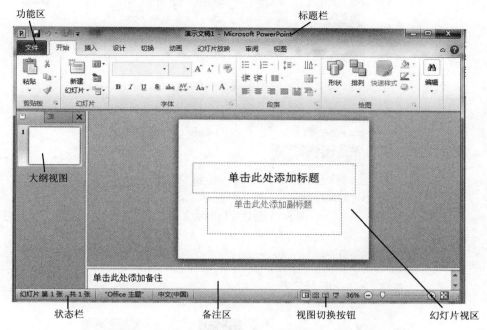

功能区　　　　　　　　　　　　　　　　　　　　　　标题栏

大纲视图

单击此处添加标题

单击此处添加副标题

单击此处添加备注

状态栏　　　　　　　　备注区　　　　　视图切换按钮　　　　幻灯片视区

图 5-6　PowerPoint 2010 窗口组成

5.2　演示文稿的制作

演示文稿是由 PowerPoint 2010 创建的文档，一般包括为某一演示目的而制作的所有幻灯片、演讲者备注和旁白等内容，PowerPoint 2010 文件扩展名为.pptx。

5.2.1　创建演示文稿

演示文稿是指一个 PowerPoint 文档，在一个演示文稿中可以包含多张幻灯片，因此要制作幻灯片必须先创建演示文稿，创建方式有以下几种：

1. 创建空白演示文稿

空白演示文稿是一种形式最简单的演示文稿，启动 PowerPoint 时就会自动创建空白演示文稿，如图 5-7 所示。

2. 根据设计模板创建演示文稿

在 PowerPoint 2010 提供了很多设计模板，从演示文稿的样式、风格到幻灯片的背景、装饰图案、文字布局、大小、颜色等都有预先设计。用户可以选定某个模板后，再进行进一步的编辑和修改。如图 5-8 所示。

3. 根据现有演示文稿创建

使用现有已存在的文稿创建，可以在"计算机"或"资源管理器"中打开已有的文稿。打开文稿之后，选择"文件"选项卡中"新建"命令即可创建新的文稿。

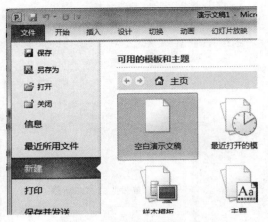

图 5-7　创建空白演示文稿

图 5-8　PowerPoint 2010 模板

5.2.2　打开演示文稿

打开已有演示文稿的操作步骤如下：

①单击"文件"选项卡中"打开"命令，弹出"打开"对话框。

②在其中选择需要的文件，然后单击"打开"按钮。

也可以在"计算机"或"资源管理器"中选择已存在的文件。如图 5-9 所示。

5.2.3　保存演示文稿

选择"文件"选项卡中的"保存"命令，可以保存当前操作的演示文稿。若创建的演示文稿是第一次保存，当点击"保存"命令时会弹出"另存为"对话框，如图 5-10 所示。在对话框中的"文件名"文本框中输入演示文稿的名称，再单击"保存"按钮，即可完成保存。

图 5-9　"打开"对话框

图 5-10　"另存为"对话框

5.2.4　保护演示文稿

在"文件"选项卡中，单击"信息"命令，再单击"保护演示文稿"按钮，根据保护文件不被查看或是不被更改的要求，把密码输入"加密文档"的对话框中，单击"确定"。如图 5-11 和图 5-12 所示。

5.2.5　设置演示文稿视图方式

视图是 PowerPoint 的显示方式，PowerPoint 提供了 5 种视图方式，分别是普通视图、幻灯片浏览视图、阅读视图、备注页视图以及幻灯片放映视图。选择"视图"选项卡，在"演示文稿视图"选项组中可以选择视图的显示方式。如图 5-13 所示。

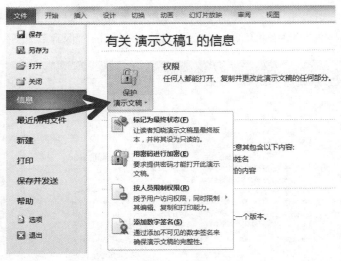

图 5-11 "保护演示文稿"命令

图 5-12 "加密文档"对话框

图 5-13 "演示文稿视图"选项组

1. 普通视图

普通视图是 PowerPoint 的默认视图，在左侧有任务窗格，包含"大纲"和"幻灯片"两个标签，并在下方显示备注窗格，在状态栏中显示了当前演示文稿的总页数和当前显示的页码，用户可以使用垂直滚动条上的"上一张幻灯片"和"下一张幻灯片"在幻灯片之间切换。如图5-14 所示。

图 5-14 普通视图

2．幻灯片浏览视图

幻灯片浏览视图可以显示演示文稿中的所有幻灯片的页面、完整的图片和文本。可以调整演示文稿的整体显示效果，也可以对多个幻灯片进行调整，比如幻灯片的背景和配色方案、复制幻灯片、添加或者删除幻灯片以及排列幻灯片。此视图不能编辑幻灯片中的具体内容。如图 5-15 所示。

图 5-15　幻灯片浏览视图

3．阅读视图

阅读视图可以将演示文稿作为适应窗口大小的幻灯片放映查看，在页面上单击，即可翻到下一页。用于查看演示文稿放映效果，并且不用全屏的幻灯片放映视图。如图 5-16 所示。

图 5-16　阅读视图

4．备注页视图

在需要以整页格式查看和使用备注时使用备注页视图，将一页幻灯片分成两部分，其中上半部分用于展示幻灯片的内容，下半部分则是用于建立备注。如图 5-17 所示。

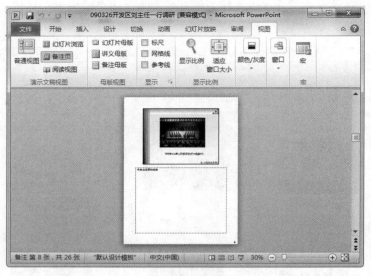

图 5-17　备注页视图

5．幻灯片放映视图

幻灯片放映视图可用于向观众放映演示文稿。幻灯片放映视图与播放幻灯片的效果是一样的。按照指定的方式动态播放幻灯片内容，用户可以看到文本、图片、动画和声音等效果。如图 5-18 所示。

图 5-18　幻灯片放映视图

5.2.6　关闭演示文稿

当用户不再对演示文稿进行编辑操作时，就需要关闭演示文稿。关闭演示文稿常用的有以下几种方法：

方法 1：双击演示文稿窗口左上角的按钮。

方法 2：选择"文件"选项卡，单击左侧的"关闭"命令。如图 5-19 所示。

图 5-19　关闭命令

方法 3：单击窗口右上角的"关闭"按钮。

方法 4：按下 Ctrl+F4 组合键。

5.3　幻灯片的编辑

5.3.1　新建幻灯片

新建幻灯片的方法有多种，常用的是以下几种：

方法 1：在普通视图模式下，点击幻灯片视区中的"单击此处添加第一张幻灯片"即可创建一张幻灯片，然后进行编辑。如图 5-20 所示。

图 5-20　新建幻灯片 1

方法 2：利用"开始"选项卡，单击"新建幻灯片"按钮，然后选择需要的模板设计，即新建了一张空白的幻灯片。如图 5-21 所示。

方法 3：把插入点放在目标位置上，单击右键，在弹出的快捷菜单中选择"新建幻灯片"命令，然后选择版式。如图 5-22 所示。

新建了幻灯片之后就要编辑幻灯片，在幻灯片的编辑中，首先要输入文本，输入文本分两种情况：一种是有文本占位符的，单击文本占位符，占位符的虚线框变成粗边线的矩形框，原有文本消失，同时在文本框中出现一个闪烁的"Ｉ"形插入光标，表示可以直接输入文本内容。另一种是无文本占位符的，插入文本框即可输入文本，操作与 Word 类似。

图 5-21　新建幻灯片 2

图 5-22　新建幻灯片 3

5.3.2　删除幻灯片

用户在编辑演示文稿的过程中对于不需要的幻灯片可以删除，删除幻灯片的常用方法有以下两种：

方法 1：选中需要删除的幻灯片，直接按下键盘上的 Delete 键，即可将该幻灯片删除。

方法 2：使用鼠标右键单击要删除的幻灯片，在弹出的快捷菜单中选择"删除幻灯片"命令，即可删除该幻灯片。如图 5-23 所示。

图 5-23　删除幻灯片

5.3.3　移动幻灯片

在视图窗格中选定要移动的幻灯片，然后单击左键拖动，插入点是长条直线的形式，到目标位置时松开鼠标。当然也可以使用"剪贴板"实现移动幻灯片的操作。选择"剪贴板"选项组中的"剪切"和"粘贴"命令。

5.3.4　复制幻灯片

在对演示文稿的实际操作中，可能会遇到几张幻灯片的版式和背景相同、而其中的文字不同的情况，这时可以先复制幻灯片后，再进行修改。步骤如下：

①在视图窗格的"大纲"选项卡中，选定要复制的幻灯片。

②单击鼠标右键，在弹出的快捷菜单中选择"复制"命令。如图 5-24 所示。

图 5-24　"复制"幻灯片

③在目标位置单击鼠标右键，在弹出的快捷菜单中"粘贴选项"中选择相应的粘贴方式，有"目标主题"、"保留源格式"和"图片"三个选项。如图 5-25 所示。

复制幻灯片还有很多方法，比如在选定目标幻灯片后，可以按下 Ctrl 键的同时拖动鼠标左键实现。也可以使用"开始"选项卡中"剪贴板"选项组的"复制"、"粘贴"按钮来实现，如图 5-26 所示。

图 5-25　"粘贴选项"列表

图 5-26　"剪贴板"选项组

5.3.5　选定幻灯片

演示文稿一般是由多张幻灯片组成的，用户在对幻灯片编辑之前首先要选定目标幻灯片，那么如何选定幻灯片呢？选择幻灯片分为选择单张幻灯片、选择多张连续幻灯片、选择多张不连续幻灯片和选择全部幻灯片四种情况。

1. 选择单张幻灯片

选择单张幻灯片的操作很简单，在"幻灯片"窗格或者"大纲"窗格中单击某张幻灯片，即可选定该幻灯片。选择幻灯片后，在"幻灯片"窗格或"大纲"窗格中突出显示该幻灯片缩略图，其周围会出现黄色亮色显示，同时在右侧的"幻灯片视区"窗格中显示该张幻灯片的内容，如图 5-27 所示。

图 5-27　选择单张幻灯片

2. 选择连续的多张幻灯片

如果要选择一组连续的幻灯片时，在"幻灯片"窗格或"大纲"窗格中单击需要选择的第一张幻灯片，然后按住键盘上的 Shift 键的同时单击需选择的最后一张幻灯片，即可选择在两张幻灯片之间的所有幻灯片。此方法也适用于幻灯片浏览视图模式。

3. 选择不连续的多张幻灯片

如果要选择不连续的幻灯片时，在"幻灯片"窗格或者"大纲"窗格中首先选择第一张需要的幻灯片，然后按住键盘上的 Ctrl 键不放，依次单击需要选择的幻灯片即可。此方法同样也适用于幻灯片浏览视图模式。

4. 选择全部幻灯片

在普通视图和幻灯片浏览视图中，按住 Ctrl+A 组合键，可以选定当前演示文稿的所有幻灯片。

5.3.6　新增节

在 PowerPoint 2010 中新增了节功能，可以使用多个节来组织大型幻灯片版面，以简化其管理和导航。此外，通过对幻灯片进行标记并将其分为多个节。具体操作如下：

新增节：打开目标演示文稿后，选中需要添加节的幻灯片，在"幻灯片"选项卡中单击"节"按钮，在展开的下拉列表中单击"新增节"选项，如图 5-28 所示。

重命名节：新建节后，右击新添加的节，在弹出的快捷菜单中单击"重命名节"命令，会弹出"重命名节"对话框，在"节名称"文本框中输入节名称，单击"重命名"按钮，如图 5-29 和图 5-30 所示。这时单击标题左侧的折叠节按钮　◢　，即可将当前节折叠起来。

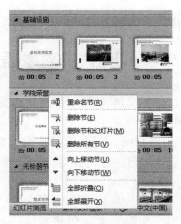

图 5-28　新增节　　　　　图 5-29　右键快捷菜单　　　　图 5-30　"重命名节"对话框

节是一个独立的整体，用户可以根据需要在幻灯片列表中向上或向下移动节，将整个节的内容进行移动，也可以选中整个节，更改节幻灯片的背景样式等格式，则可以更改节中所有幻灯片的整体效果。当用户不需要节时，可以右键单击要删除的节，然后单击"删除节"命令，将删除节信息，但是它不会删除节内幻灯片的内容，还可以使用"删除所有节"命令，一次删除整个演示文稿的全部节。

5.3.7　隐藏幻灯片

当通过添加超链接或动作将演示文稿的结构设置得较为复杂时，有时需要某些幻灯片只在单击指向它们的链接时才会被显示出来。要达到这样的效果，可以使用幻灯片的隐藏功能。

在普通视图下，右击幻灯片预览窗格中的幻灯片缩略图。从弹出的快捷菜单中选择"隐藏幻灯片"命令，或者打开"幻灯片放映"选项卡，在"设置"组中单击"隐藏幻灯片"按钮，即可将正常显示的幻灯片隐藏。如图 5-31 和图 5-32 所示。

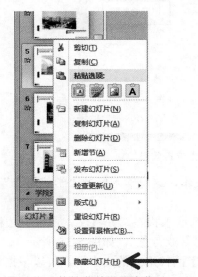

图 5-31　快捷菜单设置隐藏　　　　　图 5-32　"隐藏幻灯片"按钮

被隐藏的幻灯片编号上将显示一个带有斜线的灰色小方框，这表示幻灯片在正常放映时不会显示，只有当用户单击了指向它的超链接或动作按钮后才会显示。

5.4　幻灯片的对象插入

对象是幻灯片的基本成分，包括文本对象、可视化对象和多媒体对象三大类，这些对象的操作一般都是在幻灯片视图中进行的。

在 PowerPoint 2010 中新建幻灯片时，只要选择含有内容的版式，就会在内容占位符上出现内容类型的选择按钮。单击某个按钮，即可在这个占位符中添加相应的内容。

5.4.1　文本

演示文稿非常重视视觉效果，但正文文本仍然是展示的主要工具。因此，添加文本是制作幻灯片的基础，同时还要对输入的文本进行必要的格式设置。

1. 文本框

文本框是一种可移动、调整大小的文字或图形容器，特性与前面讲到的占位符非常相似。使用文本框，可以在幻灯片中放置多个文字块，也可以使文字按不同的方向排列，还可以打破幻灯片版式的制约，实现在幻灯片中的任意位置添加文字信息的目的。

在文本框中单击鼠标即可输入文本，新建的空白幻灯片中进行文本的输入：

①启动 PowerPoint 2010 并新建一个空白幻灯片，在第一张幻灯片的标题占位符中单击鼠标，此时该文本占位符内原有的文本消失，出现一个闪烁的光标，并且虚线边框变宽条虚线，如图 5-33 所示。

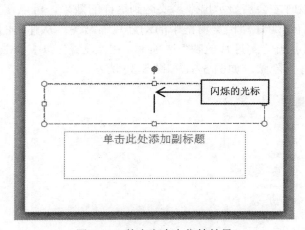

图 5-33　单击文本占位符效果

②在闪烁的光标处输入文本，也可直接粘贴文本，这里输入标题"学院简介"，如图 5-34所示。

③完成文本输入后单击幻灯片空白处退出文本输入状态，并且文本占位符边框消失。接着继续单击副标题文本占位符，然后在其中输入"专业特色"，如图 5-35 所示。

在 PowerPoint 中可以插入横排文字和竖排文字两种形式的文本框，可以根据自己的需要进行选择。打开"插入"选项卡，在"文本"中选择"文本框"按钮，从弹出的下拉菜单中选择"横排文本框"或"竖排文本框"命令，如图 5-36 所示。然后再从幻灯片中按住鼠标左键拖动，绘制文本框，光标自动位于文本框中，此时就可以在其中输入文字。同样在幻灯片的空白处单击，即可退出文字编辑状态。

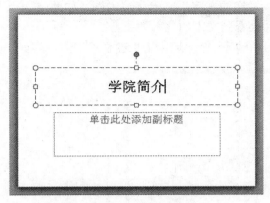

图 5-34　输入标题

图 5-35　输入副标题

2. 页眉页脚

单击"插入"选项卡的"页眉和页脚"按钮（图 5-37），弹出"页眉和页脚"对话框，选择"幻灯片"选项卡，通过选择适当的复选框，可以确定是否在幻灯片的下方添加日期和时间、幻灯片编号、页脚等，并可设置选择项目的格式和内容。设置结束后，单击"全部应用"按钮，则所做设置将应用于所有幻灯片；单击"应用"按钮，则所做设置只是应用于当前幻灯片。如果选择"标题幻灯片中不显示"，则所做设置将不应用于第一张幻灯片，设置对话框如图 5-38 所示。

图 5-36　"文本框"列表

图 5-37　页眉页脚按钮

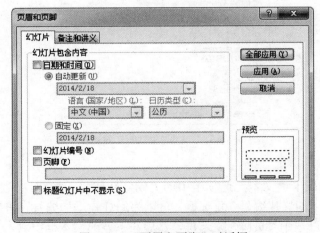

图 5-38　"页眉和页脚"对话框

3. 艺术字

在"插入"选项卡中，单击"插入艺术字"按钮，展开"艺术字"选项区，在其中单击需要的样式，在幻灯片编辑区中出现"请在此放置您的文字"艺术字编辑框，如图 5-39。更改输入要编辑的艺术字文本内容，可以在幻灯片上看到文本的艺术效果。

选中艺术字后，在"绘图工具/格式"选项卡中可以进一步编辑"艺术字"。

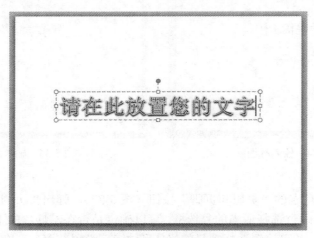

图 5-39　艺术字编辑框

4. 日期时间

如果要添加日期和时间，在"插入"选项卡中的"文本"选项组中单击"日期和时间"按钮，在弹出的对话框中选择"日期和时间"复选框，然后选中"自动更新"或"固定"单选按钮。选中"固定"单选按钮后，可以在下方的文本框中输入要在幻灯片中插入的日期和时间。把光标放在你想要插入时间的地方（如果这个地方没有文本框就新建一个或者把别的地方的拖过来），在"文本"选项组中选择"日期和时间"按钮，然后设置想要显示时间的格式（图 5-40），单击"确定"按钮就可以了。

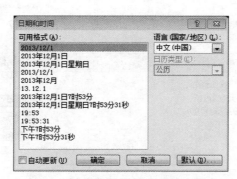

图 5-40　"日期和时间"对话框

5. 幻灯片编号

选择"插入"选项卡"文本"选项组中的"幻灯片编号"按钮，然后在弹出的"页眉和页脚"对话框中勾选"幻灯片编号"复选框，可以为幻灯片添加编号。如果要为幻灯片添加一些附注性的文字，可以选中"页脚"复选框，然后在下方的文本框中输入文字，再单击"全部应用"按钮。如图 5-41 所示。

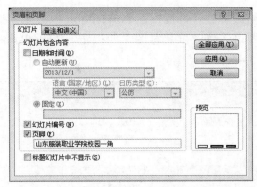

图 5-41　"幻灯片编号"设置

5.4.2　图像

1. 图片

在普通视图中显示要插入图片的幻灯片，选择"插入"选项卡，在"图像"选项中单击"图片"按钮，随即弹出"插入图片"对话框。在对话框中选择需要插入的图片文件，单击"插入"按钮，即将图片插入到幻灯片中。如图 5-42 所示。

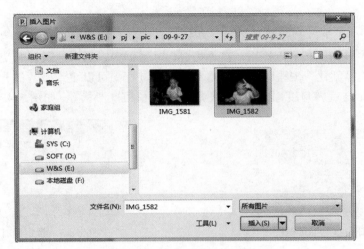

图 5-42　"插入图片"对话框

2. 剪贴画

PowerPoint 中提供的剪贴画都是专业的美术家设计的，可以辅助把演示文稿编辑的更加出色。在幻灯片中插入剪贴画可以先点击"插入"选项卡，在"图像"选项组中可看到"剪贴画"的按钮。单击该按钮，会打开"剪贴画"任务窗格。在"搜索文字"文本框中输入要插入剪贴画的说明文字，然后单击"搜索"按钮，在搜索结果中单击要插入的剪贴画，将其插入幻灯片中。如图 5-43 所示。另外，在含有内容占位符的幻灯片中，单击内容占位符上的"插入剪贴画"图标，也可以在幻灯片中插入剪贴画。

3. 屏幕截图

PowerPoint 2010 中提供了直接截屏并插入图片的新功能，这在之前的版本中都是没有的。有了这个功能，当我们编辑幻灯片、需要截屏并插入图片的时候，就不必另外调用 Windows

的截屏功能或者使用单独的截屏软件，直接在 PowerPoint 中截屏和插入图片一次完成。 方法是点击"插入"功能卡，即可看到"屏幕截图"的按钮。PowerPoint 2010 的截屏支持窗口截屏和自由截屏模式，如图 5-44 所示。

图 5-43　插入剪贴画

4．相册

PowerPoint 2010 可以制作电子相册，在幻灯片中新建相册时，只要在"插入"选项卡的"图像"选项组中单击"相册"按钮，在"相册"对话框中，从本地磁盘的文件夹中选择需要的图片文件，单击"创建"按钮即可。在插入相册的过程中可以更改图片的先后顺序、调整图片的色彩明暗对比与旋转角度，以及设置图片的版式和相框形状等。如图 5-45 和图 5-46 所示。

图 5-44　屏幕截图

图 5-45　新建相册

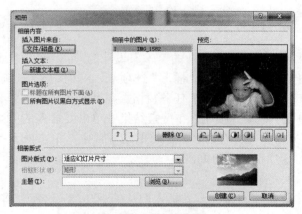

图 5-46　"相册"对话框

5.4.3　表格

在制作演示文稿时，排列整齐的数据以表格的形式表现出来。与页面文字相比较，表格更能表现比较性、逻辑性、抽象性较强的内容。

创建表格的方法是打开演示文稿，并切换到要插入表格的幻灯片。单击"插入"选项卡，在"表格"中单击"表格"按钮，在弹出的"插入表格"列表中拖动鼠标选择列数和行数，或者选择"插入表格"命令，打开"插入表格"对话框，设置表格的列数和行数，就可以在当前幻灯片中插入一个表格。如图 5-47 和图 5-48 所示。

图 5-47　"表格"功能列表　　　　　　　　　图 5-48　"插入表格"对话框

插入到幻灯片中的表格不仅可以像文本框和占位符一样被选中、移动、调整大小及删除，还可以为其添加底纹、设置边框样式和应用阴影效果等。如图 5-49 所示。

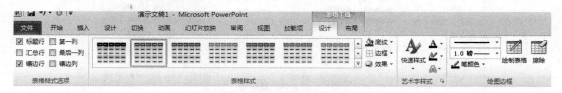

图 5-49　"表格格式"设置

5.4.4　插图

在 PowerPoint 2010 中可以插入自选图形。选择要添加图形的幻灯片，在"插入"选项卡的"插图"中单击"形状"按钮，如图 5-50 所示，在打开的下拉面板中选择需要的形状，如图 5-51，单击形状后在幻灯片上拖出一个形状区域即可。

图 5-50　插图选项卡

SmartArt 图形是用户信息的可视表示形式，用户可以从多种不同布局中进行选择，从而快速轻松地创建所需形式，以便有效地传达信息或观点。在 PowerPoint 2010 中可以向幻灯片插入新的 SmartArt 图形对象，包括组织结构图、列表、循环图、射线图等，具体操作是在"插入"选项卡的"插图"选项组中，单击"SmartArt"按钮，打开"选择 SmartArt 图形"对话框。如图 5-52 和图 5-53 所示。

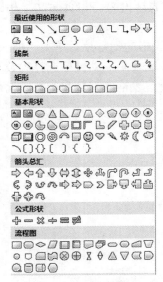

图 5-51　　"形状"面板

图 5-52　　"SmartArt"按钮

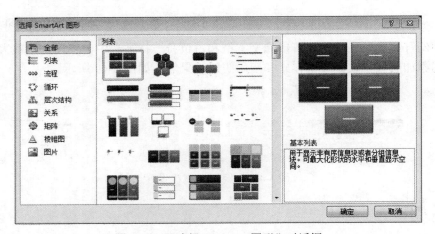

图 5-53　　"选择 SmartArt 图形"对话框

从左侧的列表框中选择一种类型，再从"列表"里选择子类型，然后单击"确定"按钮，即可创建一个选择 SmartArt 图形。输入图形中所需的文字，并利用"SmartArt 工具/设计"与"SmartArt 工具/格式"选项卡设置图形的格式。

5.4.5　媒体

1.　音频文件

在制作幻灯片时，用户可以根据需要插入声音，这样能够吸引观众的注意力，增加新鲜感和感染力。PowerPoint 2010 支持 MP3 文件、Windows 音频文件、Windows Media Audio 以及其他类型的声音文件。用户可以添加剪辑管理器中的声音，也可以添加文件中的音乐，使幻灯片变得有声有色，在添加声音后，幻灯片上会显示一个声音图标，方法如下：

选定需要插入声音的幻灯片，打开"插入"选项卡，在"媒体"选项组中单击"音频"按钮下方的按钮，从下拉列表中选择一种插入音频的方式，如图 5-54 所示。

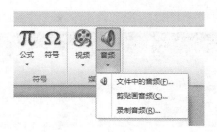

图 5-54　"音频"按钮

如果用户选择的是"剪贴画音频"，就会打开如图 5-55 所示的剪贴画窗格，单击列表框中合适的选项，该音频文件将插入幻灯片中。同时，幻灯片会出现声音图标和播放控制条，选中声音图标，切换到"播放"选项卡，在"音频选项"选项组中单击"开始"下拉列表框右侧的按钮，从下拉列表中选择一种播放方式。然后在"音频选项"选项组中单击"音量"按钮，从下拉列表中选择一种音量。如图 5-56 和图 5-57 所示。

图 5-55　剪贴画窗格

2．视频文件

在演示文稿中除了可以添加音频，还可以添加视频。而视频是展示幻灯片的最佳方式，可以为演示文稿增添多媒体效果。视频文件包括最常见的 Windows 视频文件（.avi）、影片文件（.mpg 或.mpeg）、Windows Media Video 文件（.wmv）以及其他类型的视频文件。

（1）插入视频文件

插入视频文件的方法和插入音频文件的方法差不多，也是先选择需要插入视频的幻灯片，然后单击"插入"选项卡中"媒体"选项组中的"视频"按钮，再从下拉列表中选择一种插入影片的方法。如果选择"文件中的视频"命令，在弹出的"插入视频文件"对话框中选择要插入的视频文件，单击"插入"按钮，幻灯片中会显示视频画面的第一帧。如图 5-58 和图 5-59 所示。如果要在幻灯片中播放视频文件预览其效果，可以单击视频文件，选择"格式"选项卡，在"预览"选项组中单击"预览"按钮。

图 5-56　播放控制条和声音图标

图 5-57　播放选项卡

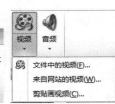

图 5-58　视频按钮

图 5-59　插入视频文件对话框

（2）设置视频文件画面效果

在 PowerPoint 2010 中可以对视频文件的画面色彩、标牌框架以及视频样式、形状与边框等进行调整和设置。单击幻灯片中的视频文件，在"格式"选项卡里的"大小"选项组中单击"对话框启动器"按钮 ，打开"设置视频格式"对话框进行相应的设置，如图 5-60 所示。其他设置也可以通过"格式"选项卡来进行，如图 5-61 所示。调整视频文件画面色彩是通过"格式"选项卡的"调整"选项组中的命令完成的，包括更正亮度和对比度、选择颜色、标牌框架和重置设计。幻灯片的视频样式可以在"视频样式"选项组中进行选择和设置，包括视频形状、边框及效果等。

图 5-60　"设置视频格式"对话框

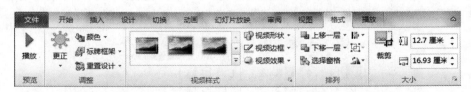

图 5-61　"格式"选项卡

（3）控制视频文件的播放

在 PowerPoint2010 中新增了视频文件的剪辑功能，能够直接剪裁多余的部分并设置视频的起始点。操作方法：选中视频文件，点击"播放"选项卡，如图 5-62 所示。在"编辑"选项组中单击"剪裁视频"按钮，打开"剪裁视频"对话框，向右拖动左侧的绿色滑块，设置视频播放时从指定时间开始播放；向左拖动右侧的红色滑块，设置视频播放时在指定时间点结束播放，如图 5-63，然后单击"确定"按钮，返回幻灯片中。

图 5-62　"播放"选项卡

如果为了让视频和幻灯片切换的更加完美就需要设置视频的淡入、淡出效果。操作方法：选择视频文件，点击"播放"选项卡，在"编辑"选项组的"淡入"、"淡出"微调框中输入相应的时间，如图 5-62 所示。

图 5-63　"剪辑视频"对话框

5.4.6　符号

打开需要插入符号的文稿，将光标插入目标位置，再选择"插入"选项卡，在"符号"选项组中单击"符号"按钮。这个时候将打开"符号"对话框，如图 5-64 所示。在"字体"下拉列表中可以选择插入符号的字体样式，在"子集"下拉列表中可以选择插入的符号类型，如"基本拉丁语"、"组合用发音符"、"数学运算符"等。

图 5-64　"符号"对话框

选择好所需的符号后，单击"插入"按钮，即可将该符号插入到指定的位置，完成后单击"关闭"按钮关闭该对话框。

5.4.7　链接

在幻灯片中还可以使用超链接和动作按钮为对象添加一些交互动作。所谓交互，其实就是指单击演示文稿中的某个对象可以引发的内容。为幻灯片插入超链接可以增强交互能力。也就是说在使用 PowerPoint 演示文稿的放映过程中，如果想从某张幻灯片中快速切换到另外一张不连续的幻灯片中或切换到其他文档、程序网页上，我们可以通过"超链接"来实现。

选择"插入"选项卡中"链接"选项组中的"超链接"按钮，如图 5-65 所示。在弹出的对话框左侧"链接到"中选择链接的目标位置，在右侧列表中选择链接源，确定返回即可。如图 5-66 所示。

图 5-65　"链接"选项组

图 5-66　"插入超链接"对话框

5.5　幻灯片的格式化和美化

PowerPoint 2010 的一大特色就是可以使演示文稿的所有幻灯片具有一致的外观。设置幻灯片外观的常用方法有：幻灯片版式、背景、配色方案、设置母版和应用设计模板等。

5.5.1　幻灯片版式

幻灯片版式包含要在幻灯片上显示的全部内容的格式设置、位置和占位符。即版式包含幻灯片上标题和副标题文本、列表、图片、表格、图表、形状和视频等元素的排列方式。版式也包含幻灯片上的主题颜色、字体、效果和背景。演示文稿中的每张幻灯片都是基于某种自动版式创建的。在新建幻灯片时，可以从 PowerPoint 2010 提供的自带版式中选择一种，每种版式预定义了新建幻灯片的各种占位符的布局情况。简单的讲，版式是幻灯片内容在幻灯片上的排列方式。版式由占位符组成，而占位符可放置文本、表格、图片、形状、剪贴画、媒体剪辑等内容。

创建新幻灯片时，在"开始"选项卡的 "幻灯片"选项组中选择"版式"下拉列表中的某种版式。PowerPoint 2010 中包含 9 种内置幻灯片版式，也可以创建满足用户特定需求的自定义版式，并与使用 PowerPoint 创建演示文稿的其他人共享。如图 5-67 所示。

若要修改版式，单击要修改版式的幻灯片，仍然是在"开始"选项卡的"幻灯片"选项组中单击"版式"按钮，在幻灯片版式窗格中选择所需的版式。

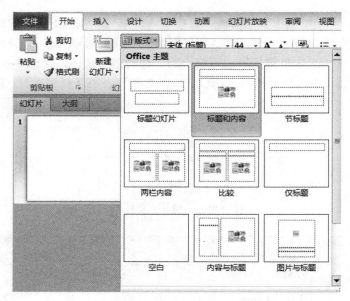

图 5-67 幻灯片版式

如果找不到能够满足用户需求的标准版式，则可以创建自定义版式。自定义版式可重复使用，并且可指定占位符的数目、大小和位置、背景内容、主题颜色（主题颜色是文件中使用的颜色的集合。主题颜色、主题字体和主题效果三者构成一个主题）、字体（主题字体是应用于文件中的主要字体和次要字体的集合）及效果（主题效果是应用于文件中元素的视觉属性的集合）等。还可以将自定义版式作为模板（包含有关已完成演示文稿的主题、版式和其他元素的信息的一个或一组文件）的一部分进行分发，无需再为将版式剪切并粘贴到新的幻灯片或者从要替换内容的幻灯片上删除内容而浪费宝贵的时间。

5.5.2 幻灯片主题

主题是指将一组设置好的字体、颜色以及外观效果组合到一起，形成多种不同的界面设计方案。可以在多个不同的主题之间进行切换，从而灵活的改变演示文稿的整体外观。除了需要对演示文稿的整体框架进行搭配外，还需要对演示文稿进行颜色、字体和效果等设置。PowerPoint 2010 内置了很多主题，用户也可以根据实际需要创建自定义主题，然后使用自己设计的主题来装饰演示文稿的外观。并且在 Office 套件中的 Word、Excel、PowerPoint 之间共享相同的主题。

1. 选择内置主题

在"设计"选项卡中的"主题"选项组中右键单击需要的主题，在快捷菜单中选择是应用于当前幻灯片，还是应用于所有的幻灯片，如图 5-68 所示。

图 5-68 "主题"选项组

2．自定义主题

如果内置主题满足不了用户的需求，也可以自定义主题的颜色、字体和效果。选择"设计"选项卡，在"主题"选项组中单击"主题颜色"按钮，从下拉菜单中选择"新建主题颜色"命令，打开"新建主题颜色"对话框。然后在"主题颜色"列表中依次单击需要更改的主题颜色元素对应的按钮。选择所需的颜色，在"名称"文本框中为新的主题颜色输入名称，单击"保存"按钮完成操作，如图 5-69 所示。

图 5-69　"新建主题颜色"对话框

在"主题"选项组中单击"主题字体"按钮，从下拉菜单中选择"新建主题字体"命令，打开"新建主题字体"对话框。在各个字体下拉列表框中选择所需的字体，在"名称"文本框中为新的主题字体输入名称，单击"保存"按钮完成设置，如图 5-70 所示。

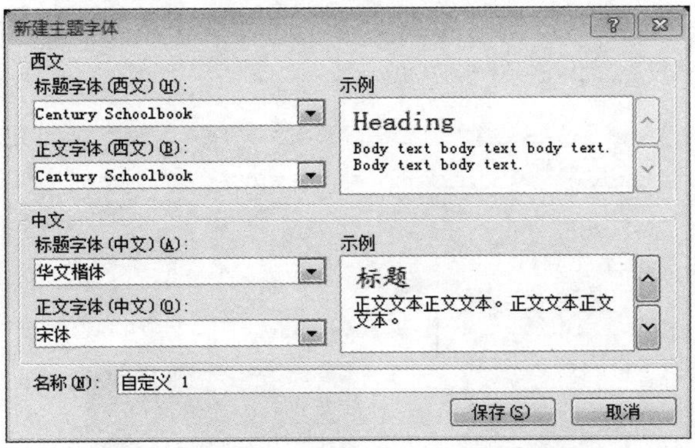

图 5-70　"新建主题字体"对话框

在"主题"选项组中单击"主题效果"按钮，从下拉菜单中选择要使用的效果，可以改变线条和填充颜色。

设置满意之后，选择"主题"选项组右侧的"其他"按钮 ，在弹出的下拉菜单中选择"保存当前主题"菜单项，保存的主题效果可以多次引用，不需要每一次重复设置。如图 5-71 所示。

图 5-71　保存自定义主题

5.5.3　幻灯片动画

对幻灯片设置动画，可以让原本精致的演示文稿更加生动。用户可以利用 PowerPoint 2010 提供的动画方案、自定义动画和添加切换效果等功能，制作出形象的演示文稿。

1.　创建动画

在普通视图中，单击要制作成动画的文本或对象，然后切换到"动画"选项卡，从"动画"选项组的"动画样式"列表中选择所需的动画，即可快速创建基本的动画，如图 5-72 所示。在"动画"选项组中单击"效果选项"按钮，可以从下拉列表框中选择动画的运动方向。如果用户对标准动画不满意，在普通视图中显示包含要设置动画效果的文本或者对象的幻灯片，然后切换到"动画"选项卡，在"高级动画"选项组中单击"添加动画"按钮，从下拉列表中选择所需的动画效果选项，如图 5-73 所示。

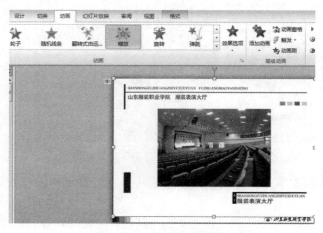

图 5-72　"动画"选项组

　　如果选项组中的动画效果仍然不能满足用户的需要，选择"更多进入效果"命令，在打开的"添加进入效果"对话框中进行选择，然后单击"确定"按钮即可。

　　2．删除动画效果

　　如果要删除动画效果，可以在选定要删除动画的对象后，单击"动画"选项卡，在"动画"选项组的"动画样式"列表框中选择"无"选项。或者也可以在"高级动画"选项组中单击"动画窗格"按钮，打开动画窗格，在列表区域中右键单击要删除的动画，从快捷菜单中选择"删除"命令，如图 5-74 所示。

图 5-73　"添加动画"面板

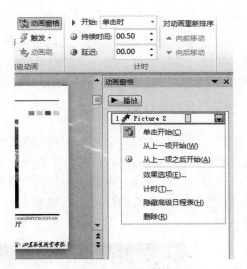

图 5-74　动画窗格

　　3．设置动画选项

　　当在同一张幻灯片中添加了多个动画效果后，还可以重新排列动画效果的播放顺序。首先选择要调整播放顺序的幻灯片，单击"动画"选项卡，在"高级动画"选项组中单击"动画窗格"按钮，在打开的动画窗格中选定要调整顺序的动画，然后用鼠标将其拖到列表框中的其他位置。单击列表框下方的 ⬆ 和 ⬇ 按钮也能够改变动画序列。

　　用户可以单击"动画"选项卡中的"预览"按钮，预览当前幻灯片中设置动画的播放效果。如果对动画的播放速度不满意，在动画窗格中选定要调整播放速度的动画效果，在"计时"选项组的"持续时间"微调框中输入动画的播放时间，如图 5-75 所示。

图 5-75　"计时"选项组

如果要将声音和动画联系起来，可以在动画窗格中选定要添加声音的动画，单击其右侧的箭头按钮，从下拉菜单中选择"效果选项"命令，在"声音"下拉列表框中选择要增强的声音，如图 5-76 所示。

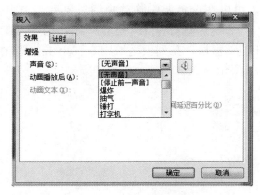

图 5-76　"效果"选项卡

如果加入了太多的动画效果，播放完毕后停留在幻灯片上的很多对象，将使得画面拥挤不堪。此时，最好将仅播放一次的动画对象设置成随播放的结束自动隐藏，即在图 5-76 所示对话框的"效果"选项卡中，将"动画播放后"下拉列表框设置为"播放动画后隐藏"选项。

5.5.4　幻灯片切换

幻灯片的切换效果，是指两张连续的幻灯片之间进行效果过渡。PowerPoint 2010 允许用户设置幻灯片的切换效果，使它们以多种不同的方式出现在屏幕上，并且可以在切换时添加声音。操作方法：在普通视图的"幻灯片"选项卡中单击一个幻灯片缩略图，然后单击"切换"选项卡，在"切换到此幻灯片"选项组中的"切换方案"列表框中选择一种幻灯片切换效果，如图 5-77 所示。

图 5-77　"切换"选项卡

如果要设置幻灯片切换效果的速度，在"计时"选项组的"持续时间"微调框中输入幻灯片切换的速度值。也可以在"声音"下拉列表框中选择幻灯片换页时的声音。最后单击"全部应用"按钮，设置的切换效果就会应用于整个演示文稿。

5.5.5　幻灯片母版设计

幻灯片母版就是存储有关应用的设计模板信息的幻灯片，包括字形、占位符大小或位置、背景设计和配色方案，它就是一个用于构建幻灯片的框架。演示文稿中的各个页面经常会有重复的内容，使用母版可以统一控制整个演示文稿的某些文字安排、图形外观及风格等，一次就制作出整个演示文稿中所有页面都有的通用部分，可极大地提高工作效率。

在幻灯片母版视图中可以确定所有标题及文本的样式，同时可以添加在每张幻灯片上都出现的图形和标志。在"视图"选项卡的"母版视图"选项组中有 3 种母版视图，如图 5-78 所示。在其中选择"幻灯片母版"按钮，在视图中包括很多虚线框标注的区域，包括标题区、对象区、日期区、页脚区和数字区，用户可以编辑这些占位符来设置母版。如图 5-79 所示。

图 5-78　"母版视图"选项组

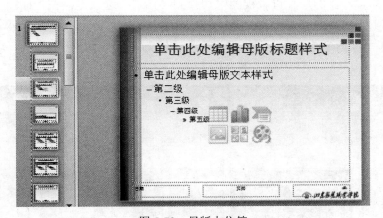

图 5-79　母版占位符

如果内置母版满足不了用户的需求，也可以添加和自定义新的母版和版式。首先切换到幻灯片母版视图中，若要添加母版，单击"编辑母版"选项组中的"插入幻灯片母版"按钮，将在当前母版最后一个版式的下方插入新的版式，如图 5-80 所示。在包含幻灯片母版和版式的左侧窗格中，单击幻灯片母版下方要添加新版式的位置，然后切换到"幻灯片母版"选项卡，在"编辑母版"选项组中单击"插入版式"按钮即可。若要删除母版中不需要的默认占位符，可以单击该占位符的边框，然后按下键盘上的 Delete 键；若要添加占位符，可以单击"幻灯片母版"选项组中的"插入占位符"按钮，从下拉列表中选择一个占位符，然后拖动鼠标绘制占位符，如图 5-81 所示。

在演示文稿的制作中不宜创建很多的母版和版式，那样会造成不必要的混乱。删除母版

的操作方法是：在左侧的母版和版式列表中右键单击要删除的母版或版式，从快捷菜单中选择
"删除母版"命令，就可以把不需要的母版删除。

图 5-80　插入母版　　　　　　　　　　　　图 5-81　插入占位符

用户可以在母版中加入任何对象，使每张幻灯片中都自动出现该对象。比如，为全部幻
灯片贴上 Logo 标志，在幻灯片母版视图中切换到"插入"选项卡，在"插图"选项组中单击
"图片"按钮，打开"插入图片"对话框。然后选择所需的图片，单击"插入"按钮，并对图
片的大小和位置进行调整。单击"幻灯片母版"选项卡上的"关闭母版视图"按钮，返回到普
通视图中后，每张幻灯片中均出现了插入的 Logo 图片。如图 5-82 所示。

图 5-82　插入 Logo 图片的幻灯片浏览

5.5.6　幻灯片背景格式

使用幻灯片背景可以确定整个演示文稿色彩的基调，在背景层上，可以使用集合图形组成图案来提高幻灯片的醒目程度。

在 PowerPoint 中，单一颜色、颜色过渡、纹理、图案或者图片都可以作为演示文稿幻灯片的背景，不过每张幻灯片或者母版上只能使用其中一种背景类型。当选择或更改幻灯片背景时，可以使之仅应用于当前幻灯片，或者应用于所有的幻灯片以及幻灯片母版。如果希望得到更逼真的效果，可以使用图片作为幻灯片的背景。图片的来源可以使用剪贴画或照片。

单击要添加背景的幻灯片，在"设计"选项卡的"背景"选项组中（图 5-83）单击"背景样式"按钮，弹出"设置背景格式"对话框，如图 5-84 所示。选择"纯色填充"、"渐变填充"、"图片或纹理填充"、"图案填充"中的一种进行设置，若单击"全部应用"则可把设置应用到整个演示文稿，否则单击"关闭"按钮把设置应用到当前选定的幻灯片。

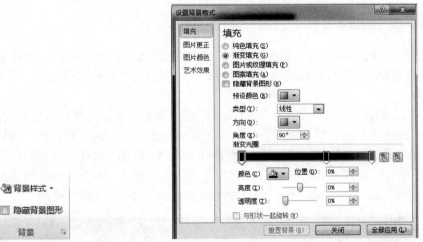

图 5-83　样式按钮　　　　　　　图 5-84　"设置背景格式"对话框

若要将幻灯片中设置的背景清除，选择"背景样式"下拉菜单中的"重置幻灯片背景"命令即可。

5.6　幻灯片的放映和打印

幻灯片制作完成之后就是要进行放映。幻灯片的放映设置包括控制幻灯片的放映方式、设置放映时间等。

5.6.1　设置放映方式

用户可以创建自动播放演示文稿进行展示。设置幻灯片放映方式操作方法为：首先选择"幻灯片放映"选项卡，在"设置"选项组中单击"设置幻灯片放映"按钮，打开"设置放映方式"对话框，如图 5-85 所示。在"放映类型"中选择适当的选项。"演讲者放映"选项可以运行全屏显示的演示文稿，"在展台浏览"选项可使演示文稿循环播放，并防止读者更改演示文稿。在"放映幻灯片"中可以设置要放映的幻灯片，在"放映选项"中可以根据需要进行设置，在"换片方式"中可以指定幻灯片的切换方式。设置完成后，单击"确定"按钮。

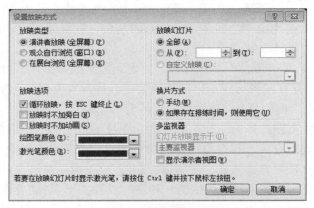

图 5-85 "设置放映方式"对话框

5.6.2 放映的排练计时

利用幻灯片可以设置自动切换的特性，能够使幻灯片在无人操作的展台前，通过大型投影仪进行自动放映。用户可以为每张幻灯片设置时间，也可以使用排练计时功能，在排练时自动记录时间。

如果要设置幻灯片的放映时间，切换到幻灯片浏览视图，选择要设置放映时间的幻灯片，在"切换"选项卡的"计时"选项组中选中"设置自动换片时间"复选框，然后在右侧的微调框中输入希望幻灯片在屏幕上显示的秒数。单击"全部应用"按钮，所有幻灯片的换片时间间隔将相同；否则，设置的是选定幻灯片切换到下一张幻灯片的时间。在幻灯片浏览视图中，会在幻灯片缩略图的左下角显示每张幻灯片的放映时间，如图 5-86 所示。

图 5-86 换片方式

使用"排练计时"可以为每张幻灯片设置放映时间，让幻灯片能够按照设置的排练计时时间自动放映。选择"幻灯片放映"选项卡，在"设置"选项组中单击"排练计时"按钮，系统将切换到幻灯片放映视图，如图 5-87 所示。

图 5-87　排练计时按钮

在放映过程中，屏幕上会出现"录制"工具栏，单击该工具栏中的"下一项"按钮，即可播放下一张幻灯片，并在"幻灯片放映时间"文本框中开始记录新幻灯片的时间。排练结束放映后，在出现的对话框中单击"是"按钮，即可接受排练的时间；如果要取消本次排练，单击"否"按钮即可。

当不再需要幻灯片的排练计时，选择"幻灯片放映"选项卡，将"设置"选项组中的"使用计时"复选框取消选中。此时，再次放映幻灯片，将不会按照用户设置的排练计时进行放映，但所排练的计时设置仍然存在。

5.6.3　打印

幻灯片在打印之前，要进行页面设置。而幻灯片的页面设置决定了幻灯片、备注页、讲义及大纲在屏幕和打印纸上的尺寸和放置方向，操作方法为：选择"设计"选项卡，在"页面设置"选项组中单击"页面设置"按钮，打开"页面设置"对话框，如图 5-88 所示。

图 5-88　"页面设置"对话框

在"幻灯片大小"下拉列表框中选择幻灯片的大小。如果用户要建立自定义的尺寸，可在"宽度"和"高度"微调框中输入需要的数值。在"幻灯片编号起始值"微调框中输入幻灯片的起始号码。在"方向"栏中指明幻灯片、备注、讲义和大纲的打印方向，单击"确定"按钮，完成设置。

用户在打印演示文稿之前可以进行预览，满意后再进行打印。选择"文件"选项卡，单击"打印"命令，在右侧窗格中可以预览幻灯片打印的效果。如果要预览其他幻灯片，单击下方的"下一页"按钮。在中间窗格的"份数"微调框中指定打印的份数。在"打印机"下拉列表框中选择所需的打印机。在"设置"选项组中制定演示文稿的打印范围。在"打印内容"列表框中确定打印的内容，如幻灯片、讲义、注释等，如图 5-89 所示。单击"打印"按钮，即可开始打印演示文稿。

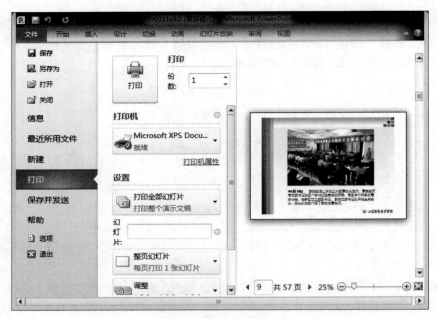

图 5-89　打印设置

第6章　计算机网络基础知识

6.1　计算机网络概述

计算机网络是通信技术与计算机技术相结合的产物，计算机网络的产生推动了人类社会进步的速度，它的发展适应了社会对资源共享和信息传递日益增长的要求。随着计算机网络技术的飞速发展，特别是 Internet 在全球范围内的迅速普及，计算机网络已遍布全球政治、经济、军事、科技、生活等社会的各个领域，对社会发展、经济结构乃至人们日常生活方式产生了巨大的影响与冲击。

随着计算机技术的不断发展，以及知识创新和技术革新的不断推进，物质生产与知识生产相结合、硬件制造与软件制造相结合、传统经济与网络技术相结合，形成了推动 21 世纪经济和社会发展的巨大动力。信息化建设已成为当今世界发展的趋势，而且信息时代的重要特征就是计算机网络技术。计算机网络技术的迅速发展和广泛应用进一步推动社会的发展进程，对社会信息化与经济发展都产生了重大的影响。

6.1.1　计算机网络的概念

随着计算机网络技术的发展，人们对计算机网络定义提出了不同的看法。

早期，人们将分散的计算机、终端及其附属设备利用通信介质连接起来，能实现相互通信的系统称为网络；1970 年，在美国信息处理协会召开的春季计算机联合会议上，把计算机网络定义为"以能够共享资源的方式连接起来，并且各自具备独立功能的计算机系统之集合"；目前，计算机网络通用的定义是：利用通信设备和通信线路，将地理位置分散的、具有独立功能的多个计算机系统互联起来，通过通信软件实现网络中资源共享和数据通信的系统。

计算机网络出现的历史不长，但发展的速度很快。它经历了一个从简单到复杂，从单机到多机的演变过程，其发展过程大致可以概括为 4 个阶段。

1. 具有通信功能的批处理系统

20 世纪 50 年代，美国为了自身的安全考虑，在美国本土北部和加拿大境内，建立了一个半自动地面防空系统 SAGE，进行了计算机技术与通信技术相结合的尝试。随着第二代计算机系统的出现，在软件方面，为了提高系统的效率而推出了批处理系统，加上当时计算机的应用已逐渐深入到工业、商业和军事部门，要求对分散在各地的数据进行集中处理。这些要求促使将通信技术运用到批处理系统中，用一个脱机通信装置和远程终端连接，脱机通信装置首先接收远程终端发来的原始数据和程序，经过操作人员的干预递交给计算机处理，最后将处理结果返回远程终端。

2. 具有通信功能的多机系统

由于脱机系统的输入/输出需要人工干预，因此效率低。为了提高效率，直接在计算机上增加了通信控制功能，构成具有联机通信功能的批处理系统。在联机系统中，随着所连接的远程终端的数量的增多，计算机既要进行数据处理，又要承担与各终端的通信，主机负荷加重，实际工作效率下降；而且主机与每一台远程终端都用一条专用通信线路连接，线路的利用率较低。由此出现了数据处理和数据通信的分工，即在主机前增设一个前端处理机专门负责通信工作，并在终端比较集中的地区设置集中器。集中器通常由微型机或小型机实现，它首先通过低速通信线路，将附近各远程终端连接起来，然后通过高速通信线路与主机的前端机相连。这种具有通信功能的多机系统，构成了计算机网络的雏形。

3．计算机网络

计算机网络的发展又经历了面向终端的计算机网络、计算机—计算机网络和开放式标准化计算机网络 3 个阶段。20 世纪 60 年代中期，由终端—计算机之间的通信，发展到计算机—计算机之间直接通信，这就是早期以数据交换为主要目的的计算机网络。1976 年，CCITT 通过 X.25 建议书；1977 年，国际标准化组织（ISO）成立 SC16 分委员会，着手研究开放系统互连参考模型（OSI/RM，Open System Interconnection/Reference Model），简称 OSI；20 世纪 70 年代初，仅有 4 个结点的分组交换网——美国国防部高级研究计划局网络（ARPANET，Advanced Research Projerct Agency Network）的运行获得了极大的成功，标志着网络的结构日趋成熟。ARPANET 称为广域网，使用的是 TCP/IP 协议，它通常采用租用电话线路、电话交换线路或铺设专用线路进行通信。一般不同部门要求建立不同类型的网络，网中既可以传送图像、语音信号，也可以传送数字信号，并可作为各种计算机网络的公用通信子网。

4．第四代计算机网络

20 世纪 70 年代后，随着大规模集成电路的出现，由于局域网投资少、使用方便灵活，而得到了广泛的应用和迅猛的发展。从 20 世纪 80 年代末开始，局域网技术发展成熟，出现光纤及高速网络技术、多媒体、智能网络，整个网络就像一个对用户透明的、大的计算机系统。计算机网络发展为以 Internet 为代表的互联网。

计算机网络是以能够相互共享资源的方式互联起来的计算机系统的集合。它通过通信设施（通信网络），将地理上分布的具有自治功能的多个计算机系统互联起来，实现信息交换、资源共享、交互操作和协同处理。

6.1.2　计算机网络的分类

由于计算机网络的复杂性，人们可以从多个不同角度来对计算机网络进行分类，因此计算机网络的分类方法和标准多种多样。可以按传输技术、网络规模、网络的拓扑结构、传输介质、网络使用的目的、服务方式、交换方式等进行分类。按照网络所使用的传输介质，可将网络分为有线网和无线网；按照网络所使用的拓扑结构，可将网络分为总线网、环型网、星型网及树型网等类型；按照网络的传输技术，可将网络分为广播式网络和点对点式网络等类型。其中，计算机所覆盖的物理范围影响到网络所采用的传输技术、组网方式，以及管理和运营方式。因此，人们把计算机网络所覆盖的物理范围作为网络分类的一个重要标准。

按网络覆盖的范围大小，可将网络分为局域网、城域网和广域网。

1．局域网

局域网（LAN，Local Area Network）是指范围在十几公里内的计算机网络，一般建设在一栋办公楼、楼群、校园、工厂或一个事业单位内。局域网一般情况下由某个单位单独拥有、使用和维护。局域网的数据传输速率一般比较高，结构相对简单，延迟比较小，通常是几个毫秒数量级。

最典型的局域网是以太网。最早的以太网以基带同轴电缆作为传输介质，采用总线拓扑，数据传输速率一般为 10Mbps，以太网的总线拓扑结构如图 6-1（a）所示。

另外一种典型的局域网就是令牌环网。令牌环网采用环型拓扑，如图 6-1（b）所示，速度一般为 4Mbps 或 16Mbps，令牌环网采用令牌传递机制来控制站点对环的访问。FDDI 网是对令牌环网的发展，FDDI 采用光纤介质，数据传输速率为 100Mbps。

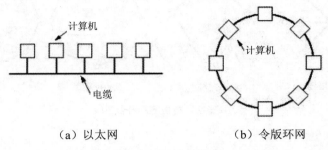

（a）以太网　　　　　　　（b）令版环网

图 6-1　局域网结构图

2．城域网

城域网（MAN，Metropolitan Area Network），顾名思义，是指在一个城市范围内建立的计算机网络。城域网的一个重要用途是作为城市骨干网，通过它将位于同一城市内不同地点的局域网或各种主机和服务器连接起来。MAN 与 LAN 的区别，首先是网络覆盖范围的不同，其次是两者的归属和管理不同。LAN 通常专属于某个单位，属于专用网；而 MAN 是面向公众开放的，属于公用网，这点与广域网一致。最后是两者的业务不同，LAN 主要是用于单位内部的数据通信；而 MAN 可用于单位之间的数据、话音、图像及视频通信等，这点与广域网也一致。

城域网与广域网唯一不同是覆盖范围，广域网的覆盖范围一般可达几百公里甚至数千公里。

3．广域网

顾名思义，广域网（WAN，Wide Area Network）应该是指覆盖范围广（通常可以覆盖一个省甚至一个国家）的网络，有时也称为远程网。广域网具有覆盖范围广、通信距离远、组网结构相对复杂等特点。

按照计算机网络鼻祖 ARPANET 的定义，广域网由资源子网和通信子网组成。主机（Host）用于运行用户程序，通信子网（Communication Subnet）用于将用户主机连接起来。

通信子网一般由交换机和传输线路组成。传输线路用于连接交换机，而交换机负责在不同的传输线路之间转发数据。在 ARPANET 中，交换机叫做接口信息处理机（IMP，Interface Message Processor）。在图 6-2 中，每台主机都至少连着一台 IMP，所有进出该主机的报文都必须经过与该主机相连的 IMP。典型的广域网有公用电话交换网（PSTN）、公用分组交换网（X.25）、同步光纤网（SONET/SDH）、帧中继网及 ATM 网。

在广域网中，一个重要的设计问题是通信子网的拓扑结构应该如何设计。图 6-2 展示了几种可能的拓扑结构。

6.1.3　计算机网络的功能

计算机网络的主要功能包括数据通信、资源共享和分布式处理等。其中数据通信是计算机网络最基本的功能，即实现不同地理位置的计算机与终端、计算机与计算机之间的数据传输。

资源共享是建立计算机网络的目的，它包括网络中软件、硬件和数据资源的共享，是计算机网络最主要和最有吸引力的功能。

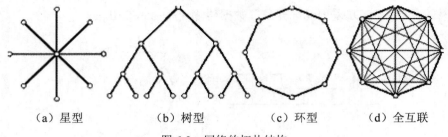

（a）星型　　　　（b）树型　　　　（c）环型　　　　（d）全互联

图 6-2　网络的拓扑结构

1. 计算机网络的主要功能

计算机网络的主要功能是实现计算机之间的资源共享、网络通信和对计算机的集中管理。除此之外还有负荷均衡、分布处理和提高系统安全性与可靠性等功能。

（1）资源共享

①硬件资源：包括各种类型的计算机、大容量存储设备、计算机外部设备，如彩色打印机、静电绘图仪等。

②软件资源：包括各种应用软件、工具软件、系统开发所用的支撑软件、语言处理程序、数据库管理系统等。

③数据资源：包括数据库文件、数据库、办公文档资料、企业生产报表等。

④信道资源：通信信道可以理解为电信号的传输介质。通信信道的共享是计算机网络中最重要的共享资源之一。

（2）网络通信

通信通道可以传输各种类型的信息，包括数据信息和图形、图像、声音、视频流等各种多媒体信息。

（3）分布处理

把要处理的任务分散到各个计算机上运行，而不是集中在一台大型计算机上。这样，不仅可以降低软件设计的复杂性，而且还可以大大提高工作效率和降低成本。

（4）集中管理

计算机在没有联网的条件下，每台计算机都是一个"信息孤岛"。在管理这些计算机时，必须分别管理。而计算机联网后，可以在某个中心位置实现对整个网络的管理。如数据库情报检索系统、交通运输部门的定票系统、军事指挥系统等。

（5）均衡负荷

当网络中某台计算机的任务负荷太重时，通过网络和应用程序的控制和管理，将作业分散到网络中的其他计算机中，由多台计算机共同完成。

6.1.4　计算机网络的组成

计算机网络的组成主要包括三要素：两台或两台以上独立的计算机；连接计算机的通信设备和传输介质；网络软件（包括网络操作系统和网络协议）。

1．计算机

计算机网络的主体。随着家用电器的智能化和网络化，越来越多的家用电器如手机、电视机顶盒（使电视机不仅可以收看数字电视，而且可以使电视机作为网络终端使用）、监控报警设备，甚至厨房卫生设备等也可以接入计算机网络，它们都统称为网络的终端设备。

2．数据通信链路

用于数据传输的双绞线、同轴电缆、光缆、以及为了有效而正确可靠地传输数据所必须的各种通信控制设备（如网卡、集线器、交换机、调制解调器、路由器等），它们构成了计算机与通信设备、计算机与计算机之间的数据通信链路。

3．网络协议

为了使网络中的计算机能正确地进行数据通信和资源共享，计算机和通信控制设备必须共同遵循一组规则和约定，这些规则、约定或标准就称为网络协议，简称协议。

6.1.5　计算机网络的体系结构

网络体系结构（Network Architecture）是为了完成计算机间的通信合作，把每台计算机互连的功能划分成有明确定义的层次，并规定了同层次进程通信的协议及相邻之间的接口与服务。网络体系结构是指用分层研究方法定义的网络各层的功能，各层协议和接口的集合。

计算机网络体系结构最早是由 IBM 公司在 1974 年提出的，名为 SNA。计算机网络体系结构是指计算机网络层次结构模型和各层协议的集合。

1．网络协议

①协议网络：网络中计算机的硬件和软件存在各种差异，为了保证相互通信及双方能够正确地接收信息，必须事先形成一种约定，即网络协议。

②协议：是为实现网络中的数据交换而建立的规则标准或约定。

③网络协议三要素：语法、语义、交换规则（或称时序/定时关系）。

④实体：是通信时能发送和接收信息的任何软硬件设施。

⑤接口：是指网络分层结构中各相邻层之间的通信。

2．计算机网络体系结构- ISO/OSI 参考模型

ISO/OSI 参考模型是国际标准化组织（ISO）提出的计算机网络开放系统互连（Open System Interconnection）参考模型，OSI 根据网络通信的功能要求，把通信过程分为七层，分别为物理层、数据链路层、网络层、传输层、会话层、表示层和应用层，每层都规定了完成的功能及相应的协议。以实现开放系统环境中的互连性（Interconnection）、互操作性（Interoperation）和应用的可移植性（Portability）。

（1）物理层——Physical

这是整个 OSI 参考模型的最底层，它的任务就是提供网络的物理连接。所以，物理层是建立在物理介质上（而不是逻辑上的协议和会话），它提供的是机械和电气接口。主要包括电缆、物理端口和附属设备，如双绞线、同轴电缆、接线设备（如网卡等）、RJ－45 接口、串口和并口等在网络中都是工作在这个层次的。

物理层提供的服务包括：物理连接、物理服务数据单元顺序化（接收物理实体收到的比特顺序，与发送物理实体所发送的比特顺序相同）和数据电路标识。

（2）数据链路层——DataLink

数据链路层是建立在物理传输能力的基础上，以帧为单位传输数据，它的主要任务就是

进行数据封装和数据链接的建立。封装的数据信息中，地址段含有发送节点和接收节点的地址，控制段用来表示数据连接帧的类型，数据段包含实际要传输的数据，差错控制段用来检测传输中帧出现的错误。

数据链路层可使用的协议有 SLIP、PPP、X.25 和帧中继等。常见的集线器和低档的交换机网络设备都是工作在这个层次上，Modem 之类的拨号设备也是。工作在这个层次上的交换机俗称"第二层交换机"。

具体讲，数据链路层的功能包括：数据链路连接的建立与释放、构成数据链路数据单元、数据链路连接的分裂、定界与同步、顺序和流量控制和差错的检测和恢复等。

（3）网络层——Network

网络层属于 OSI 中的较高层次，从它的名字可以看出，它解决的是网络与网络之间，即网际的通信问题，而不是同一网段内部的事。网络层的主要功能即是提供路由，即选择到达目标主机的最佳路径，并沿该路径传送数据包。除此之外，网络层还要能够消除网络拥挤，具有流量控制和拥挤控制的能力。网络边界中的路由器就工作在这个层次上，现在较高档的交换机也可直接工作在这个层次上，因此它们也提供了路由功能，俗称"第三层交换机"。

网络层的功能包括：建立和拆除网络连接、路径选择和中继、网络连接多路复用、分段和组块、服务选择和流量控制。

（4）传输层——Transport

传输层解决的是数据在网络之间的传输质量问题，它属于较高层次。传输层用于提高网络层服务质量，提供可靠的端到端的数据传输，如常说的 QoS 就是这一层的主要服务。这一层主要涉及的是网络传输协议，它提供的是一套网络数据传输标准，如 TCP 协议。

传输层的功能包括：映像传输地址到网络地址、多路复用与分割、传输连接的建立与释放、分段与重新组装、组块与分块。

根据传输层所提供服务的主要性质，传输层服务可分为以下三大类：

A 类：网络连接具有可接受的差错率和可接受的故障通知率（网络连接断开和复位发生的比率），A 类服务是可靠的网络服务，一般指虚电路服务。

B 类：网络连接具有可接受的差错率和不可接受的故障通知率，B 类服务介于 A 类与 C 类之间，在广域网和互联网多是提供 B 类服务。

C 类：网络连接具有不可接受的差错率，C 类的服务质量最差，提供数据报服务或无线电分组交换网均属此类。

网络服务质量的划分是以用户要求为依据的。若用户要求比较高，则一个网络可能归于 C 型，反之，则一个网络可能归于 B 型甚至 A 型。例如，对于某个电子邮件系统来说，每周丢失一个分组的网络也许可算作 A 型；而同一个网络对银行系统来说则只能算作 C 型了。

（5）会话层——Session

会话层利用传输层来提供会话服务，会话可能是一个用户通过网络登录到一个主机，或一个正在建立的用于传输文件的会话。

会话层的功能主要有：会话连接到传输连接的映射、数据传送、会话连接的恢复和释放、会话管理、令牌管理和活动管理。

（6）表示层——Presentation

表示层用于数据管理的表示方式，如用于文本文件的 ASCII 和 EBCDIC，用于表示数字的 1S 或 2S 补码表示形式。如果通信双方用不同的数据表示方法，他们就不能互相理解。表示层就是用于屏蔽这种不同之处。

表示层的功能主要有：数据语法转换、语法表示、表示连接管理、数据加密和数据压缩。

（7）应用层——Application

这是 OSI 参考模型的最高层，它解决的也是最高层次，即程序应用过程中的问题，它直接面对用户的具体应用。应用层包含用户应用程序执行通信任务所需要的协议和功能，如电子邮件和文件传输等，在这一层中 TCP/IP 协议中的 FTP、SMTP、POP 等协议得到了充分应用。

3. 计算机网络体系结构 -TCP/IP 参考模型

TCP/IP 是一组用于实现网络互连的通信协议。Internet 网络体系结构以 TCP/IP 为核心。基于 TCP/IP 的参考模型将协议分成四个层次，它们分别是：网络接入层、网际互连层、传输层和应用层。

（1）应用层

应用层对应于 OSI 参考模型的高层，为用户提供所需要的各种服务，例如：FTP、Telnet、DNS、SMTP 等。

（2）传输层（主机到主机）

传输层对应于 OSI 参考模型的传输层，为应用层实体提供端到端的通信功能，保证了数据包的顺序传送及数据的完整性。该层定义了两个主要的协议：传输控制协议（TCP）和用户数据报协议（UDP）。

TCP 协议提供的是一种可靠的、面向连接的数据传输服务；而 UDP 协议提供的则是不可靠的、无连接的数据传输服务。

（3）网际互联层

网际互联层对应于 OSI 参考模型的网络层，主要解决主机到主机的通信问题。它所包含的协议设计数据包在整个网络上的逻辑传输。注重重新赋予主机一个 IP 地址来完成对主机的寻址，它还负责数据包在多种网络中的路由。该层有三个主要协议：网际协议（IP）、互联网组管理协议（IGMP）和互联网控制报文协议（ICMP）。

IP 协议是网际互联层最重要的协议，它提供的是一个不可靠、无连接的数据报传递服务。

（4）网络接入层（即主机到网络层）

网络接入层与 OSI 参考模型中的物理层和数据链路层相对应。它负责监视数据在主机和网络之间的交换。事实上，TCP/IP 本身并未定义该层的协议，而由参与互连的各网络使用自己的物理层和数据链路层协议，然后与 TCP/IP 的网络接入层进行连接。地址解析协议（ARP）工作在此层，即 OSI 参考模型的数据链路层。

4. OSI 参考模型和 TCP/IP 参考模型的比较

（1）共同点

①OSI 参考模型和 TCP/IP 参考模型都采用了层次结构的概念。

②都能够提供面向连接和无连接两种通信服务机制。

（2）不同点

①前者是七层模型，后者是四层结构。

②对可靠性要求不同，后者更高。

③OSI 模型是在协议开发前设计的，具有通用性。TCP/IP 是先有协议集然后建立模型，不适用于非 TCP/IP 网络。

④实际市场应用不同：OSI 模型只是理论上的模型，并没有成熟的产品，而 TCP/IP 已经

成为"实际上的国际标准"。

6.2 局域网的基本知识

6.2.1 局域网的特点

局域网（Local Area Network，LAN）是指在某一区域内将各种计算机、外部设备和数据库等互相联接起来组成的计算机通信网。局域网可以实现文件管理、应用软件共享、打印机共享、工作组内的日程安排、电子邮件和传真通信服务等功能。局域网是封闭型的，可以由办公室内的两台计算机组成，也可以由一个公司内的上千台计算机组成。局域网技术是当前计算机网络的供应商研究与应用的一个热点问题，也是目前技术发展最快的领域之一。

美国电气和电子工程师协会（IEEE）局域网标准委员会提出局域网具备以下的特征：

①局域网覆盖的地理范围比较小，通常不超过几千米，甚至只在一个园区、一幢建筑或一个房间内。

②数据的传输速率比较高，从最初的 1 Mbps 到后来的 10 Mbps、100 Mbps，近年来已达到 1000 Mbps、10 000 Mbps。

③具有较低的延迟和误码率。

④网络的经营权和管理权属于某个单位，易于维护和管理。

⑤便于安装、维护和扩充，建网成本低、周期短。

⑥能方便地共享昂贵的外部设备、主机以及软件和数据，从一个站点可访问全网。

⑦便于系统的扩展和逐渐地演变，各设备的位置可灵活调整和改变。

⑧提高了系统的可靠性、可用性。

6.2.2 局域网的拓扑结构

局域网通常是分布在一个有限地理范围内的网络系统，局域网专用性非常强，具有比较稳定和规范的拓扑结构。常见的局域网拓扑结构有以下几种：

1. 星形结构

星形拓扑是由中央结点和通过点对点链路接到中央结点的各站点（网络工作站等）组成。星形拓扑以中央结点为中心，执行集中式通信控制策略，因此，中央结点相当复杂，而各个站的通信处理负担都很小，又称集中式网络。星形结构的网络构形简单、建网容易、便于控制和管理，传输速度快。但这种网络系统，网络可靠性低，网络共享能力差，并且一旦中心节点出现故障则导致全网瘫痪。

2. 树形结构

树形结构网络是天然的分级结构，又被称为分级的集中式网络。其特点是网络成本低，结构比较简单。在网络中，任意两个节点之间不产生回路，每个链路都支持双向传输，并且，网络中节点扩充方便、灵活，寻查链路路径比较简单。但在这种结构网络系统中，除叶节点及其相连的链路外，任何一个工作站或链路产生故障都会影响整个网络系统的正常运行。

3. 总线形结构

总线形结构网络是将各个节点设备和一根总线相连。网络中所有的节点工作站都是通过总线进行信息传输的。作为总线的通信连线可以是同轴电缆、双绞线，也可以是扁平电缆。在总线结构中，作为数据通信必经的线路的负载能量是有限度的，这是由通信媒体本身的物理性能决定的。所以，总线结构网络中工作站节点的个数是有限制的，如果工作站节点的个数超出总线负载能量，就需要延长总线的长度，并加入相当数量的附加转接部件，使总线负载达到容量要求。总线形结构网络简单、灵活，可扩充性能好。所以，进行节点设备的插入与拆卸非常方便。另外，总线结构网络可靠性高、网络节点间响应速度快、共享资源能力强、设备投入量少、成本低、安装使用方便，当某个工作站节点出现故障时，对整个网络系统影响小。因此，总线结构网络是使用最普遍的一种网络。但是由于所有的工作站通信均通过一条共用的总线，所以实时性较差。

4. 环形结构

环形结构是网络中各节点通过一条首尾相连的通信链路连接起来的一个闭合环形结构网。环形结构网络的结构也比较简单，系统中各工作站地位相等。系统中通信设备和线路比较节省。在网中信息设有固定方向单向流动，两个工作站节点之间仅有一条通路，系统中无信道选择问题；某个结点的故障将导致物理瘫痪。环网中，由于环路是封闭的，所以不便于扩充，系统响应延时长，且信息传输效率相对较低。

6.2.3　网络互连

1. 网络互连的基本概念

①互连（Interconnection）：是指网络在物理上的连接，两个网络之间至少有一条在物理上连接的线路，它为两个网络的数据交换提供了物资基础和可能性，但并不能保证两个网络一定能够进行数据交换，这要取决于两个网络的通信协议是不是相互兼容。

②互联（Internetworking）：是指网络在物理和逻辑上，尤其是逻辑上的连接。

③互通（Intercommunication）：是指两个网络之间可以交换数据。

④互操作（Interoperability）：是指网络中不同计算机系统之间具有透明地访问对方资源的能力。

2. 网络互连的目的

将不同的网络或相同的网络用互连设备连接在一起形成一个范围更大的网络。为增加网络性能以及安全和管理方面的考虑，将原来一个很大的网络划分为几个网段或逻辑上的子网，实现异种网之间的服务和资源共享。

3. 网络互连的必要性

网络互连可以改善网络的性能，主要体现在提高系统的可靠性、改进系统的性能、增加系统保密性、建网方便、增加地理覆盖范围等几方面。

随着商业需求的推动，特别是 Internet 的深入人心，网络互连技术成为实现如 Internet 这样的在规模网络通信和资源共享的关键技术。

4. 网络互连的意义

网络互连的目的是使一个网络上的用户能访问其他网络上的资源，使不同网络上的用户互相通信和交换信息。这有利于资源共享，也可以从整体上提高网络的可靠性。

5. 网络互连设备

网络互联时，必须解决如下问题：在物理上如何把两种网络连接起来，一种网络如何与另一种网络实现互访与通信，如何解决它们之间协议方面的差别，如何处理速率与带宽的差别。解决这些问题，协调转换机制的部件就是中继器、网桥、路由器、接入设备和网关等。

（1）中继器

中继器是局域网互连的最简单设备，它工作在 OSI 体系结构的物理层，它接收并识别网络信号，然后再生信号并将其发送到网络的其他分支上。要保证中继器能够正确工作，首先要保证每一个分支中的数据包和逻辑链路协议是相同的。例如，在 802.3 以太局域网和 802.5 令牌环局域网之间，中继器是无法使它们通信的。

但是，中继器可以用来连接不同的物理介质，并在各种物理介质中传输数据包。某些多端口的中继器很像多端口的集线器，它可以连接不同类型的介质。中继器是扩展网络的最廉价的方法。当扩展网络的目的是要突破距离和结点的限制时，并且连接的网络分支都不会产生太多的数据流量，成本又不能太高时，就可以考虑选择中继器。采用中继器连接网络分支的数目要受具体的网络体系结构限制。

中继器没有隔离和过滤功能，它不能阻挡含有异常的数据包从一个分支传到另一个分支。这意味着，一个分支出现故障可能影响到其他的每一个网络分支。

（2）集线器

集线器是有多个端口的中继器，简称 Hub。集线器是一种以星型拓扑结构将通信线路集中在一起的设备，相当于总线，工作在物理层，是局域网中应用最广的连接设备，按配置形式分为独立型 Hub，模块化 Hub 和堆叠式 Hub 三种。

智能型 Hub 改进了一般 Hub 的缺点，增加了桥接能力，可滤掉不属于自己网段的帧，增大网段的频宽，且具有网管能力和自动检测端口所连接的 PC 网卡速度的能力。市场上常见有 10M，100M 等速率的 Hub。

随着计算机技术的发展，Hub 又分为切换式、共享式和可堆叠共享式三种。

①切换式 Hub。一个切换式 Hub 重新生成每一个信号并在发送前过滤每一个包，而且只将其发送到目的地址。切换式 Hub 可以使 10Mbps 和 100Mbps 的站点用于同一网段中。

②共享式 Hub。共享式 Hub 提供了所有连接点的站点间共享一个最大频宽。例如，一个连接着几个工作站或服务器的 100Mbps 共享式 Hub 所提供的最大频宽为 100Mbps，与它连接的站点共享这个频宽。共享式 Hub 不过滤或重新生成信号，所有与之相连的站点必须以同一速度工作（10Mbps 或 100Mbps）。所以共享式 Hub 比切换式 Hub 价格便宜。

③堆叠共享式 Hub。堆叠共享式 Hub 是共享式 Hub 中的一种，当它们级连在一起时，可看作是网中的一个大 Hub。

（3）网桥

网桥（Bridge）是一个局域网与另一个局域网之间建立连接的桥梁。网桥是属于数据链路层的一种设备，它的作用是扩展网络和通信手段，在各种传输介质中转发数据信号，扩展网络的距离，同时又有选择地将有地址的信号从一个传输介质发送到另一个传输介质，并能有效地限制两个介质系统中无关紧要的通信。

网桥可分为本地网桥和远程网桥。本地网桥是指在传输介质允许长度范围内互联网络的网桥；远程网桥是指连接的距离超过网络的常规范围时使用的远程桥，通过远程桥互联的局域网将成为城域网或广域网。如果使用远程网桥，远程桥必须成对出现。

在网络的本地连接中，网桥可以使用内桥和外桥。内桥是文件服务的一部分，通过文件服务器中的不同网卡连接起来的局域网，由文件服务器上运行的网络操作系统来管理。外桥安装在工作站上，实现两个相似或不同的网络之间的连接。外桥不运行在网络文件服务器上，而是运行在一台独立的工作站上，外桥可以是专用的，也可以是非专用的。作为专用网桥的工作站不能当普通工作站使用，只能建立两个网络之间的桥接。而非专用网桥的工作站既可以作为网桥，也可以作为工作站。

（4）网络交换机

交换式以太网数据包的目的地址将以太包从原端口送至目的端，向不同的目的端口发送以太包时，就可以同时传送这些以太包，达到提高网络实际吞吐量的效果。网络交换机可以同时建立多个传输路径，所以在应用连接多台服务器的网段上可以收到明显的效果。主要用于连Hub，Server 或分散式主干网。

按采用技术对网络交换机进行分类：

直通交换（Cut—Through）：一旦收到信息包中的目标地址，在收到全帧之前便开始转发。适用于同速率端口和碰撞误码率低的环境。

存储转发（Store—and—Forward）：确认收到的帧，过滤处理坏帧。适用于不同速率端口和碰撞，误码串高的环境。

（5）路由器

路由器工作在 OSI 体系结构中的网络层，这意味着它可以在多个网络上交换和路由数据包。路由器通过在相对独立的网络中交换具体协议的信息来实现这个目标。比起网桥，路由器不但能过滤和分隔网络信息流、连接网络分支，还能访问数据包中更多的信息。并且用来提高数据包的传输效率。

路由表包含有网络地址、连接信息、路径信息和发送代价等。路由器比网桥慢，主要用于广域网或广域网与局域网的互连。

路由器（Router）是用于连接多个逻辑上分开的网络。逻辑网络是指一个单独的网络或一个子网。当数据从一个子网传输到另一个子网时，可通过路由器来完成。因此，路由器具有判断网络地址和选择路径的功能，它能在多网络互联环境中建立灵活的连接，可用完全不同的数据分组和介质访问方法连接各种子网。路由器是属于网络应用层的一种互联设备，只接收源站或其他路由器的信息，它不关心各子网使用的硬件设备，但要求运行与网络层协议相一致的软件。路由器分本地路由器和远程路由器，本地路由器是用来连接网络传输介质的，如光纤、同轴电缆和双绞线；远程路由器是用来与远程传输介质连接并要求相应的设备，如电话线要配调制解调器，无线要通过无线接收机和发射机。

6.3　Internet 基础

6.3.1　Internet 的概念

"Inter"含义是交互，"net"是指网络，因此 Internet 寓意着它本身是一个全球性的巨大的计算机互联网络。Internet，我们也称之为"因特网"，"国际互联网"或"网际网"等，它是由分布在世界各地的、数以万计的、各种规模的计算机网络，借助于网络互连设备——路由器，相互连接而成的全球性的互连网络，是全世界最大的计算机网络。

国际互联网（Internetwork，简称 Internet），始于 1969 年的美国，又称因特网，是全球性的网络，是一种公用信息的载体，是大众传媒的一种。具有快捷性、普及性，是现今最流行、最受欢迎的传媒之一。这种大众传媒比以往的任何一种通讯媒体都要快。

互联网（Internet）又称因特网，即广域网、城域网、局域网及单机按照一定的通讯协议组成的国际计算机网络。互联网是指将两台计算机或者是两台以上的计算机终端、客户端、服务端通过计算机信息技术的手段互相联系起来的结果，人们可以与远在千里之外的朋友相互发送邮件、共同完成一项工作、共同娱乐。同时，互联网还是物联网的重要组成部分，根据中国物联网校企联盟的定义，物联网是当下几乎所有技术与计算机互联网技术的结合，让信息更快更准得收集、传递、处理并执行。

Internet 是一个全球性的计算机网络，通过它可以获取各种服务，如信息浏览、电子邮件、文件传输等。Internet 的应用系统为用户提供可靠、简单和快捷的 Internet 服务。支持 Internet 的各种软件、硬件以及由它们组成的各种系统为 Internet 用户提供各种各样的应用系统，这些应用系统把各种 Internet 信息资源有机地组合在一起，从而构成了 Internet 所拥有的一切。Internet 的一般用户没有必要去了解这些应用系统是如何完成各自的工作的，因为这些工具的操作过程是以用户感觉不到的方式悄悄地进行的。

6.3.2　Internet 的特点

Internet 之所以发展如此迅速，被称为二十世纪末最伟大的发明，是因为 Internet 从一开始就具有的开放、自由、平等、合作和免费的特性。也正是这些特性，使得 Internet 成为二十一世纪的商业"聚宝盆"。

1. 开放

Internet 是世界上最开放的计算机网络。任何一台计算机只要支持 TCP/IP 协议就可以连接到 Internet 上，实现信息等资源的共享。

2. 自由

Internet 是一个无国界的虚拟自由王国，在上面信息的流动自由、用户的言论自由、用户的使用自由。

3. 平等

Internet 上是"不分等级"，一台计算机与其他任何一台一样好，没有哪一个比其他的更好。在 Internet 内，你是怎样的人仅仅取决于你通过键盘操作而表现出来的你。如果你说的话听起来像一个聪明而有趣的人，那么你就是这样一个人。你是老是少，长得如何，或者是否是学生、商界管理人士还是建筑工人，是否是残疾人等都没有关系。个人、企业、政府组织之间也是平等的、无等级的。

4. 免费

在 Internet 内，虽然有一些付款服务（将来无疑还会增加更多的服务），但绝大多数的 Internet 服务都是免费提供的。而且在 Internet 上有许多信息和资源也是免费的。

5. 合作

Internet 是一个没有中心的自主式的开放组织。Internet 上的发展强调的是资源共享和双赢发展的发展模式。

6. 交互

Internet 作为平等自由的信息沟通平台，信息的流动和交互是双向式的，信息沟通双方可以平等与另一方进行交互，而不管对方是大还是小，是弱还是强。

7. 虚拟

Internet 一个重要特点是它通过对信息的数字化处理、通过信息的流动来代替传统实物流动，使得 Internet 通过虚拟技术具有许多传统现实实际中才具有的功能。

8．个性

Internet 作为一个新的沟通虚拟社区，它可以鲜明突出个人的特色，只有特色的信息和服务，才可能在 Internet 上不被信息的海洋所淹没，Internet 引导的是个性化的时代。

9．全球

Internet 从一开始商业化运作，就表现出无国界性，信息流动是自由的无限制的。因此，Internet 从一诞生就是全球性的产物，当然全球化同时并不排除本地化，如 Internet 上主流语言是英语，但对于中国人来说习惯的还是汉语。

10．持续

Internet 是一个飞速旋转的涡轮，它的发展是持续的，今天的发展给用户带来价值，推动着用户寻求进一步发展带来更多价值。Internet 是 Intel 公司前总裁安德鲁夫所称为的"十倍速力量"。

6.3.3　Internet 的工作方式

在 Internet 中，如何将需要的信息从一台计算机传送到另一台计算机中？这个问题看似简单，但实际上涉及到了 Internet 的一些关键技术。Internet 是建立在把全世界的网络集合起来的基础上的。在这些网络上可能连接许多不同类型的计算机，因此，他是如何连接起来，又是如何进行通信的？应该说，一定有个共同的东西通过某种方式把它们连接在一起。简单说，Internet 采用一种对计算机数据打包后寻址的标准方法，几乎可以没有任何损失而迅速地将计算机数据经路由器传输到全世界的任何地方。

Internet 的工作方式就是客户机/服务器的工作模式。计算机之间的通信实际上是程序之间的通信。Internet 上参与通信的计算机可以分为两类，一类是提供服务的程序，叫做服务器（Server）；另一类是请求服务的程序，叫做客户机（Client）。Internet 采用了客户机/服务器模式，连接到 Internet 上的计算机不是客户机就是服务器。

使用 Internet 提供服务的用户要运行客户端的软件。例如后面介绍的 IE 浏览器、Outlook 电子邮件程序等就是工作在客户端的软件。通常，Internet 的用户利用客户端软件与服务器进行交互，提供一个请求，并通过 Internet 将请求发送给服务器，然后等待回答。

服务器则是由更为复杂的软件组成，它接收到客户机发送来的请求后，进行分析，并给予回答，然后通过网络发送到客户机。客户机在接收到结果后显示给用户。

6.3.4　Internet 的起源和现状

1969 年，美国国防部国防高级研究计划署（DoD/DARPA）资助建立了一个名为 ARPANET（即"阿帕网"）的网络，这个网络把位于洛杉矶的加利福尼亚大学，位于圣芭芭拉的加利福尼亚大学、斯坦福大学，以及位于盐湖城的犹它州州立大学的计算机主机联接起来，位于各个结点的大型计算机采用分组交换技术，通过专门的通信交换机（IMP）和专门的通信线路相互连接。阿帕网就是 Internet 最早的雏形。

到 1972 年时，ARPANET 网上的网点数已经达到 40 个，这 40 个网点彼此之间可以发送小文本文件（当时称这种文件为电子邮件，也就是我们现在的 E-mail）和利用文件传输协议发送大文本文件，包括数据文件（即现在 Internet 中的 FTP），同时也发现了通过把一台电脑模拟成另一台远程电脑的一个终端而使用远程电脑上的资源的方法，这种方法被称为 Telnet。由此可看到，E-mail，FTP 和 Telnet 是 Internet 上较早出现的重要工具，特别是 E-mail 仍然是目前 Internet 上最主要的应用之一。

80 年代初，ARPANET 开始被用于教育和科研。1985 年美国国家科学基金会从 ARPA 手中接管了 Internet，并提供了巨额资金建造了全美五大超级计算中心。从此，NSFnet 逐渐取代了 ARAPNET 成为 Internet 的主干网络，并最终将 Internet 向用户开放。

6.3.5　我国 Internet 现状

Internet 经过 20 年年的发展，取得了极大的成功，它已成为世界上覆盖面最广、规模最大、信息资源最丰富的计算机信息网络，它在当今世界各国推行的 NII（国家信息基础设施）和 GII（全球信息基础设施）计划中扮演着极其重要的角色。

Internet 在我国的发展十分迅速，已成为社会各界关注的热点。　回顾 Internet 在我国发展的历史，可以粗略地划分为三个阶段：

第一阶段是 1987 年—1993 年。早在 1986 年，由北京计算机应用技术研究所（即当时的国家机械委计算机应用技术研究所）和德国卡尔斯鲁厄大学（Karlsruhe University）合作，启动了名为 CANET（Chinese Academic Network）的国际联网项目，于 1987 年 9 月，在北京计算机应用技术研究所内正式建成我国第一个 Internet 电子邮件节点，通过拨号 X.25 线路，连通了 Internet 的电子邮件系统。并于 1987 年 9 月 20 日 22 点 55 分，通过 Internet，向全世界发出第一封源自北京的电子邮件。

第二阶段，从 1994 年至 1996 年，通过 TCP/IP 协议实现了与 Internet 的连接，逐步开通了 Internet 的全功能服务，同样是起步阶段。1994 年 4 月，中关村地区教育与科研示范网络工程进入 Internet，从此中国被国际上正式承认为有 Internet 的国家。之后，Chinanet、CERnet、CSTnet、Chinagbnet 等多个 Internet 网络项目在全国范围相继启动，Internet 开始进入公众生活，并在中国得到了迅速的发展。至 1996 年底，中国 Internet 用户数已达 20 万，利用 Internet 开展的业务与应用逐步增多。

第三阶段从 1997 年至今，是 Internet 在我国发展最为快速的阶段。国内 Internet 用户数 97 年以后基本保持每半年翻一番的增长速度。

我国建成互联网的 4 个主干网络是中国公用计算机互联网（ChinaNet）、中国教育与科研计算机网（CERNet）、中国科学技术计算机网（CSTNet）、中国金桥互联网（ChinaGBN）。后来，又有三大互联网络相继建成，它们是联通网（UNINET），中国网通公司网（CNCNET）和中国移动互联网（CMNET）。下面，分别对这 4 个主干网进行一些简要的介绍。

中国公用计算机互联网——ChinaNet

1994 年秋，考虑到国内用户对 Internet 的强烈需求，中国电信（China Telecom）开始着手规划一个全新的计算机网络、一个面向公众的商业网络，这就是 ChinaNet。中国电信的介入揭开了中国 Internet 商业化的序幕。

作为公用的商业网络，ChinaNet 的一个重要经营方针是帮助家庭和办公室的用户通过电话接入 Internet。ChinaNet 已经把 Internet 接入服务普及到国内大部分县级地区，用户可以使用本地电话接入 ChinaNet。

中国教育与科研网——CERNet

中国教育与科研网是中国政府资助的全国范围的教育与科研网络，其基本建设目标是逐步将中国的所有大学、部分有条件的中小学通过网络连接起来。中国教育与科研网的管理者是国家教育部。

中国科技网——CSTNet

中国科技网主要为中科院在全国的研究所和其他相关研究机构提供科学数据库和超级计算资源。截止 1998 年 7 月，已经有 300 家国内研究机构接入了中国科技网。中国科技网的管理者是中国互联网络信息中心。

中国金桥信息网——ChinaGBN

金桥工程是原中国电子工业部推行的"三金"工程（金卡、金关、金桥）的网络基础设施。它始建于 1994 年，计划覆盖全国 30 个省、500 个大城市，将国内的数万个企业连接起来，同时对社会提供开放的 Internet 接入服务。金桥网的管理者是中国吉通通信公司。

6.4　Internet 网络地址

6.4.1　网络协议

协议是用来描述进程之间信息交换数据时的规则术语。在计算机网络中，两个相互通信的实体处在不同的地理位置，其上的两个进程相互通信，需要通过交换信息来协调它们的动作达到同步，而信息的交换必须按照预先共同约定好的规则进行。

网络协议由三个要素组成：

（1）语义

语义是解释控制信息每个部分的意义。它规定了需要发出何种控制信息，以及完成的动作与做出什么样的响应。

（2）语法

语法是用户数据与控制信息的结构与格式，以及数据出现的顺序。

（3）时序

时序是对事件发生顺序的详细说明。

人们形象地把这三个要素描述为：语义表示要做什么，语法表示要怎么做，时序表示做的顺序。

网络协议的定义：为计算机网络中进行数据交换而建立的规则、标准或约定的集合。例如，网络中一个微机用户和一个大型主机的操作员进行通信，由于这两个数据终端所用字符集不同，因此操作员所输入的命令彼此不认识。为了能进行通信，规定每个终端都要将各自字符集中的字符先变换为标准字符集的字符后，才进入网络传送，到达目的终端之后，再变换为该终端字符集的字符。

6.4.2　IP 地址与子网掩码

1. IP 地址

IP 地址是一个 32 位二进制，用于标识网络中的一台计算机。IP 地址通常以两种方式表示：二进制和十进制数。

二进制数表示：在计算机内部，IP 地址用 32 位二进制数表示，每 8 位一段，共 4 段，如 10101100.10101000.00000000.00011001。

十进制数表示：为了方便使用，通常将每段转换为十进制数。如 10101100.10101000.00000000.00011001 转换后的格式为：172.168.0.25，这种格式是我们计算机中配置的 IP 地址的格式。在 Internet 中，一个 IP 地址可唯一性地标识出网络上的每个主机。

2．IP 地址的组成

IP 地址由网络 ID 和主机 ID 两部分组成。

①网络 ID：也称网络地址，用来标识计算机所在的网络，也可以说是网络的编号。

②主机 ID：也称主机地址，用来标识网络内的不同计算机，即计算机的编号，如工作站、服务器、路由器等。

IP 地址的规定：

①网络号不能以 127 开头，第一字节不能全为 0，也不能全为 1。

②主机号不能全为 0，也不能全为 1。

3．IP 地址的分类

由于 IP 地址有限，为了更好地使用和管理 IP 地址，InterNIC（互联网网络信息中心）按网络规模大小和性质，将 IP 地址分为 A、B、C、D、E 五类，可分配使用的是前三类地址，如表 6-1 所示（其中，hhh 表示主机 ID）。A、B 和 C 类是单播地址，D 类地址为多播地址，E 类地址保留，以备将来的特殊用途。A、B 和 C 类 IP 地址的网络地址和主机地址的长度各不相同，即各类 IP 地址可容纳的网络数目及各个网络容纳的主机数目各不相同。

IP 地址规定：

①主机位全为 1 的地址表示该网络中的所有主机，即广播地址。

②主机位全为 0 的地址表示该网络本身，即网络地址。

③网络中分配给主机的地址不包括广播地址和网络地址。因此，网络中可用的 IP 地址数＝2^n-2（n 为 IP 地址中主机部分的位数）。

表 6-1　IP 地址的分类

地址类型	首字节	网络号	主机号	地址范围
A 类	0	7 位	24 位	001.hhh.hhh.hhh～127.hhh.hhh.hhh
B 类	10	14 位	16 位	128.000.hhh.hhh～191.255.hhh.hhh
C 类	110	21 位	8 位	192.000.000.hhh～223.255.255.hhh
D 类	1110	多播地址		224.000.000.000～239.255.255.255
E 类	11110	目前尚未使用		240.000.000.000～255.255.255.255

（1）A 类地址

A 类地址用第一段数字表示网络 ID，并规定最左位为"0"，凡是以 0 开始的 IP 地址均属于 A 类网络。因此取值范围是 00000001～01111111，即 1～127。由于 127.hhh.hhh.hhh 属于保留地址，用于本地回送测试，所以 A 类地址可标识的网络数量为 126 个。

A 类地址用后三段数字（24 位）表示主机 ID，所以每个 A 类网络中的主机数量最多为 16777214（2^{24}-2）。通常分配给拥有大量主机的网络，如一些大公司和因特网主干网络。

（2）B 类地址

B 类地址用前面 16 位来表示网络 ID，并规定最前面两位为"10"，即凡是以 10 开始的 IP 地址均属于 B 类网络。因此第一段数字的取值范围是 10000000～10111111，十进制表示为 128～191。

B 类地址用后两段数字（16 位）表示主机 ID，所以每个 B 类网络中的主机数量最多为 65534

（2^{16}-2）。B 类地址适用于中等大小的网络。通常分配给结点比较多的网络，如局域网。

（3）C 类地址

C 类地址用前面 24 位来表示网络 ID，并规定最前面三位为"110"，即凡是以 110 开始的 IP 地址均属于 C 类网络。因此第一段数字的取值范围是 11000000～11011111，十进制表示为 192～223。

C 类地址用最后一段数字（8 位）表示主机 ID，所以每个 C 类网络中的主机数量最多为 254（2^8-2）。C 类地址通常用于校园网或企业局域网等小型网络。

（4）D 类地址

D 类地址也称为多播地址，用于多重广播，最前面四位为"1110"，即凡是以 1110 开始的 IP 地址均属于 D 类地址。因此第一段数字的取值范围是 11100000～11101111，十进制表示为 224～239。通常用于多址投递系统（组播），目前使用的视频会议等应用系统都采用组播技术进行传播。

（5）E 类地址

E 类地址是一个通常不用的实验性地址，保留作为以后使用。E 类地址的最高位为"11110"，即凡是以 11110 开始的 IP 地址均属于 E 类地址。因此第一段数字的取值范围是 11110000～11110111，十进制表示为 240～247。

4．IP 地址的分配与注册

一个物理网络上的用户要想连上 Internet，必须由 IP 地址的授权机构来分配 IP 地址。在局域网内部可使用没有注册的 IP 地址。IP 地址必须全网统一。

IP 地址的分配原则如下：

①可分配给网络或主机的 IP 地址只有 A、B、C 三类，可用的 IP 地址空间见表 6-2。

②网络 ID 不能全 0，也不能全 1（255）。全 0 表示没有网络，全 1 用于子网掩码。

③主机 ID 全为 1 表示该网络的广播地址，全为 0 表示该网络的网络 ID，因此分配给主机的 IP 地址数为 2^n-2（n 为主机 ID 的位数）。

表 6-2　可分配的 IP 地址空间

地址类型	第一段数字	网络个数	最大主机数
A 类	1～127	126	16777214（2^{24}-2）
B 类	128～191	16384（214）	65534（2^{16}-2）
C 类	192～223	2097152（221）	254（2^8-2）

Internet 规定的一些特殊地址：

①HostID 为全 0 的 IP 地址，不分配给任何主机，仅用于表示某个网络的网络地址；如：202.268.2.0 为网络地址。

②HostID 为全 1 的 IP 地址，不分配给任何主机，用作广播地址，对应分组传递给该网络的所有结点；如：202.168.2.255 表示向网络号 202.168.2.0 发广播。

③32 位为全 1 的 IP 地址（255.255.255.255），称为有限广播地址，通常无盘工作站启动时使用，希望从网络 IP 地址服务器处获得一个 IP 地址。

④32 位全 0 的 IP 地址（0.0.0.0），表示本身本机地址。

⑤127.0.0.1 为回送地址，常用于本机上软件测试和本机上网络应用程序之间的通信地址。

⑥私有地址（Private Address），也可称为保留地址，属于非注册地址，专门为组织机构内部使用，它是局域网范畴内的。InterNIC 保留的 IP 地址范围为：

A 类地址：10.0.0.1～10.255.255.254。

B 类地址：172.16.0.1～172.31.255.254。

C 类地址：192.168.0.1～192.168.255.254。

5. 子网与子网掩码

随着因特网的迅速发展，许多的公司已经不满足只有一个网络，只有一个与因特网的连接点。入网的主机数每年翻一番，IP 地址很快就要用完。同时在实际使用过程中，还存在着很多浪费 IP 的问题：一般一个单位的 IP 地址获取的最小单位是 C 类地址（256 个），有的单位有 IP 地址却没有那么多的主机入网，造成 IP 地址的浪费；然而有的却不够用，形成了 IP 地址紧缺的局面。

为了解决这一矛盾，可对地址中的主机位进行逻辑细分，划分出子网，并通过子网掩码识别。

子网就是把一个大网分割开来而生成的较小网络。在 Internet 或 TCP/IP 网络中，通过路由器连接的网段就是子网，同一子网的 IP 地址必须具有相同的网络地址。

子网掩码是用来确定一个 IP 地址的哪部分是网络字段，哪部分是主机字段。与 IP 地址一样，子网掩码的长度也为 32 位，也分给 4 个字节。区分出一个 IP 地址的网络地址和主机地址的方法：子网掩码中的 1 对应的 IP 地址位为网络地址；子网掩码中的 0 对应的 IP 地址位为主机地址。

（1）标准子网掩码

A、B、C 三类网络都有一个标准子网掩码（缺省子网掩码），即固定的子网掩码。

A 类：11111111.00000000.00000000. 00000000 即 255.0.0.0，其中前 8 位是 IP 地址的网络部分，其余 24 位是主机部分。

B 类：11111111.11111111. 00000000.00000000 即 255.255.0.0，其中前 16 位是 IP 地址的网络部分，其余 16 位是主机部分。

C 类：11111111.11111111 11111111 00000000，即 255.255.255.0，其中前 24 位是 IP 地址的网络部分，其余 8 位是主机部分。

（2）非标准子网掩码（定制子网掩码）

用标准的子网掩码划分的 A、B、C 类网络，每一类网络中的主机数是固定的，造成了地址空间的很大浪费。为了提高 IP 地址的使用效率，通过定制子网掩码从主机地址高位中再屏蔽出子网位，可将一个网络划分为子网，具体方法：从主机位最高位开始借位变为新的子网位，剩余的部分仍为主机位。通过这种划分方法，可建立更多的子网，而每个子网的主机数相应地有所减少。

定制子网掩码的方法是：把所有的网络位和子网位用 1 来标识，主机位用 0 来标识。即通过子网掩码屏蔽掉 IP 地址中的主机位，保留网络 ID 和子网号。

6. 子网划分方法

划分子网要兼顾子网的数量以及主机的最大数量。子网划分通常可采用如下方法：

①将要划分的子网数目转换为最接近的 2 的 x 次方。例如，要划分 6 个子网，则 x=3；要划分 5 个子网，x 也取 3。

②从主机位最高位开始借 x 位，即为最终确定的子网掩码。例如，x=3，则该段的掩码是 11100000，转换为十进制为 224。所以，对 C 类网，子网掩码为 255.255.255.224；对 B 类网，子网掩码为 255.255.224.0；对 A 类网，子网掩码为 255.224.0.0。

注意：由于每个子网中的主机数量为 2^n-2（n 为未屏蔽的主机位数），则子网掩码的最大表现形式为 255.255.255.252（11111111 11111111 11111111 11111100），此时主机位只有 2 位，即每个子网只有两台主机。

例如：将一个 C 类网络地址 192.9.200.0 划分为 4 个子网，并确定各子网地址及 IP 地址范围。

分析：要划分为 4 个子网，$4=2^2$，从主机位最高位开始借 2 位，即该段的掩码是 11000000，转换为十进制为 192。因此，该 C 类网络的子网掩码为：192.9.200.192。

4 个子网的子网号分别为：

00－00000000，转换为十进制为 0

01－01000000，转换为十进制为 64

10－10000000，转换为十进制为 128

11－11000000，转换为十进制为 192

4 个子网的 IP 地址范围（不包括全 0 和全 1 的地址）分别为：

00－00000001～00111110，转换为十进制为 1～62

01－01000001～01111110，转换为十进制为 65～126

10－10000001～10111110，转换为十进制为 129～190

11－11000001～11111110，转换为十进制为 193～254

网络地址 192.9.200.0 通过 192.9.200.192 子网掩码划分的子网

子网	子网地址	IP 地址范围
1	192.9.200.0	192.9.200.1～192.9.200.62
2	192.9.200.64 192.	192.200.65～192.9.200.126
3	192.9.200.128 192.	192.200.129～192.9.200.190
4	192.9.200.192	192.9.200.193～192.9.200.254

检查子网地址是否正确的简便方法是：检查它们是否为第一个非 0 子网地址的倍数。例如：上例中 128 和 192 都是 64 的倍数。

6.4.3　域名系统及 DNS 服务器

1. 域名系统

域名系统（Domain Name System，DNS）是因特网的一项服务，它作为将域名和 IP 地址相互映射的一个分布式数据库，能够使人更方便的访问互联网。DNS 使用 TCP 和 UDP 端口 53。当前，对于每一级域名长度的限制是 63 个字符，域名总长度则不能超过 253 个字符。

域内可容纳许多主机，并非每一台接入因特网的主机必须具有一个域名地址，但是每一台主机必须属于某个域，通过该域的域名服务器可以查询和访问到这一台主机。目前所使用的域名是一种层次型命名结构，它体现了一种隶属关系，级别从左到右逐渐增高，并用圆点隔开，表现形式为：

主机名.n 级子域名........二级子域名.顶层域名.（通常 2≤n≤5）

顶层域名分成两类：一种是由通用的国际域名，见表 6-3；另一种是两个字母组成的国家或地区代码见表 6-4。

2. 域名的注册与管理

设在美国的 Internet 网络信息中心（Internet NIC：Network Information Center）负责顶层

国际域名的注册与管理。它将最高一级名字空间进一步划分为若干部分，并将各部分的管理权授予相应机构。各管理机构可以将管理的名字空间进一步划分为若干子部分，并将子部分的管理权再授予若干子机构。这样一直划分下去，层层授权。

表6-3　以机构性质划分的域名

顶层域名	机构性质	顶层域名	机构性质
gov	政府部门	arts	从事文化娱乐的实体
edu	教育机构	firm	企业和公司
com	商业部门	info	从事信息服务业的实体
int	国际组织	nom	从事个人活动的个体
mil	军事机构	rec	从事休闲娱乐业的实体
net	互联网络（Internet 信息中心）	store	商业企业
org	社会团体（非盈利组织）	web	从事 Web 相关业务的实体

表6-4　部分国家和地区的顶层域名

顶层域名	国家（地区）	顶层域名	国家（地区）
uk	英国	cn	中国
fr	法国	jp	日本
de	德国	au	澳大利亚
ca	加拿大	kr	韩国
us	美国	ru	俄罗斯

中国互联网络信息中心（CNNIC）是 CN 域名的注册管理机构，负责运行和管理相应的 CN 域名系统，维护中央数据库。

主要职责包括：

（1）互联网地址资源注册管理

根据信息产业部授权，CNNIC 是我国域名体系注册管理机构和域名根服务器运行机构。CNNIC 负责运行和管理国家顶级域名 CN、中文域名系统及通用网址系统。

CNNIC 是亚太互联网络信息中心（APNIC）的国家级互联网络注册机构成员（NIR）。以 CNNIC 为召集单位的 IP 地址分配联盟，负责为我国的网络服务商（ISP）和网络用户提供 IP 地址和 AS 号码的分配管理服务。

（2）互联网调查与相关信息服务

CNNIC 负责开展中国互联网络发展状况等多项公益性互联网络统计调查工作。CNNIC 的统计调查，权威性和客观性已被国内外广泛认可，部分指标已经纳入国家信息化指标体系。

（3）目录数据库服务

CNNIC 负责建立并维护全国最高层次的网络目录数据库，提供对联网用户、网络地址、域名、自治系统号等方面信息的查询服务。

3. DNS 服务器

DNS 服务器是计算机域名系统（Domain Name System 或 Domain Name Service）的缩写，它是由解析器和域名服务器组成的。域名服务器是指保存有该网络中所有主机的域名和对应

IP 地址，并具有将域名转换为 IP 地址功能的服务器。其中域名必须对应一个 IP 地址，而 IP 地址不一定有域名。域名系统采用类似目录树的等级结构。域名服务器为客户机/服务器模式中的服务器方，它主要有两种形式：主服务器和转发服务器。将域名映射为 IP 地址的过程就称为"域名解析"。

DNS 域名系统的域名空间是由树状结构的各层子域名组成的集合，如图 6-3 所示。根（root）下分布了若干顶级域，顶级域之下是二级子域名，依此类推；域名树最下面是叶节点，即主机名。

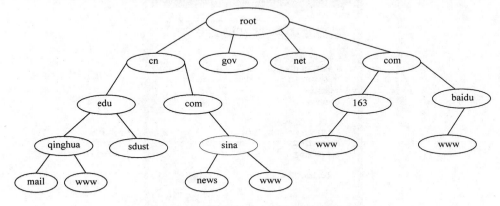

图 6-3　Internet 域名空间

由于数据在网络层必须根据 IP 地址进行传输，所以网络中还必须提供域名的解析，即将域名映射为相应的 IP 地址。域名解析方式可以分为静态解析和动态解析两类。

（1）静态解析

静态域名解析是通过客户机上的一个解析文件（hosts 文件）来进行的。该文本文件位于系统文件夹下的\system32\drivers\etc 文件夹中，包含一个域名与 IP 地址的映射表，如图 6-4 所示。由于 hosts 文件必须由人工维护，不能及时反映域名的变化，并且管理的工作量也很大，因此其应用范围仅限于内部 Intranet 等有限领域。

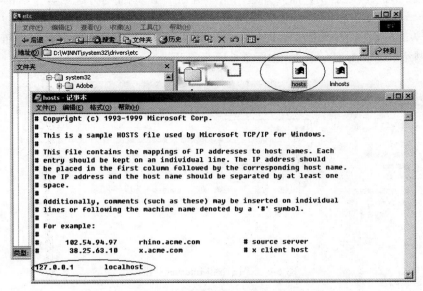

图 6-4　客户机上的 hosts 文件

（2）动态解析

动态域名解析是 Internet 中使用的 DNS 解析方式，即利用集中的、被称为 DNS 服务器的计算机进行域名系统的维护和解析。网络中的任何一台主机只要在网络配置时指定要使用的 DNS 服务器，如图 6-5 所示，就可实现按域名访问其他主机，而不用知道它的 IP 地址和它所处的物理位置。

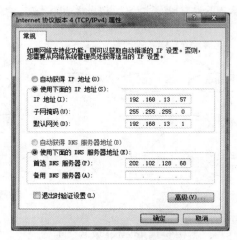

图 6-5　Internet 协议属性

6.5　Windows 7 的网络和 Internet

6.5.1　网络和共享中心

1. 连接到局域网

进行连接到局域网配置前，需要知道网络服务器的 IP 地址与分配给客户机的 IP 地址，配置如下：

①打开 Windows 7 的"网络和共享中心"窗口。选择"开始"➜"控制面板"命令，单击其中的"网络和 Internet"图标，如图 6-6 所示。

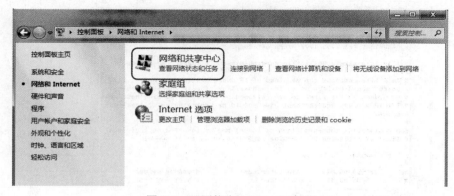

图 6-6　"网络和 Internet"窗口

②单击"网络和 Internet"窗口中的"查看网络状态和任务"图标，打开"网络和共享中

心"窗口，如图 6-7 所示。

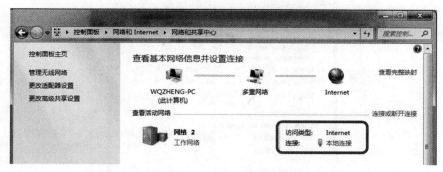

图 6-7   "网络和共享中心"窗口

③单击"网络和共享中心"窗口的"本地连接"，打开"本地连接 状态"对话框，如图 6-8 所示。

④单击"本地连接 状态"对话框中"属性"按钮，打开"本地连接 属性"对话框，如图 6-9 所示。

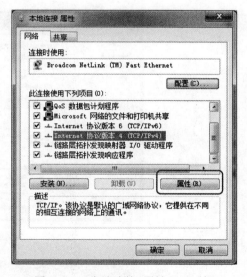

图 6-8   "本地连接 状态"对话框   图 6-9   "本地连接 属性"对话框

⑤在"本地连接 属性"对话框中，选中"Internet 协议版本 4（TCP/IPv4）"复选框，然后单击"属性"按钮，弹出如图 6-10 所示的对话框。在该对话框中设置 TCP/IP 协议的"IP 地址"、"子网掩码"和"默认网关"，如"192.168.13.57"、"255.255.255.0"和"192.168.13.1"，并设置"首选 DNS 服务器"地址，如"202.102.128.68"。

⑥单击"确定"按钮，就完成网络参数的配置。

2. ADSL 拨号连接网络配置

拨号网络是通过调制解调器和电话网建立一个网络连接，它遵循 TCP/IP 协议。拨号网络允许用户访问远程计算机上的资源，同样，也允许远程用户访问本地用户机器上的资源。在配置拨号网络之前，用户应从 Internet 服务商（ISP）处申请账号、密码。

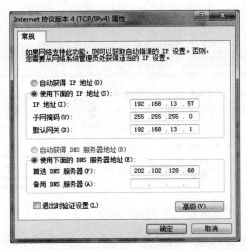

图 6-10　"Internet 协议版本 4（TCP/IPv4）属性"对话框

①单击"开始"→"控制面板"→"网络和 Internet"→"网络和共享中心"，如图 6-11 所示，单击"设置新的连接或网络"出现对话框，如图 6-12 所示。

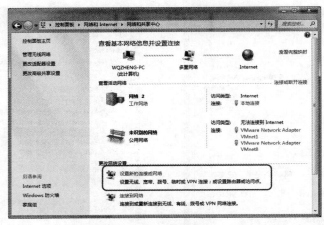

图 6-11　"网络和共享中心"窗口

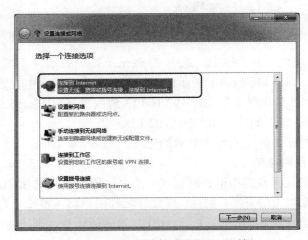

图 6-12　"设置连接或网络"对话框

②在"设置连接或网络"对话框，选择"连接到 Internet"，单击"下一步"打开"连接到 Internet"对话框，如图 6-13 所示，选择"宽带（PPPoE）（R）"，打开"设置 ISP 账号与密码"的对话框，如图 6-14 所示。

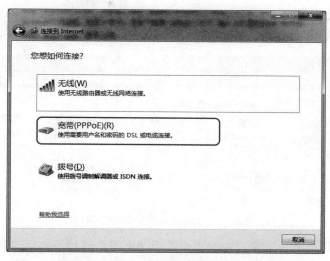

图 6-13　"连接到 Internet"对话框

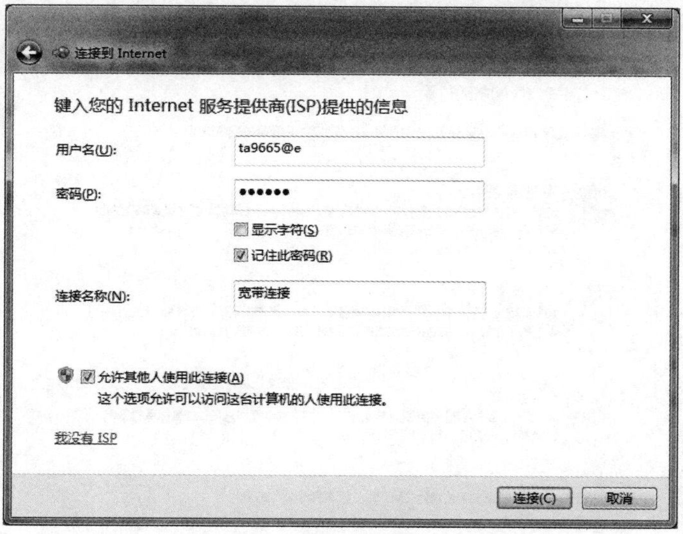

图 6-14　"设置 ISP 账号与密码"对话框

③在图 6-14 所示的对话框中，输入 ISP 提供的用户账号和密码，单击"连接"拨号上网。

6.5.2　家庭组

家庭组是家庭网络上可以共享文件和打印机的一组计算机。使用家庭组可以使共享变得比较简单。您可以与家庭组中的其他人共享图片、音乐、视频、文档和打印机。其他人不能更改您共享的文件，除非您为他们提供了执行此操作的权限。您可以使用密码帮助保护您的家庭组，并且可以随时更改密码。

1. 创建家庭组

①请确保已经建立了局域网，并且所有计算机都已经正确连接到该局域网，整个局域网的工作正常。

②鼠标左键单击屏幕右下角通知区域的网络图标 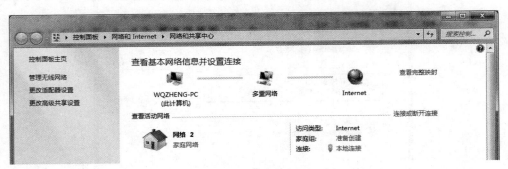，并从弹出的菜单中选择"打开网络和共享中心"，单击打开"网络和共享中心"窗口，如图6-15所示。

图6-15　"网络和共享中心"窗口

③在"网络和共享中心"窗口中的"查看活动网络"选项下，可以看到一个名为"家庭网络"的选项，单击"家庭网络"打开"设置网络位置"对话框，如图6-16所示。

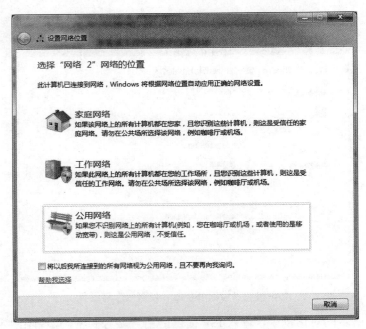

图6-16　"设置网络位置"对话框

在"设置网络位置"对话框中选择"家庭网络"，再次返回到"网络和共享中心"窗口，如图6-17所示，在"查看网络活动"选项下会发现"家庭组：准备创建"字样就表示当前网络中不存在家庭组，可以开始创建。但如果显示为"家庭组：可加入"，则表示当前局域网中已经存在家庭组，此时只能选择加入该家庭组，不能新建，如果显示为"家庭组：已加入"，则表示这台计算机已经属于家庭组成员。

图 6-17　完成位置选择窗口

④在图 6-17 中，单击"准备创建"，打开窗口如图 6-18 所示，并单击"创建家庭组"，开始创建家庭组过程。

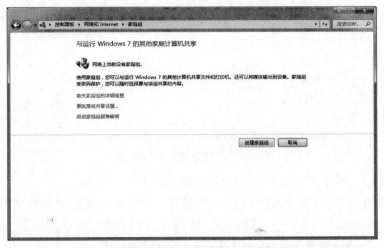

图 6-18　"创建家庭组"窗口

⑤接下来打开如图 6-19 所示的界面，在这里需要决定将哪些内容共享到家庭组上。此处需要注意，Windows 7 系统下只允许将内建的库共享到家庭组。如果希望将更多自定义的库，以及没有加入库的文件夹共享到家庭组，则需要将对应的实际文件夹共享到家庭组。

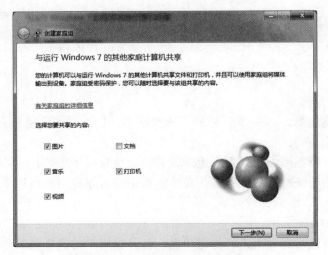

图 6-19　"创建家庭组"对话框

⑥选择好要共享的库后，单击"下一步"按钮，Windows 会开始对系统进行一定的设置和调整，这个过程可能会花费一定的时间。设置完毕后，可以看到如图 6-20 所示的界面，这就表示该家庭组已经创建完毕。此处显示的密码一定要牢记，因为其他计算机只有在输入该密码后才可以加入家庭组，不过用户还可以修改密码。

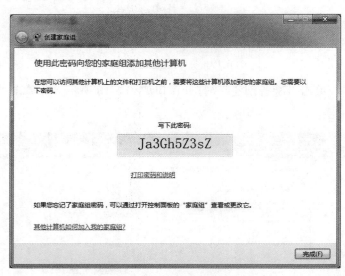

图 6-20　"创建家庭组"对话框

⑦记下密码后，单击"完成"按钮退出该向导。

随后可能还需要对家庭组的某些选项进行设置。请再次打开网络和共享中心，此时，"家庭组"的状态将显示为"已加入"，请单击"已加入"字样，随后可看到如图 6-21 所示的界面。

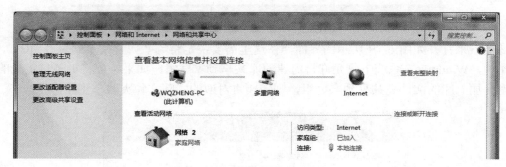

图 6-21　"网络和共享中心"窗口

2. 添加其他计算机

网络上创建家庭组后，下一步就是加入该家庭组。您将需要家庭组密码，可以从创建家庭组的人那里获得该密码。

要加入家庭组，请在要添加到家庭组的计算机上执行以下步骤：

单击"开始"按钮 → "控制面板"，在搜索框中键入家庭组，然后单击"家庭组"。

单击"立即加入"，然后完成向导。

3. 访问家庭组文件

单击"开始"按钮，然后单击您的用户名，打开该用户的文件窗口如图 6-22 所示。

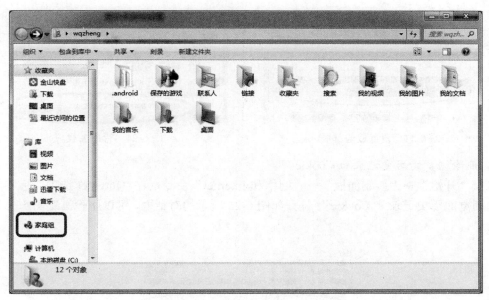

图 6-22　"用户文件夹"窗口

在导航窗格（左侧窗格）中的"家庭组"下，单击要访问其文件的人的用户账户名。在文件列表中，双击要访问的库，然后双击要访问的文件或文件夹。

4. 文件控制

创建或加入家庭组时，您已选择了要与家庭组中的其他人共享的库。最初库以"读取"访问权限共享，即您可以查看或侦听库的内容，但您无法对其中的文件进行更改。之后您可以调整访问权限的级别，以及不共享特定文件和文件夹。

阻止共享库的步骤：首先要打开"家庭组"，单击"开始"→"控制面板"，在搜索框中键入家庭组，然后单击"家庭组"。清除不希望共享的每个库的复选框，然后单击"保存更改"。

5. 密码

如果忘记了家庭组密码，则可以通过在属于该家庭组的计算机上打开"控制面板"中的"家庭组"找到该密码。操作方法如下：

左键单击"开始"→"控制面板"，在搜索框中键入家庭组，然后单击"家庭组"。单击"查看或打印家庭组密码"。

6.5.3　Internet 选项

1. 快速设置默认首页

选择"开始"→"控制面板"→"网络和 Internet"命令，在"Internet 选项"标签下单击"更改主页"，打开如图 6-23 所示"Internet 属性"对话框，在"常规"标签中的主页中键入自己设置默认网页名称，点击"确定"，即可。

2. 管理浏览器加载项

选择"开始"→"控制面板"→"网络和 Internet"命令，在"Internet 选项"标签下单击"管理浏览器加载项"，打开如图 6-24 所示的对话框，可以设置管理浏览器加载项。

图 6-23　设置默认首页　　　　　　　　　　　图 6-24　管理加载项

3. 删除浏览的历史记录和 Cookie

选择"开始"→"控制面板"→"网络和 Internet"命令，在"Internet 选项"标签下单击
"删除浏览的历史记录和 Cookie"，打开如图 6-25 所示的对话框，可以删除浏览的历史记录和
Cookie。

图 6-25　删除浏览历史记录

6.6　WWW 和 Internet Explorer 10 浏览器

6.6.1　WWW 的产生和发展

1989 年，瑞士日内瓦 CERN（欧洲粒子物理实验室）的科学家 Tim Berners Lee 首次提出
了 WWW 的概念，采用超文本技术设计分布式信息系统。到 1990 年 11 月，第一个 WWW 软
件在计算机上实现。一年后，CERN 就向全世界宣布 WWW 的诞生。1994 年，Internet 上传送
的 WWW 数据量首次超过 FTP 数据量，成为访问 Internet 资源的最流行的方法。近年来，随
着 WWW 的兴起，在 Internet 上大大小小的 Web 站点纷纷建立，势不可挡。当今的 WWW 成
了全球关注的焦点。为网络上流动的庞大资料找到了一条可行的统一通道。

WWW 之所以受到人们的欢迎，是由其特点所决定的。WWW 服务的特点在于高度的集
成性，它把各种类型的信息（比如文本、声音、动画、录像等）和服务（如 News、FTP、Telnet、
Gopher、Mail 等）无缝链接，提供了丰富多彩的图形界面。

WWW 特点可归纳为：

①客户可在全世界范围内查询、浏览最新信息。

②信息服务支持超文本和超媒体。

③用户界面统一使用浏览器，直观方便。

④由资源地址域名和 Web 网点（站点）组成。

⑤Web 站点可以相互链接，以提供信息查找和漫游访问。

⑥用户与信息发布者或其他用户相互交流信息。

由于 WWW 具有上述突出特点，它在许多领域中得到广泛应用，大学研究机构、政府机关、甚至商业公司都纷纷出现在 Internet 上。高等院校通过自己的 Web 站点介绍学院概况、师资队伍、科研和图书资料以及招生招聘信息等。政府机关通过 Web 站点为公众提供服务、接受社会监督并发布政府信息。生产厂商通过 Web 页面用图文并茂的方式宣传自己的产品、提供优良的售后服务。

6.6.2　WWW 的基本概念和工作原理

1.　WWW 的概念

万维网（WWW）是一个庞大的信息网络集合，可利用诸如 Microsoft IE、Netscape Navigator 或 Firefox 之类的浏览器访问该网络。利用浏览器，在客户计算机的屏幕上可以显示文本和图片；利用浏览器与其他应用程序相结合的办法还可以播放声音。用户可以很方便地从网站中选取各种内容，也可以利用该网站中的超链接转到其他网站。

WWW 不是传统意义上的物理网络，是基于 Internet、由软件和协议组成、以超文本文件为基础的全球分布式信息网络，所以称为万维网。常规文本由静态信息构成，而超文本的内部含有链接，使用户可在网上对其所追踪的主题从一个地方的文本转到另一个地方的另一个文本，实现网上漫游。正是这些超链接指向的纵横交错，使得分布在全球各地不同主机上的超文本文件（网页）能够链接在一起。

在 Internet 中，各种资源的地址用统一资源定位器（URL，Uniform Resource Locator）表示，格式如下：

<传输协议>://<主机的域名或 IP 地址>/<路径文件名>

例如，http://www.sdfzxy.com/index.html

其中，<传输协议>定义所要访问的资源类型。如果路径文件名缺省，大部分主机会提供一个缺省的文件名，如 index.html、default.html 或 homepage.html 等。

2.　WWW 的工作原理

WWW 是基于客户/服务器工作模式，客户机安装 WWW 浏览器（或者简称为浏览器），WWW 服务器被称为 Web 服务器，浏览器和服务器之间通过 HTTP 协议相互通信，Web 服务器根据客户提出的需求（HTTP 请求），为用户提供信息浏览、数据查询、安全验证等方面的服务。客户端的浏览器软件具有 Internet 地址（Web 地址）和文件路径导航能力，按照 Web 服务器返回的 HTML（超文本标记语言）所提供的地址和路径信息，引导用户访问与当前页相关联的文件信息。Homepage 称为主页，是 Web 服务器提供的缺省 HTML 文档，为用户浏览该服务器中的有关信息提供方便。

Web 浏览器/服务器系统页面传递过程可分为以下三个步骤：

①浏览器向某个 Web 服务器发出一个需要的页面请求，即输入一个 Web 地址。

②Web 服务器收到请求后，在文档中寻找特定的页面，并将页面传送给浏览器。

③浏览器收到并显示页面的内容。

在 Web 中，客户端的任务如下：

①帮助制作一个请求（通常在单击某个链接点时开始）。

②将请求发送给某个服务器。

③通过直接图像适当解码，呈交 HTML 文档和传递文件给相应的"观察器"，把请求所得的结果报告给用户。

在 Web 中，服务器端的任务如下：

①接收客户机的请求。

②请求的合法性检查，包括安全性屏蔽。

③针对请求获取并制作数据，包括使用 CGI 脚本和程序，为文件设置适当的 MIME 类型来对数据进行前期处理和后期处理。

④把信息发送给提出请求的客户机。

3．WWW 信息服务模式

Web 服务的信息服务模式分为两种：一种是静态的服务模式，另一种是动态的服务模式。

静态的服务模式是 WWW 服务器提供什么样的信息源，用户就只能得到什么样的信息服务，不管你是否需要这种服务。

动态服务模式就有比较大的优越性，是一种交互式的服务方式。这种服务模式是根据你的需要而定的，你给出需要服务的条件，它就提供相应的服务，这样既满足了你的信息需求，又降低了网上不必要的负担。

6.6.3　浏览网页

查看 Web 上提供的信息，需要使用 Web 浏览器。网页浏览器（Web Browser），是个显示网站服务器或文件系统内的文件，并让用户与这些文件交互的一种应用软件。它用来显示在万维网或局域网上的文字、图像及其他信息。这些文字或图像，可以是连接其他网址的超链接，用户可迅速且轻易地浏览各种信息。大部分网页为 HTML 格式，有些网页由于使用了某个浏览器特定的语法，只有那个浏览器才能正确显示。

目前，许多软件具有自带的 Web 浏览器，Windows 7 系统预设的是 Internet Explorer 浏览器（简称 IE），版本是 8.0。它是 Windows 操作系统的一个重要的组成部分，在安装操作系统时会被自动安装。

可以使用下列的方法启动 IE 浏览器：

①选择"开始"→"Internet Explorer"菜单命令。

②在快速启动栏中单击"启动 Internet Explorer 浏览器"图标。

IE 浏览器的工作界面由标题栏、菜单栏、地址栏、工具栏、链接栏、工作区和状态栏组成。例如，在地址栏输入"http://www.sina.com.cn"，并按下 Enter 键，就会显示出新浪网的首页，如图 6-26 所示。

6.6.4　搜索信息

搜索引擎是一个提供信息检索服务的网站，它使用某些软件程序把 Internet 上的信息进行归类或者人为地将某些数据归入某个类别中，形成一个可供查询的大型数据库。

在互联网中，搜索引擎向用户提供目录服务和关键字服务两种信息查询方式。常见的搜索引擎大都以 Web 的形式存在，一般都能提供网站、图像、音/视频等多种资源的查询服务。因此，用户使用搜索引擎时，首先就要连接到提供搜索引擎服务的网站。

1．常用的搜索引擎

国内用户使用的搜索引擎主要有英文和中文两类。常用的英文搜索引擎包括 Google、Yahoo 等，常用的中文搜索引擎主要有百度、Google 中文、中文 Yahoo!、搜狐、搜狗等，目前最常用的中文搜索引擎是百度，常用搜索引擎的网址如表 6-5 所示。

图 6-26　IE 浏览器的工作界面窗口

表 6-5　常用搜索引擎网址

常用搜索引擎	网址
多语言综合性搜索引擎 Google	http://www.google.com.hk
全球最大的中文搜索引擎百度	http://www.baidu.com
面向全球华人的网上资源查询系统新浪	http://www.sina.com.cn

2. 常规搜索案例

目前使用最多两个搜索引擎："Google"和"百度"。除了两者之外，很多大型门户都提供搜索引擎，比如"搜狐"、"新浪"、"网易"等，下面介绍与工作和生活有关的实际案例。

案例：搜索"泰安建设银行"相关的网页

利用百度搜索引擎搜索"建设银行"相关的网址，然后访问具有"建设银行"有关信息，浏览查看。

操作方法如下：

①启动 IE 浏览器，在地址栏中输入 http://www.baidu.com 后按 Enter 键。

②在百度主页的文本框中输入"泰安 建设银行"，单击"百度一下"按钮，输入关键词进行搜索的页面如图 6-27 所示。

③找到符合条件的项目，单击该链接，如"欢迎访问中国建设银行—营业网点"，如图 6-28 所示。

④如打开"欢迎访问中国建设银行网站"网页，即可查询到泰安的建设银行的各网点相关信息，如图 6-29 所示。

图 6-27　输入关键词进行搜索

图 6-28　百度返回的搜索结果

图 6-29　搜索到的相关信息

6.6.5　浏览器的设置

浏览器的设置里能够设置很多操作，如安全、隐私、连接等，也能解决很多实际的问题。如很多人都会遇到这种情况，打开某一网页时提示"找不到服务器或 DNS 错误"，要求检查浏览器设置，而打开其他网页是正常的；或者是网页打开了，一些视频或 flash 文件打不开；再有打开一些网页发现部分控件无法使用，如网银登陆时只出现账号录入，却没看到密码输入的地方等，这些可能和你的浏览器设置密切相关。这里以 IE 为例，为大家讲解如何更改浏览器设置。

1．常规

①首先在浏览器的工具菜单下面点击"Internet 选项"，弹出"Internet 选项"窗口，如图 6-30 所示。在"常规"选项卡，我们可以管理"浏览历史记录"、"选项卡"设置以及"外观"设置功能。删除浏览历史记录可以节约空间。

②单击"选项卡"设置，打开"选项卡浏览设置"对话框，如图 6-31 所示。在此对话框中设置网页在选项卡中的显示方式，如关闭多个选项卡时是否提示等，大家可以根据自己的习惯选择。

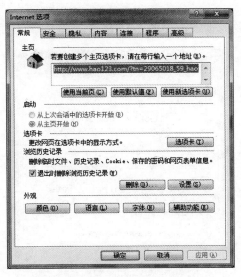

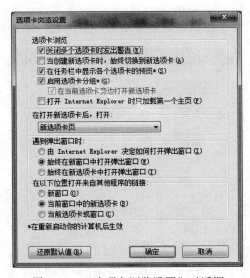

图 6-30　"Internet 选项"对话框　　　　图 6-31　"选项卡浏览设置"对话框

③外观选项可以根据自己的需求，对浏览器的颜色、语言、字体等进行相应设置，如设置网页字体为楷体，单击"外观"下的"字体"设置，打开"字体"设置对话框，如图 6-32 所示。

2．安全

"安全"选项卡是管理浏览器安全的核心设置，可以针对浏览器浏览不同网页时设置不同的安全等级，如图 6-33 所示。

首先，Internet 表示访问互联网上的所有网页，本地 Intranet 是指本地的一些页面浏览，受信任的站点指的是自己定义的白名单站点，受限制的站点同样也是自己定义的，针对不同的网点可以设置出不同的安全等级。具体做法是：选中要设置的区域（如 Internet）后，点击自定义级别，打开"安全设置-本地 Intranet 区域"，如图 6-34 所示。如某个网站打不开，此时最简单的操作是把级别定低一个级别，从中-高级调到中级，然后点重置，再点确定，完成级别定义。

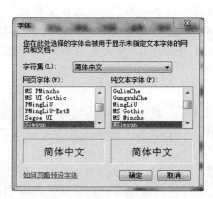

图 6-32 "字体"设置对话框

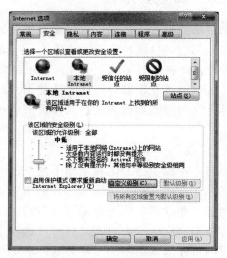

图 6-33 "安全"对话框

3. 其他

①"隐私"选项卡是对一些问题网站进行限制的管理，如图 6-35 所示。

图 6-34 "安全设置-本地 Intranet 区域"对话框

图 6-35 "隐私"选项卡

②"内容"选项卡可以设置家长控制，即主要涉及账户登陆及访问游戏网站的设置，如图 6-36 所示。"内容"选项卡设置比较多的是证书管理，证书管理中可以管理一些网站发布的证书，如网银的 CA 证书等。

③"连接"选项卡主要设置浏览器的连接方式，如拨号或局域网连接，如图 6-37 所示。

④"程序"选项卡可以设置是否把 IE 设置成默认浏览器、管理加载项等，如图 6-38 所示。

⑤"高级"选项卡设置浏览器的常规选项，也可以针对浏览器的安全做相应的设置，如图 6-39 所示。

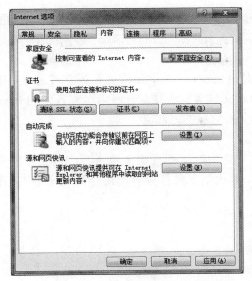

图 6-36　"内容"选项卡

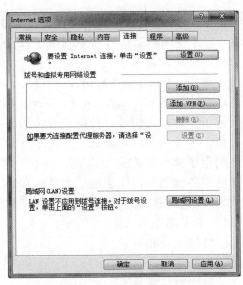

图 6-37　"连接"选项卡

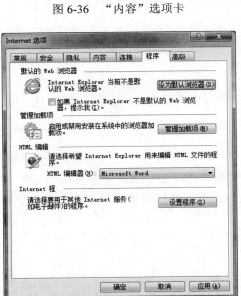

图 6-38　"程序"选项卡

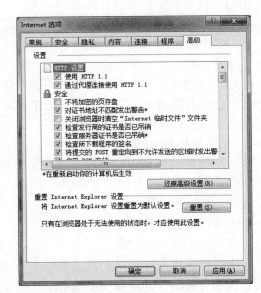

图 6-39　"高级"选项卡

6.7　电子邮件

目前，电子邮件（E-mail）是 Internet 中使用最频繁的工具之一。每天有成千上万的人在他们的商务和个人事务中使用电子邮件直接与世界各地的朋友进行通信。电子邮件由于其快速、高效、方便以及价廉，得到了越来越广泛的应用。目前，全球平均每天大约有几千万份电子邮件在网上传输。本节我们将主要讨论电子邮件的工作原理以及 Outlook Express 的使用。

6.7.1　电子邮件概述

电子邮件系统是计算机网络最早提供的服务之一，它有着较长的使用历史。早在 20 世纪

70 年代，美国 ARPA 的科研人员在进行"Internet"的项目研究时，为方便科研人员之间的通信，就开发了使用电话拨号与主机相连的通信软件。在此基础上，不久就诞生了应用于互连多台计算机的电子邮件系统。

电子邮件（Electronic Mail ，简称 E-mail）是 Internet 上的重要信息服务方式之一。电子邮件是以电子的格式（如 Microsoft Word 文档、.txt 文件等）通过互联网为世界各地的 Internet 用户提供了一种极为快速、简单和经济的通讯和交换信息的方法。

1. 电子邮件的功能与特点

使用电子邮件首先必须拥有一个电子邮箱，它是由电子邮件服务提供者为其用户建立在电子邮件服务器上专门用于电子邮件的存储区域，并由电子邮件服务器进行管理。用户使用电子邮件客户软件在自己的电子邮箱里收发邮件。

（1）电子邮件的功能

①信件的起草和编辑。

②信件的收发。

③信件回复与转发。

④退信说明、信件管理、转储和归纳。

⑤电子邮箱的保密。

（2）电子邮件的特点

①传送速度快，可靠性高。

②用户发送电子邮件时，接收方不必在场，发送方也无须知道对方在网络中的位置。

③电子邮件实现了人与人非实时通信的要求。

④电子邮件实现了一对多的传送。

2. 电子邮件的地址

和传统的邮政系统一样，电子邮件里有两个很重要的部分，那就是收件人和发件人的地址。为了保证全球范围内信息交换的正常进行，每一位电子邮件系统的用户必须有一个确定的邮件地址，也称为该用户的电子邮箱。

电子邮件地址的格式是：

<用户标识>@<主机域名>

它由收件人用户标识（如姓名或缩写）、字符"@"（读作"at"）和电子信箱所在计算机的域名 3 部分组成。地址中间不能有空格或逗号。例如：user@163.com 就是一个电子邮件地址，它的用户标识是 user，该用户使用的电子邮件服务器的域名是 163.com，是网易的电子邮件服务器。

3. 电子邮件的格式

一封完整的电子邮件都有两个基本部分组成：信头和信体。

（1）信头

①收信人，即收信人的电子邮件地址。

②抄送，表示同时可以收到该邮件的其他人的电子邮件地址，可有多个。

③主题，是概括地描述该邮件内容，可以是一个词，也可以是一句话。由发信人自拟。

（2）信体

信体是希望收件人看到的信件内容，有时信件还可以包含附件。附件是含在一封信件里的一个或多个计算机文件，附件可以从信件上分离出来，成为独立的计算机文件。

4．电子邮件的工作原理

互联网中基于 TCP/IP 协议的电子邮件系统采用的是客户机/服务器工作模式，整个系统的核心是电子邮件服务器。电子邮件的传输是通过电子邮件简单传输协议（SMTP，Simple Message Transfer Protocol）和邮局协议（POP3，Post Office Protocol 3）两种协议来共同完成的。

（1）SMTP 协议

SMTP 称为简单邮件传输协议，可以向用户提供高效、可靠的邮件传输方式。SMTP 的一个重要特点是它能够在传送过程中转发电子邮件，即邮件可以通过不同网络上的邮件服务器转发到其他的邮件服务器。

SMTP 协议工作在两种情况下：一是电子邮件从客户机传输到邮件服务器；二是从某一台邮件服务器传输到另一台邮件服务器。SMTP 是个请求 / 响应协议，它监听 25 号端口，用于接收用户的邮件请求，并与远端邮件服务器建立 SMTP 连接。

（2）POP3 协议

POP 称为邮局协议，用于电子邮件的接收，它使用 TCP 的 110 端口，现在常用的是第三版，所以简称为 POP3。

POP3 采用 C/S 工作模式。当客户机需要服务时，客户端的软件（如 Outlook Express）将与 POP3 服务器建立 TCP 连接，然后要经过 POP3 协议的 3 种工作状态：首先是认证过程，确认客户机提供的用户名和密码；在认证通过后便转入处理状态，在此状态下用户可收取自己的邮件，在完成相应操作后，客户机便发出 Quit 命令；此后便进入更新状态，将作删除标记的邮件从服务器端删除掉。到此为止，整个 POP 过程完成。

6.7.2　免费电子邮箱

电子邮箱是指通过互联网作为渠道发送和接收邮件的工具，电子邮箱具有快速、环保、安全、便利、多媒体等多种特点。电子邮箱已经渗透到了我们工作、生活的每一个角落，电子邮箱已经无所不在。相对于个人用户来说，一般使用的是互联网公司免费提供的电子邮箱。下面为大家介绍一些流行的、实用的、安全的、稳定的、可靠的、大容量的免费电子邮箱。

1．谷歌电子邮箱（Gmail）

Google 提供的免费电子邮箱，第一个推出 G 级别电子邮箱的公司。

邮箱申请网址：https://www.google.com.hk/。

优点：目前提供 15 GB 的免费存储空间。全球最大的互联网公司之一，容量大，安全、服务有保障，可以通过 IOS，Android 等移动设备访问邮箱，支持 IMAP，POP3。

缺点：国内用户访问速度较慢。

2．QQ 电子邮箱

腾讯公司提供的免费电子邮箱。

邮箱申请网址：https://mail.qq.com。

优点：国内最大的互联网公司之一，使用用户众多，3G 大容量，还会自动扩展容量，有 QQ 号码就有邮箱。可以和 QQ、微信绑定，新邮件到达即时通知，还可以通过 QQ 微云发送超大容量附件，移动设备访问方便。

缺点：因为 QQ 号码本身就是邮箱账户，容易收到广告。

3．163 电子邮箱

网易公司提供的免费电子邮箱，国内首个提供免费电子邮箱服务的公司。

邮箱申请网址：http://email.163.com/。

优点：中文电子邮箱第一品牌，技术力量雄厚。无限容量，可以通过网盘发送 2G 超大附件。支持 POP3/IMAP/SMTP，可以通过电子邮箱接收传真。

缺点：会有广告。

4. 新浪电子邮箱

新浪公司提供的免费电子邮箱。

邮箱申请网址：http://mail.sina.com.cn/。

优点：服务稳定，2G 大容量，可以通过网盘发送大附件，移动设备访问方便。支持 POP3

缺点：过滤垃圾邮件能力偏弱，会有广告。

5. 搜狐闪电电子邮箱

搜狐公司提供的免费电子邮箱。

邮箱申请网址：http://mail.sohu.com/。

优点：安全，服务稳定，响应速度快，无需网盘中转，可以直接发送 50M 大附件，支持 POP3/SMTP/IMAP。

缺点：过滤垃圾邮件能力偏弱，容量偏小，会有广告。

6.8 其他 Internet 服务

6.8.1 文件传输 FTP

FTP（File Transfer Protocal，文件传输协议）是 Internet 上最早提供的服务之一，它通过客户端和服务器端的 FTP 应用程序在 Internet 上实现远程文件传送，是 Internet 上实现资源共享的最方便、最基本的手段之一。FTP 也是一个客户机/服务器模式的应用，服务器使用 TCP 的 21 号端口。

文件传输包括下载（Download）和上载（Upload）两种方式。下载文件是从远程主机复制文件到本地计算机上；上载文件是将文件从本计算机中复制到远程主机上。这种文件传输方式与浏览 WWW 网页的信息下载的方式是有很大区别的。在使用 FTP 时本地计算机与远程服务器之间需要进行信息交换。因此，它要求本地计算机首先进行远程登陆，也就是说必须有远程服务器的授权才可访问该服务器。由于因特网上有无数的服务器，要都需经过授权申请，几乎是不可能的。为了解决这个问题，就产生了匿名 FTP。匿名 FTP 服务器为普通用户建立了一个通用账号，名为 anonymous，口令为任意字符串（一般用自己 E-mail 地址）。用账号和任意口令，用户可以连接到远程主机而无需注册。作为一种安全措施，大多数匿名 FTP 主机都只允许用户下载文件，而不允许上载文件。FTP 服务器上可下载的文件主要是共享软件、自由软件和试用软件等。

6.8.2 远程登录 Telnet

远程登录是指在 Telnet 协议的支持下，本地计算机通过网络暂时成为远程计算机终端的过程，使用户可以方便地使用异地主机上的硬件、软件资源及数据。

Telnet 协议是一个简单的远程登录协议，需要在用户端安装这个协议，并运行 Telnet 程序才能实现端到端的可靠连接。

一次远程登录服务分为三个步骤：

①本地用户在本地终端（或虚拟终端）上对远地 Telnet 主机系统进行远程登录，该远程登录实际上是一个 TCP 连接。

②将本地主机上的输出送回本地终端。

③将远地主机上的输出送回本地终端。

运行 Telnet 程序进行远程登录的方法：Telnet <远程主机网络地址>。

6.8.3　即时通信

即时通讯（Instant Messenger，简称 IM），是一种基于互联网的即时交流消息的业务，个人级应用的 IM 代表有：Microsoft Lync、百度 Hi、MSN、QQ、微信、易信、来往、FastMsg、UC、蚁傲、ActiveMessenger 等。

IM 最早的创始人是三个以色列青年，是他们在 1996 年开发出来的，取名叫 ICQ。1998 年当 ICQ 注册用户数达到 1200 万时，被 AOL 看中，以 2.87 亿美元的天价买走。目前 ICQ 有 1 亿多用户，主要市场在美洲和欧洲，已成为世界上最大的即时通信系统。

即时通讯（Instant Messaging，简称 IM）是一个终端服务，允许两人或多人使用网络即时地传递文字讯息、档案、语音与视频交流。即时通讯按用途分为企业即时通讯和网站即时通讯，根据装载的对象又可分为手机即时通讯和 PC 即时通讯，手机即时通讯代表是短信，网站、视频即时通讯如：米聊、YY 语音、QQ、微信、百度 hi、新浪 UC、阿里旺旺、网易泡泡、网易 CC、盛大 ET、移动飞信、企业飞信等应用形式。

相对于传统的电话、E-mail 等通信方式来说，即时通信不仅节省费用，而且效率更高。例如企业的即时通信系统可以随时查看各部门在线人员、沟通各分支机构、即时传送文件、进行远程视频会议、群发手机短信等。因此，即时通信很有可能成为继安全软件、ERP 软件后又一企业必备的工具，市场潜力不可忽视。

6.8.4　博客

博客（Blog），又译为网络日志、部落格或部落阁等，是一种通常由个人管理、不定期张贴新的文章的网站。是指在博客（Blog 或 Weblog）的虚拟空间中发布文章等各种形式的过程。

简言之，Blog 就是以网络作为载体，简易迅速便捷地发布自己的心得，及时有效轻松地与他人进行交流，再集丰富多彩的个性化展示于一体的综合性平台。不同的博客可能使用不同的编码，所以相互之间也不一定兼容。而且，很多博客都提供丰富多彩的模板等功能，这使得不同的博客各具特色。Blog 是继 Email、BBS、ICQ 之后出现的第四种网络交流方式，至今已十分受大家的欢迎，是网络时代的个人"读者文摘"，是以超级链接为武器的网络日记，是代表着新的生活方式和新的工作方式，更代表着新的学习方式。具体说来，博客（Blogger）这个概念解释为使用特定的软件，在网络上出版、发表和张贴个人文章的人。

博客上的文章通常根据张贴时间，以倒序方式由新到旧排列。许多博客专注在特定的课题上提供评论或新闻，其他则被作为比较个人的日记。一个典型的博客结合了文字、图像、其他博客或网站的链接及其他与主题相关的媒体，能够让读者以互动的方式留下意见，是许多博客的重要要素。大部分的博客内容以文字为主，仍有一些博客专注在艺术、摄影、视频、音乐、播客等多种主题。博客是社会媒体网络的一部分，比较著名的有新浪、网易、搜狐等博客。

6.8.5　微博

微博，即微博客（MicroBlog）的简称，是一个基于用户关系信息分享、传播以及获取的平台。用户可以通过 Web、Wap 等各种客户端组建个人社区，以 140 字左右的文字更新信息，并实现即时分享。

最早也是最著名的微博是美国 Twitter。2009 年 8 月中国门户网站新浪推出"新浪微博"内测版，成为门户网站中第一家提供微博服务的网站，微博正式进入中文上网主流人群视野。随着微博在网民中的日益火热，在微博中诞生的各种网络热词也迅速走红，微博效应正在逐渐形成。2013 年上半年，新浪微博注册用户达到 5.36 亿，2012 年第三季度腾讯微博注册用户达到 5.07 亿，微博成为中国网民上网的主要活动之一。

微博是一种通过关注机制分享简短实时信息的广播式的社交网络平台。其有五方面的理解：

①关注机制：可单向可双向两种。

②简短内容：通常为 140 字（包括标点符号）。

③实时信息：最新实时信息。

④广播式：公开的信息，谁都可以浏览。

⑤社交网络平台：把微博归为社交网络。

6.8.6　微信

微信（WeChat）是腾讯公司于 2011 年 1 月 21 日推出的一个为智能终端提供即时通讯服务的免费应用程序，微信支持跨通信运营商、跨操作系统平台，通过网络快速发送免费（需消耗少量网络流量）语音、视频、图片和文字，同时，也可以使用通过共享流媒体内容的资料和基于位置的社交插件"摇一摇"、"漂流瓶"、"朋友圈"、"公众平台"和"语音记事本"等服务插件。

微信提供公众平台、朋友圈、消息推送等功能，用户可以通过"摇一摇"、"搜索号码"、"附近的人"、扫二维码方式添加好友和关注公众平台，同时微信将内容分享给好友以及将用户看到的精彩内容分享到微信朋友圈。

截至 2013 年 11 月注册用户量已经突破 6 亿，是亚洲地区最大用户群体的移动即时通讯软件。微信的基本功能包括：聊天、添加好友、实时对讲机等。另外，微信还支持二维码扫描和支付等功能。